中国古代服饰结构图集

张怡 著

江苏凤凰美术出版社

图书在版编目（CIP）数据

中国古代服饰结构图集 / 张怡著. -- 南京 : 江苏凤凰美术出版社, 2023.4

ISBN 978-7-5741-0894-3

Ⅰ.①中… Ⅱ.①张… Ⅲ.①服饰—中国—古代—图集 Ⅳ.①TS941.742.2-64

中国国家版本馆CIP数据核字(2023)第058446号

出版统筹 王林军
策划编辑 翟永梅
责任编辑 孙剑博
特约编辑 翟永梅
装帧设计 毛欣明
责任校对 韩 冰
责任监印 唐 虎

书　　名 中国古代服饰结构图集
著　　者 张 怡
出版发行 江苏凤凰美术出版社（南京市湖南路1号　邮编：210009）
总 经 销 天津凤凰空间文化传媒有限公司
总经销网址 http://www.ifengspace.cn
印　　刷 雅迪云印（天津）科技有限公司
开　　本 710mm × 1000mm　1/16
印　　张 21
版　　次 2023年4月第1版　2023年4月第1次印刷
标准书号 ISBN 978-7-5741-0894-3
定　　价 138.00元

营销部电话　025-68155675　营销部地址　南京市湖南路1号

前 言

古代服饰是中华传统文化的一部分，始于“黄帝、尧、舜垂衣裳而天下治”，蕴含着“知礼仪，正名分”“先正衣冠，后明事理”的意义。如《礼记·深衣第三十九》中写到：“负绳抱方者，以直其政，方其义也。”即背缝垂直而领子方正，表示为人处世要正直，行为合于义理。

虽然现在越来越多的人开始喜欢古代服饰、穿着古代服饰、研究古代服饰，但依然没有像日本、韩国、越南那样在传统节日时普遍穿着自己国家的传统服饰庆祝。有感于此，作为一个接受过东华大学服装与艺术设计学院的系统教育，又极度热爱中华传统文化尤其是服饰文化的人，就尽自己最大所能撰写了这本《中国古代服饰结构图集》，书中所有绘制服饰尺寸均根据出土实物尺寸数据，或者根据实物图片资料尺寸数据进行比例缩放，还有部分服饰根据《礼记》《三礼图》《古今图书集成》等古籍文字整理出数据尺寸，然后进行制版绘图。如有个别细微的误差，还请各位读者悉数谅解。

希望此书能够给专业的、业余的古代服饰制作者带来参考和灵感。希望每一位热爱祖国传统文化的人，都能拥有一套代表自己本民族文化特征的服装，在传统节日和人生重要时刻，身着自己民族的服饰，并以此为美，那么我编写这本书的目的就达到了。

书中不尽、不妥之处，也请大家多多指正，让我们一起为祖国传统文化的传承与发展贡献力量！

著者

2023 年 3 月

目录

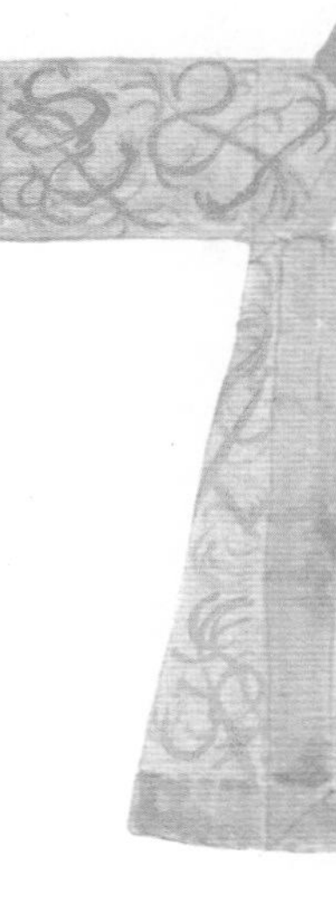

第四章　唐朝篇

第五章　宋朝篇

第六章　明朝篇

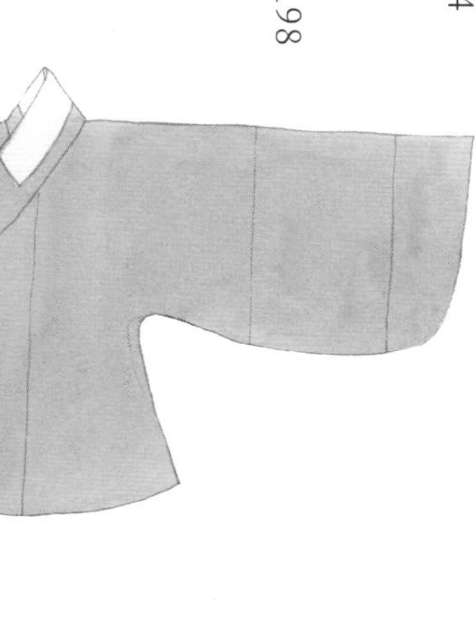

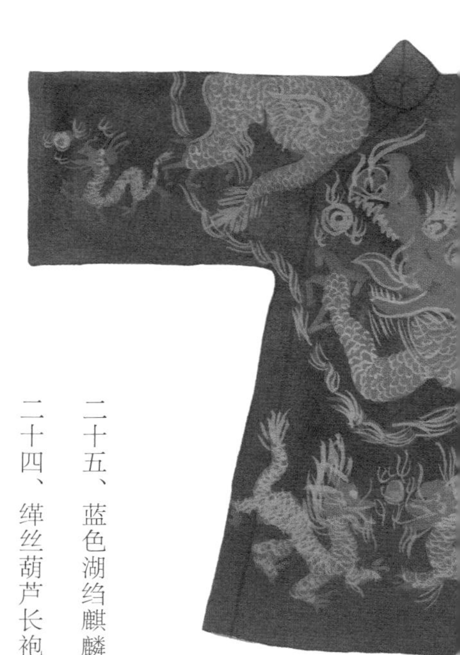

第七章　现代改良汉服

参考文献

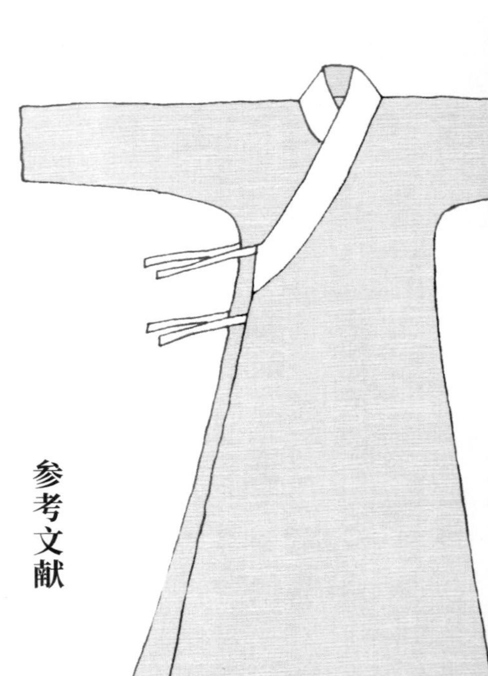

第一章 准备篇

· 准备工具
· 量体方法
· 面料选择
· 布料用量的计算方法
· 裁剪缝制方法

一、准备工具

“工欲善其事，必先利其器。”我们先看一下做古代服饰需要准备的工具。同其他服饰制作一样，古代服饰制作工具小到纸张、铅笔、剪刀、直尺，大到缝纫机、锁边机等多种多样。

1. 尺

（1）硬尺

硬尺是指在纸样以及布料上绘制裁剪图的直尺或者曲尺。

（2）软尺

软尺是测量人体尺寸的工具。

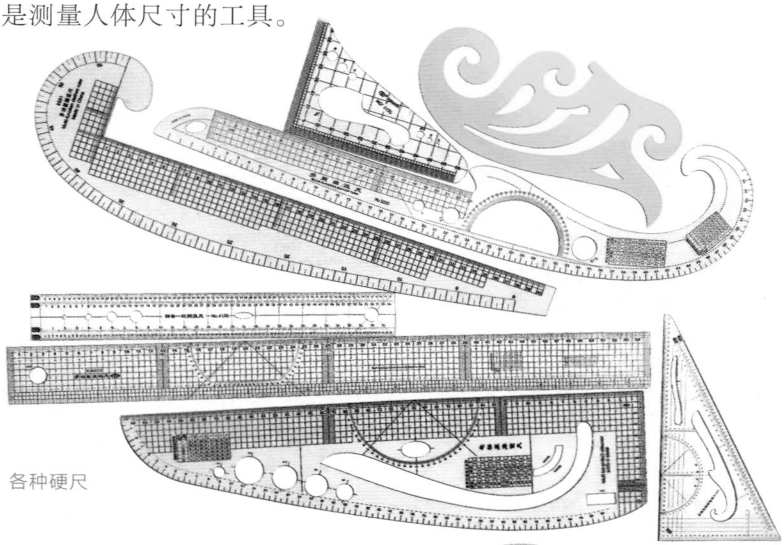

各种硬尺

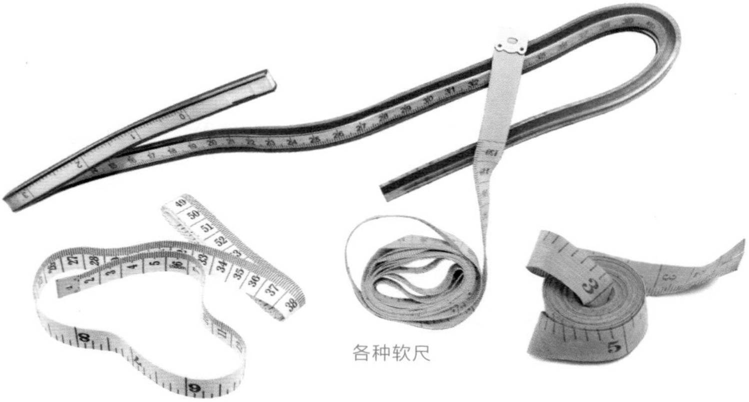

各种软尺

2. 剪刀

剪刀分为两种，一种是裁剪纸样的剪刀，一种是裁剪布料的剪刀。但要注意，两种剪刀一定不要混用，剪布料的剪刀一定不能用来剪纸，那样会使刀刃变钝。

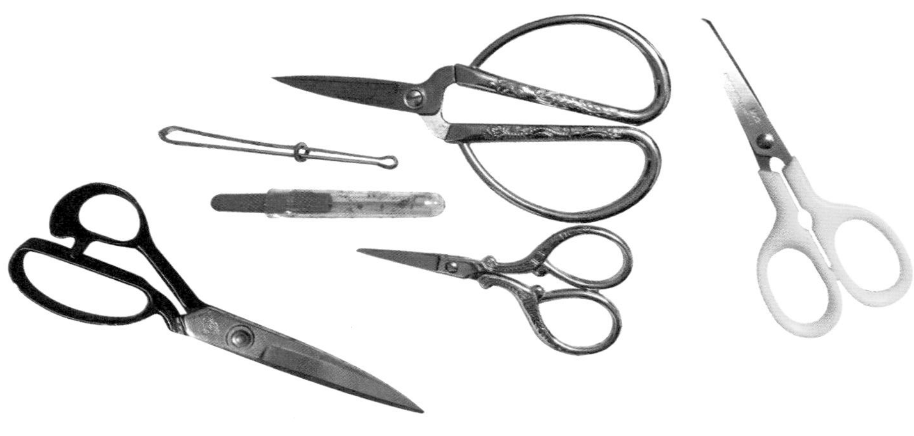

各种剪刀

3. 针

针也分为很多种，如手缝针、机缝针、珠针等，其中珠针用来固定布料。还需要准备针插，防止针因随手放而找不到。

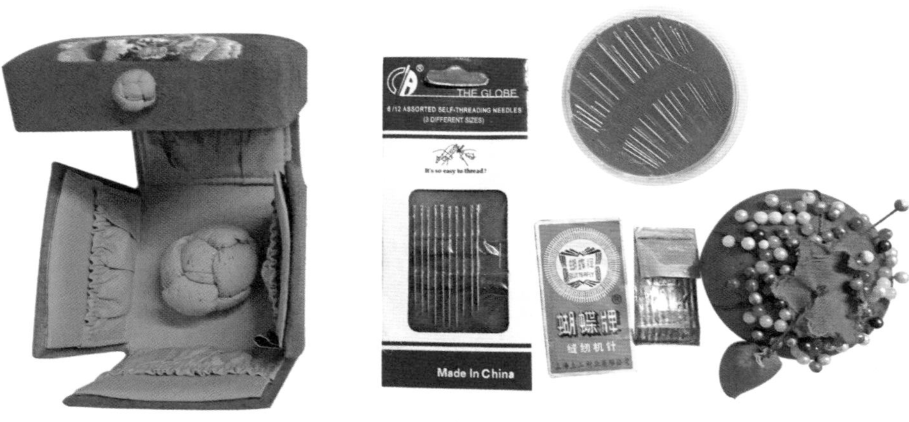

各种针和针插

4. 线

线既有各种颜色，又有棉线、丝线、涤纶线等各种材质，需要根据服装的面料选择适合的线。

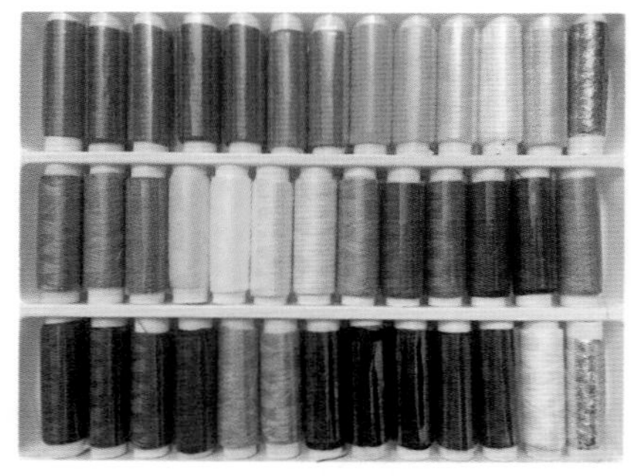

各种颜色的线

5. 缝纫机

缝纫机分为电动缝纫机（家用型）和脚踏缝纫机。

电动家用缝纫机

6. 锁边机

锁边机有三线或者四线锁边机，机缝一般需要锁边机，如果采用包边缝纫的方法就不用锁边机。一般的家用多功能电动缝纫机都带有简单的锁边功能。手缝也可以使用包边方法，使布料不脱线。

7. 铅笔

铅笔是指画纸样使用的 2B 或 4B 绘图铅笔。

8. 纸张

纸张用来绘制服装结构图，也就是通常说的服装制版。可以采用大白纸（全开整张）或者牛皮纸（全开整张），旧报纸也可以。

二、量体方法

1. 围度的测量

- **胸围：** 在胸部最高的位置加两个手指宽（2~3 厘米）水平量一周。
- **腰围：** 在腰最细的位置加两个手指宽（2~3 厘米）水平量一周。
- **臀围：** 在臀部最宽的位置加两个手指宽（2~3 厘米）水平量一周。
- **领围：** 在颈部喉结以下 2 厘米处加两个手指宽（2~3 厘米）水平量一周。

2. 长度的测量

- **衣长：** 从颈部和肩部的交点至腰中心线，如肩胛骨过大可以量得松一些。
- **袖长：** 从肩骨外端量至手腕。
- **通袖长：** 将手臂伸平展，从左手腕量至右手腕。
- **背肩宽：** 从左肩胛骨外端量至右肩胛骨外端。背肩宽一般是背宽加 3 厘米左右。
- **裙长：** 从腰节线往下量至裙摆要留到的位置。
- **裤长：** 从腰节线往下量至脚背或者脚跟位置。

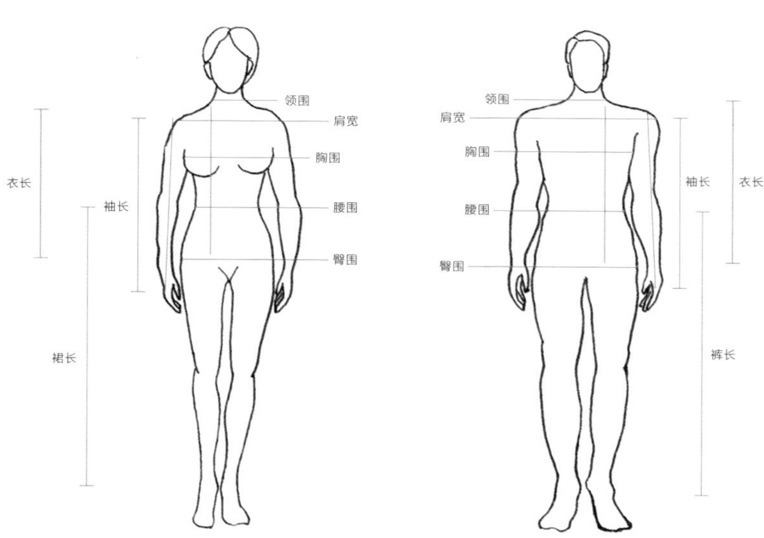

人体尺寸测量图

三、面料选择

不同的服饰需要选用不同材质的面料，以使成品能够得到更好的呈现。下面介绍几种常用的服饰面料。

1. 棉

棉布具有吸湿、透气的特点，柔软贴身，耐碱性强，耐热，抗虫蛀，没有弹性。棉布易缩水，易起皱，易生霉，耐酸性差，不可长时间晾晒。平纹棉织物轻薄舒适，适宜制作中衣、居家服等贴身穿的衣服，以及休闲服等常服外衣。缎纹织的棉质贡缎，光泽柔和，厚重挺括，适合制作礼服及外穿常服。棉麻混纺织物糅合了棉、麻的优点，贴身、舒适、保暖性好，比纯棉挺括，也是不错的面料。

2. 麻

在服装材料中，麻料用得最多的有亚麻和苎麻，质地结实，光洁挺括，手感爽滑，垂感好，但容易起皱。不易褪色，不易受潮发霉。质地细腻的麻面料适宜做中衣、夏天的襦裙等；厚麻面料适宜做秋冬外衣，多用于做男装。

3. 丝织物

丝织物的品类比较多，这也是我国作为丝绸之路发源地的缘故吧。

丝类织物采用桑蚕丝和柞蚕丝为主要原料，抗皱性和耐光性较差，在晾晒过程中要避免光照，采用阴干。桑蚕丝织物色白细腻，光泽柔和明亮，手感滑爽，高雅华丽。柞蚕丝织物色黄质粗，光泽较暗，手感柔而不爽，略带涩滞，价格较为低廉。

丝织物的耐热性很好，一般熨烫温度为 150 ~ 180℃，熨烫时应垫布与熨斗隔开，避免表面烫出极光。避免对面料喷水，以防造成水渍难以去除，影响美观。

下面介绍几种制作古代服饰常用的丝织物：

（1）绸类织物

绸类织物质地细密轻薄，有纯天然丝绸，也有人造丝交织的仿真丝面料和合成纤维混纺绸面料。例如：塔夫绸、花线春（大绸）、柞丝绸、绵绸等。适合制作中衣、裙、裤，春夏季的褙子等。

（2）纺类织物

纺类织物以桑蚕丝、绢丝及人造丝为原料，质地轻薄，主要做里料。例如：电力纺、杭纺等。适合制作呢料外套的衬里。

（3）绉类织物

绉类织物是以纯桑蚕丝织造，绸面呈现绉纹的平纹织物。例如：双绉、碧绉、留香绉等。适合制作外套。

（4）缎类织物

缎类织物以缎纹组织织造而成，手感光滑柔软，质地紧密厚实，缎面光泽明亮，给人古香古色、富丽堂皇的感觉。例如：素软缎、织锦缎、古香缎等。适合制作襦裙，添上绣花，可使衣物更显独特。

（5）绢类织物

绢类织物是桑蚕丝和人造丝交织而成的平纹织物。例如：天香绢、挖花绢等。适合制作襦裙和袄裙套装。

（6）罗类织物

罗类织物是用合股丝做经纬纱织成的绞经织物，绸面有绞纱形成的孔眼。例如：杭罗、花罗等。适合制作上衣、外套、褙子和披风等。

（7）纱类织物

纱类织物是加捻桑蚕丝织成的透明轻薄的丝织物。例如：乔其纱、香云纱（莨纱）等。适合制作夏季的褙子、披风等。

（8）绡类织物

绡类织物是地纹采用平纹组织或假纱组织，织成与纱组织孔眼类似的轻薄透明的织物，透明轻薄。例如：真丝绡、尼龙丝绡等。适合制作夏季的披风。

（9）绫类织物

绫类织物是以各种经面斜纹为主的桑蚕丝或与人造丝织成的比缎稍薄的丝织物。例如：广绫、采芝绫等。适合制作夏季衣物。

（10）葛类织物

葛类织物是具有明显横向凸纹的花素丝织物。例如：特号葛、兰地葛等。适合制作夏季衣裙及外套。

（11）绒类织物

绒类织物是桑蚕丝或其他人造丝和粘胶人造丝交织的单层经起绒丝织物，表面绒毛密立，质地厚实，富有弹性，给人高贵的气质。例如：乔其绒、金丝绒、立绒等。适合制作冬季的外套、斗篷等。

4. 毛织物

毛织物属于动物纤维面料，保暖透气，悬垂性好。例如：精纺毛织物、粗纺毛织物等。适宜做秋冬季的外套。

四、布料用量的计算方法

以下布料用量的所有尺寸单位均为厘米。

1. 衬衣布料用量

（1）衣片布料用量 = 衣长尺寸 ×2 + 缝份（2.5）×2

例如：衬衣衣长为 55 厘米，则需准备 55×2+2.5×2=115 厘米长的布料。

（2）袖片布料用量 = 袖长尺寸 ×2 + 缝份（2.5）×2

例如：短袖袖长为 20 厘米，则需准备 20×2+2.5×2=45 厘米长的布料；长袖袖长为 48 厘米，则需准备 48×2+2.5×2=101 厘米长的布料。

综上所述，一件短袖衬衣的布料就是衣长用量 115+ 袖长用量 45=160 厘米，如果是窄幅面料（90 厘米宽），需要准备 160 厘米长的布料。

一件长袖衬衣的布料就是衣长用量 115+ 袖长用量 101=216 厘米，如果是宽幅面料（115 ~ 120 厘米宽），需要准备约 120 厘米长的布料。

2. 裙子布料用量

裙片布料用量 = 裙长尺寸 ×2 + 缝份（2.5）×2

短裙只需以裙长的尺寸计算布料。连衣裙需用衣片用量的尺寸加上袖片用量的尺寸再加上裙长用量的尺寸，计算总的布料用量。

3. 裤子布料用量

裤子布料用量 = 裤长尺寸 ×2 + 缝份（2.5）×2

裤子的布料只需按裤长的尺寸计算布料用量，特殊设计的裤子则需要加上裤腰的布料计算总用量。

4. 单幅面料用量

单幅面料宽度为 90 ~ 110 厘米，一般以 90 厘米的居多。选购布料时一般根据所做服装的面积去估算布料用量，如：衣服的面积 = 衣长 × 胸围的宽，裙子的面积 = 裙长 × 裙摆的宽，裤子的面积 = 裤长 × 臀围的宽。

5. 双幅面料用量

双幅面料宽度为 120 ~ 150 厘米，一般以 140 厘米的居多。双幅面料比单幅面料用量少，在选购布料时也是用长乘以宽的面积计算方法去估算布料的用量。

五、裁剪缝制方法

1. 识图

做衣服首先要学会看图，也就是服装版式图，才能根据图纸进行裁剪、缝合。

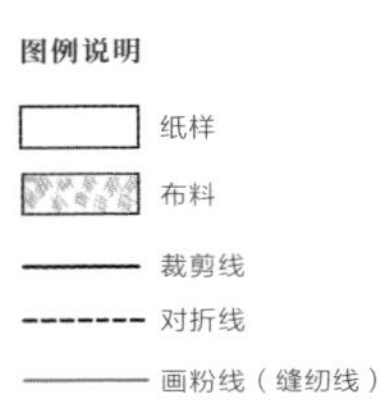

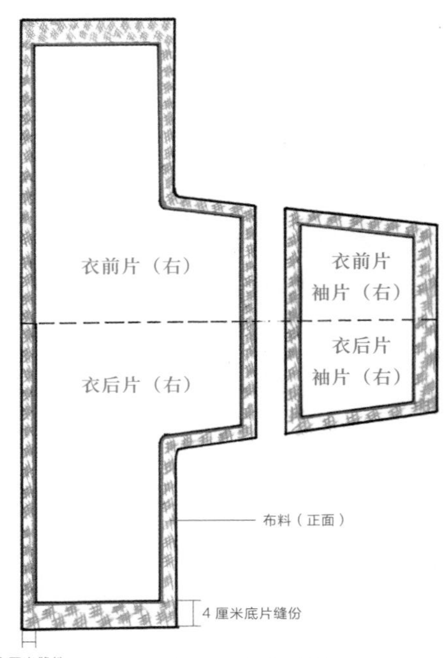

图例、纸样与裁剪线

2. 排样

裁剪图纸之后完成的纸样，要铺在布料上，用画粉画出缝纫线，然后放出缝份。一般缝份都在 2 厘米或 2.5 厘米左右，袖口、底边、裤口等边缘的缝份需稍微放宽到 4 厘米或 4.5 厘米左右。

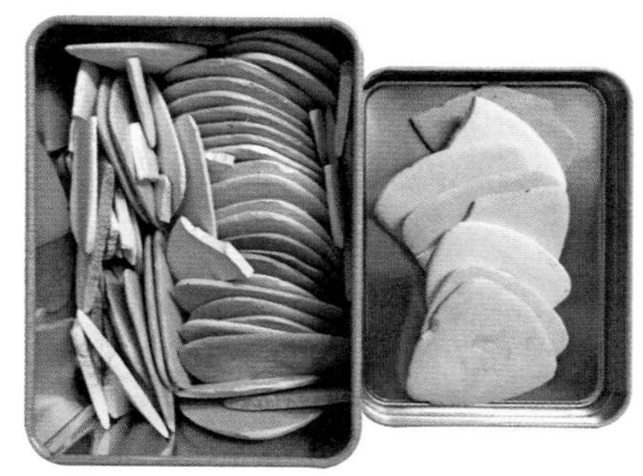

画粉

3. 缝制

将两片裁剪好缝份的布料正面相对，布料的里子朝外，缝合两片。使用电动缝纫机缝制衣物时，尽量先用大针脚将两面临时缝合，或者用珠针别好，然后再缝制。手缝就一定要先用珠针别好布料再进行缝制。缝制时两片布料的边一定要对齐。

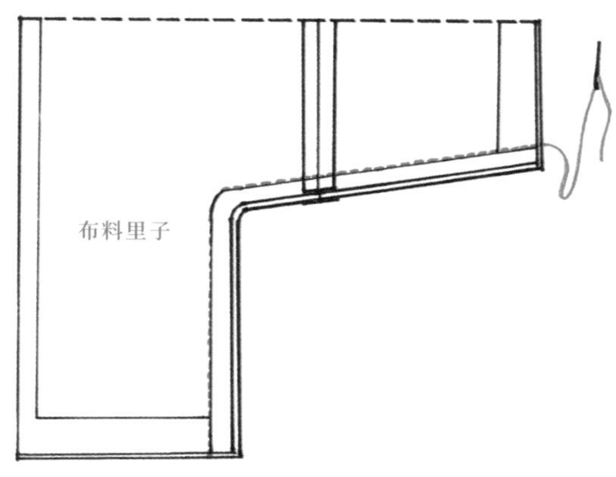

缝合

4. 系带的缝制

一般外套的系带都是衣襟右侧有两对，衣襟左侧里面有一对；中衣的系带是衣襟右侧有一对，衣襟左侧里面有一对。

系带的长度一般在 30 厘米左右，宽度一般在 1.5 厘米或 2 厘米左右。

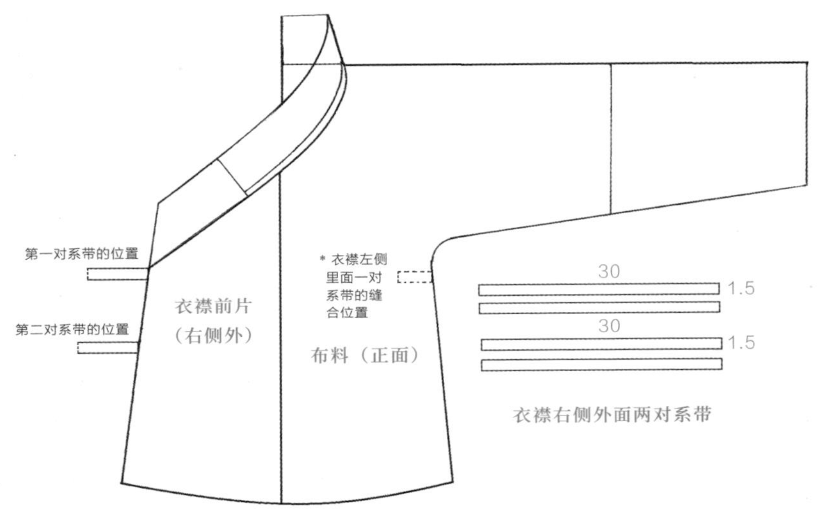

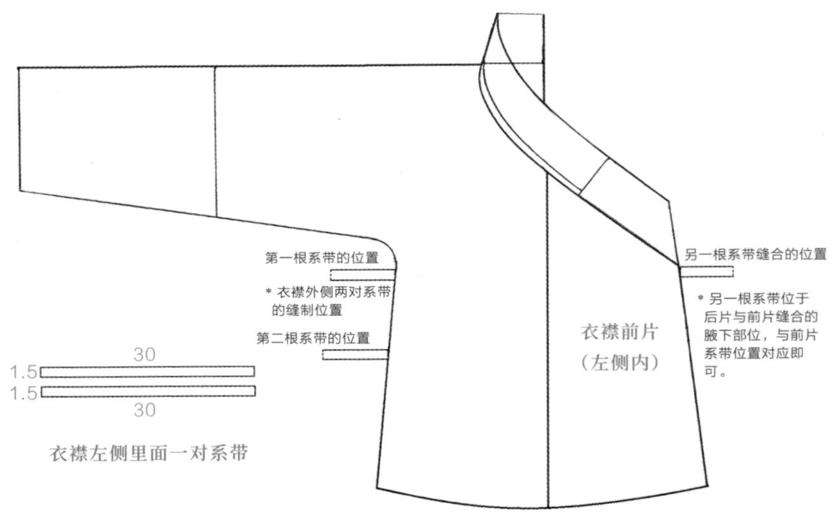

第二章 周朝篇

- 宽袖式串花凤纹绣绢绵衣
- 窄袖式素纱绵衣
- 绢单裙
- 绵袍
- 对龙凤凤纹大串花绣绢绵衣
- 冕服
- 展衣后服
- 玄端
- 深衣

 一、宽袖式串花凤纹绣绢绵衣

宽袖式串花凤纹绣绢绵衣

尺寸表

衣长	通袖长	袖口宽	袖缘宽	领缘宽	衣缘宽
165	158	45	9	5	7

● 注：本书尺寸表中数据单位均为厘米。

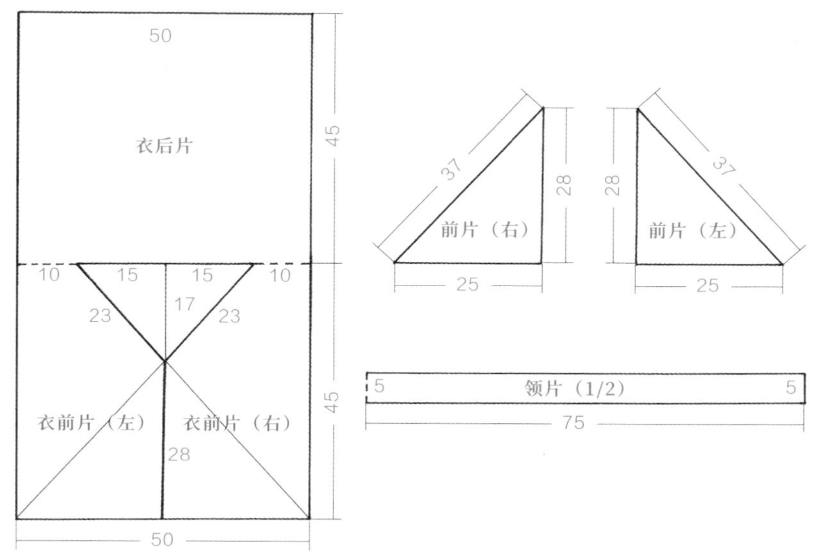

宽袖式串花凤纹绣绢绵衣：衣片、领片

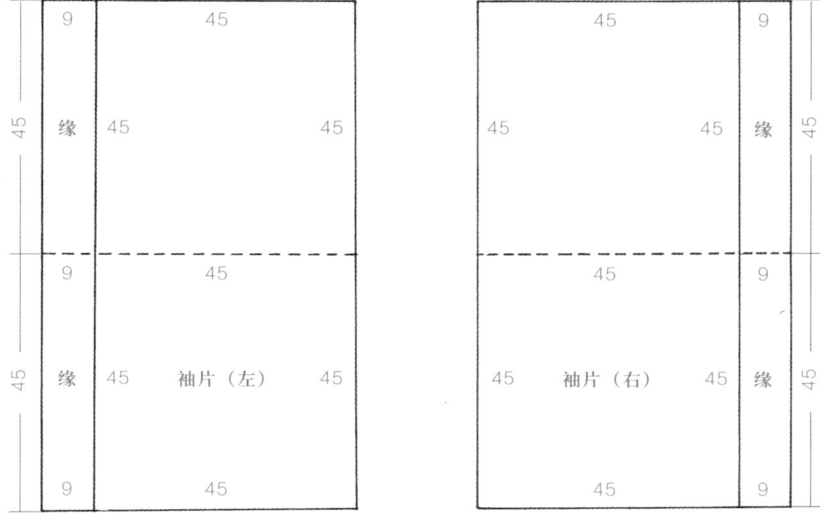

宽袖式串花凤纹绣绢绵衣：袖片

宽袖式串花凤纹绣绢绵衣：裳片（左）

宽袖式串花凤纹绣绢绵衣：裳片（右）

二、窄袖式素纱绵衣

窄袖式素纱绵衣

尺寸表

衣长	通袖长	袖口宽	袖缘宽	领缘宽
148	216	21	8	6

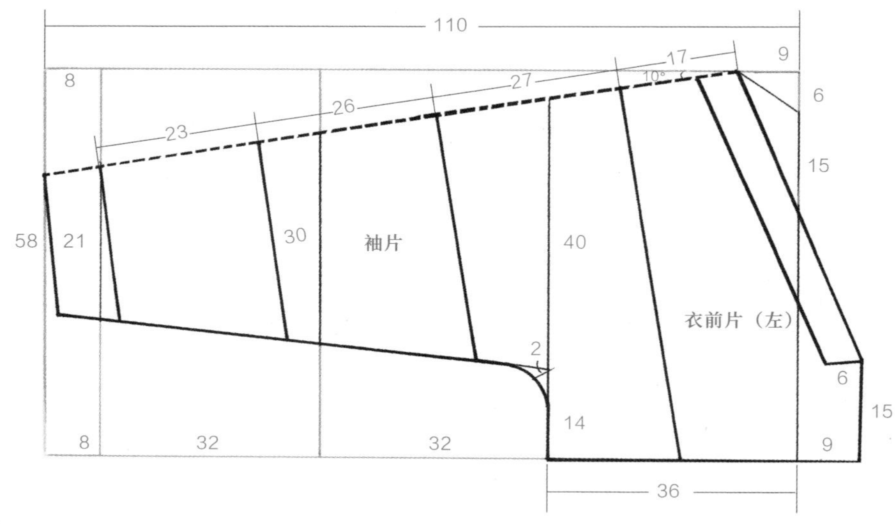

窄袖式素纱绵衣：衣前片（左）

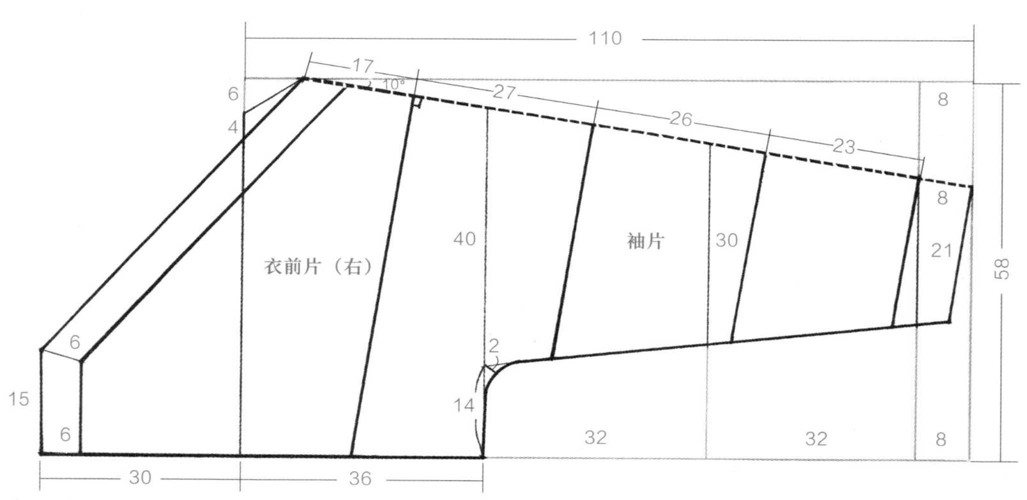

窄袖式素纱绵衣：衣前片（右）

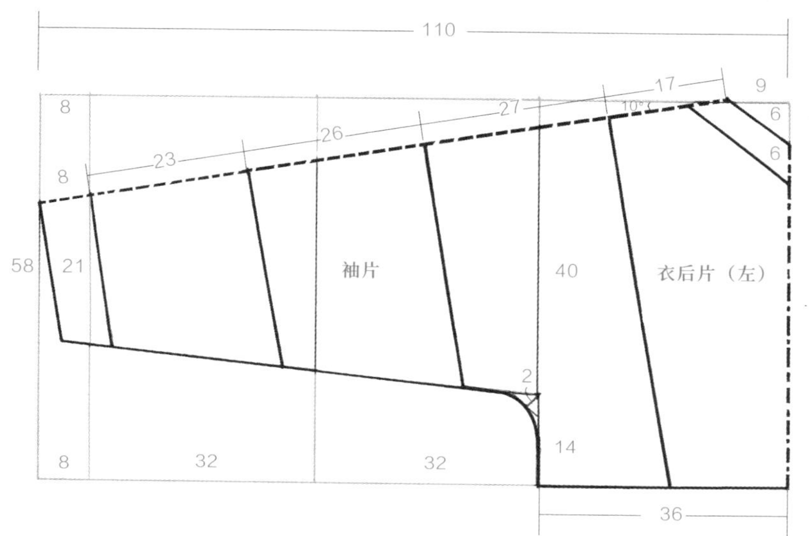

窄袖式素纱绵衣：衣后片（左）

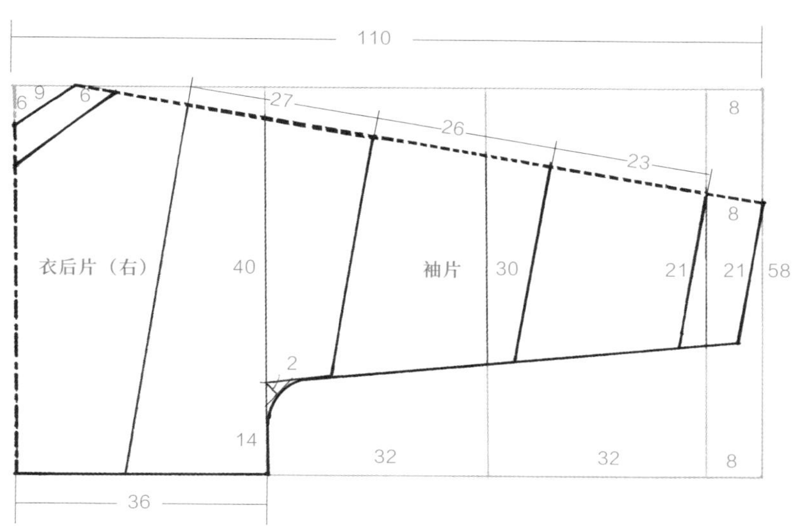

窄袖式素纱绵衣：衣后片（右）

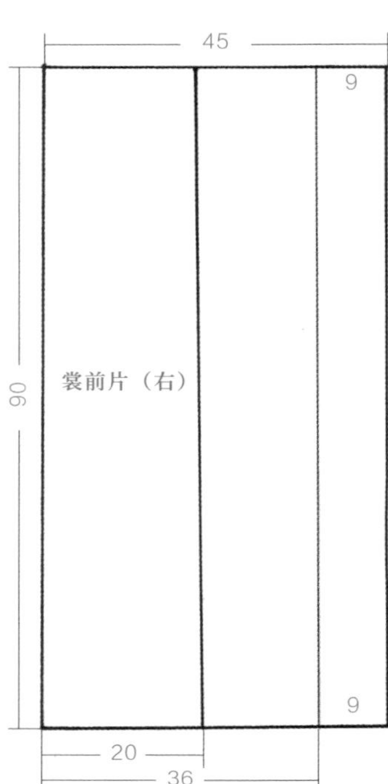

窄袖式素纱绵衣：裳前片

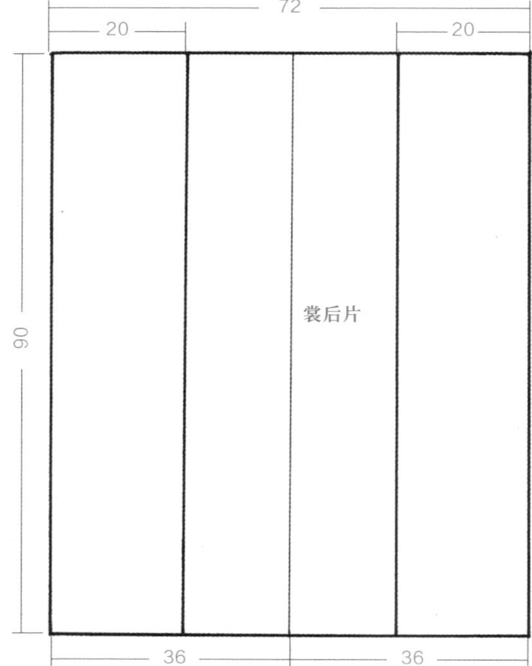

窄袖式素纱绵衣：裳后片

三、绢单裙

绢单裙

尺寸表

裙长	裙腰宽	裙摆宽	锦缘宽
95	181	211.5	12.5

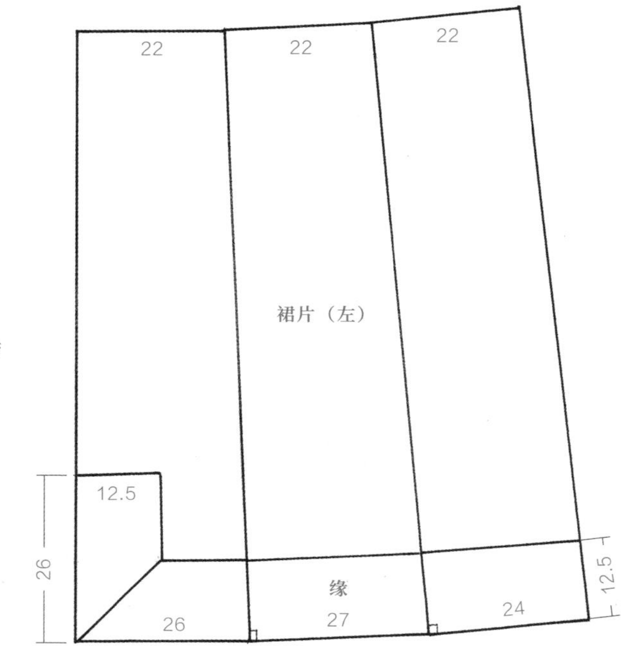

绢单裙：裙片（左）、裙带

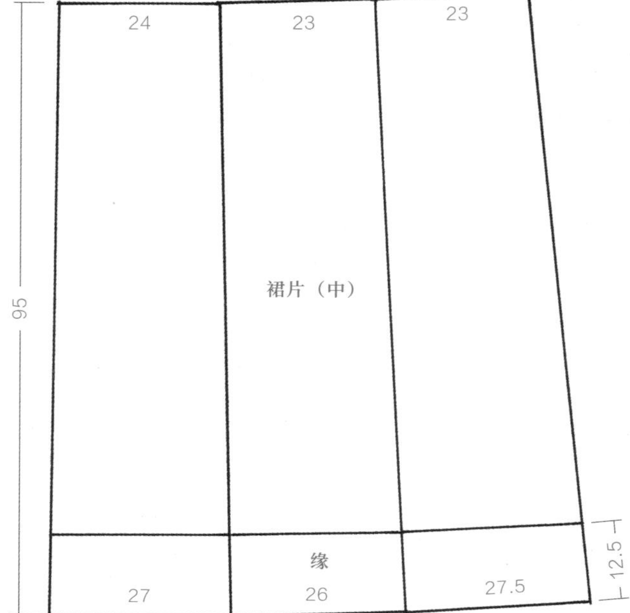

绢单裙：裙片（中）

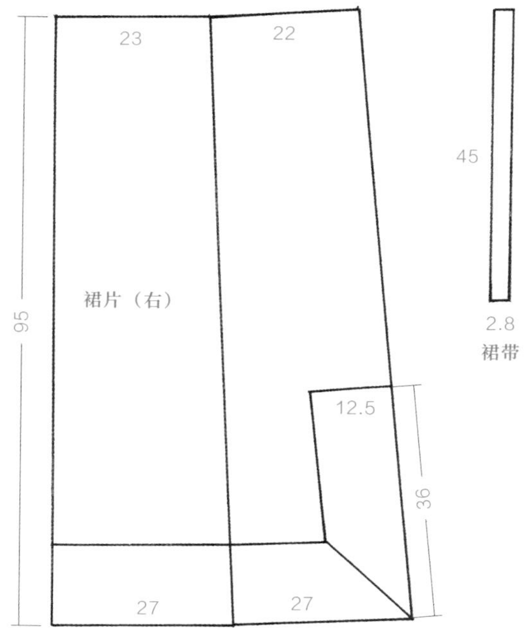

绢单裙：裙片（右）、裙带

四、绵袍

绵袍

尺寸表

衣长	通袖长	腰宽	下摆宽
200	345	68	82

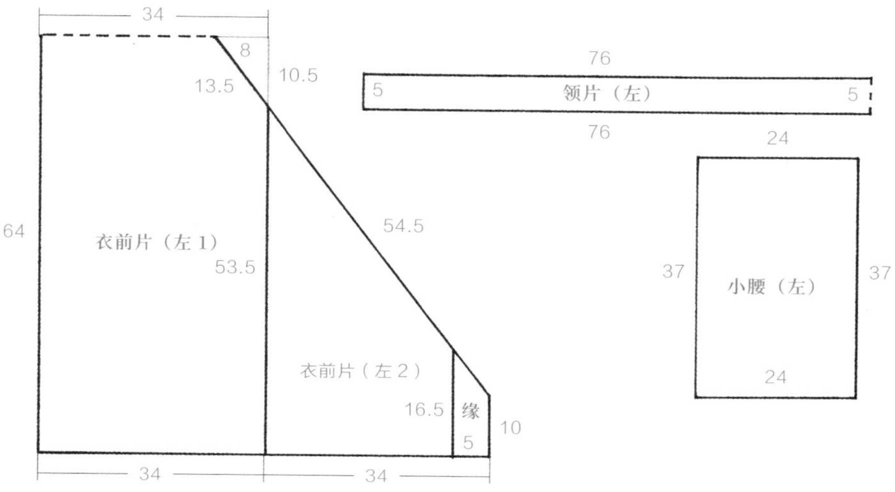

绵袍：衣前片（左）、领片（左）、小腰（左）

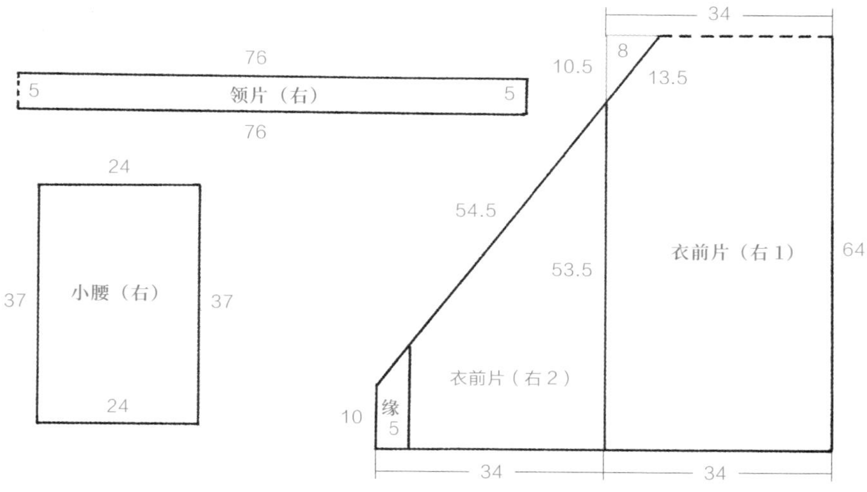

绵袍：衣前片（右）、领片（右）、小腰（右）

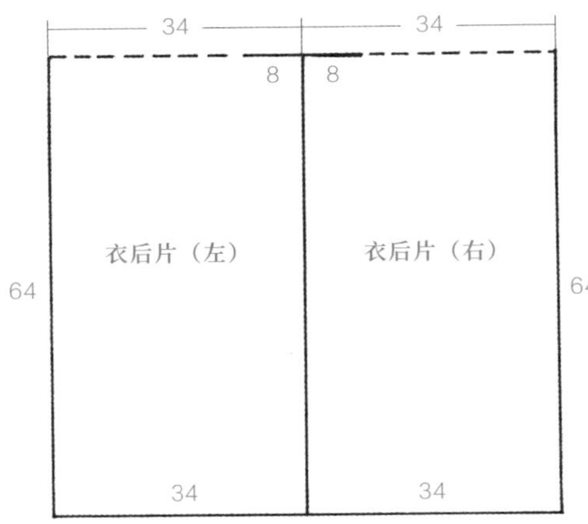
34
34
8
8
衣后片（左）
衣后片（右）
64
64
34
34

绵袍：衣后片

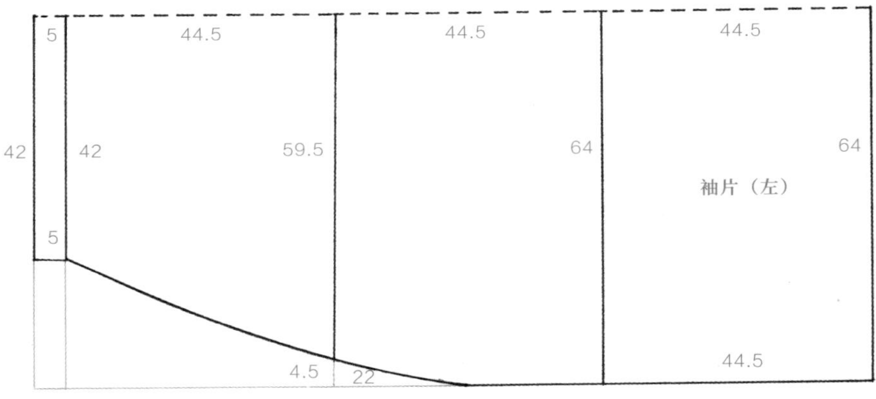
5
44.5
44.5
44.5
42
42
59.5
64
64
袖片（左）
5
4.5
22
44.5

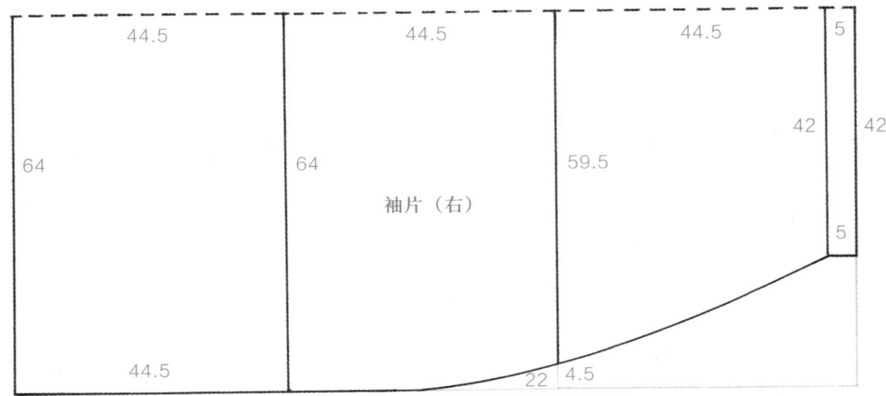
44.5
44.5
44.5
5
64
64
59.5
42
42
袖片（右）
5
44.5
22
4.5

绵袍：袖片

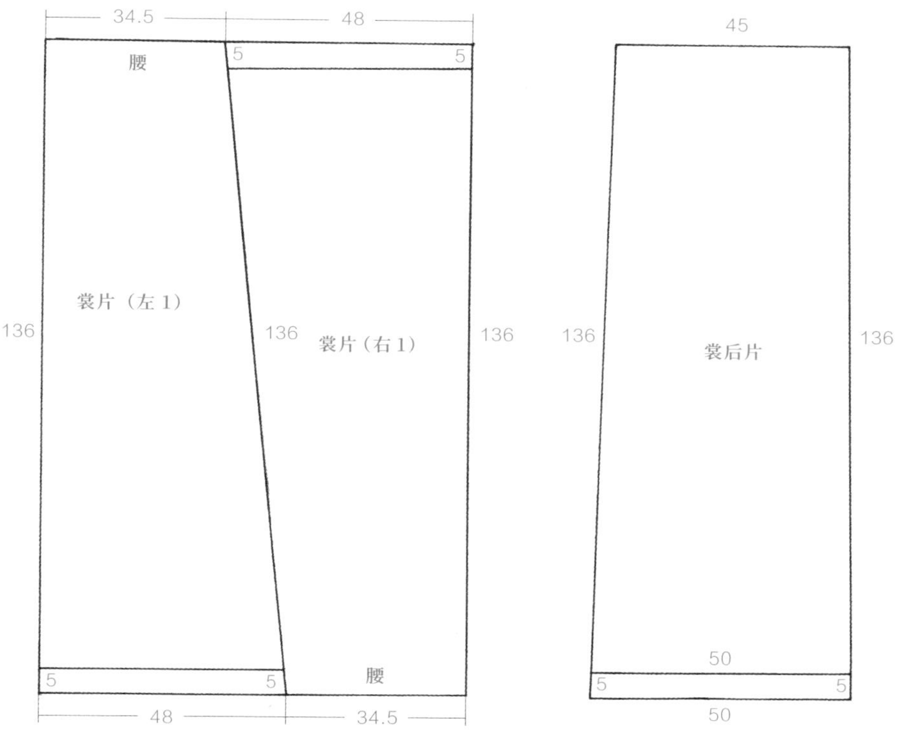

绵袍：裳片（左 1、右 1）、裳后片

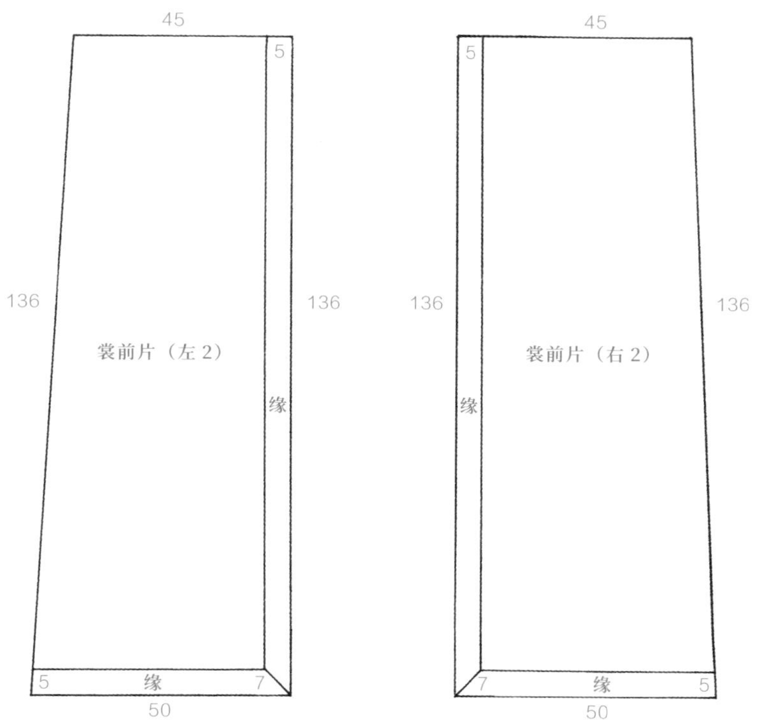

绵袍：裳前片（左 2、右 2）

五、对龙凤凤纹大串花绣绢绵衣

对龙凤凤纹大串花绣绢绵衣

尺寸表

衣长	通袖长	领缘宽	衣缘宽	袖口宽	袖缘宽	腰宽	下摆宽
169	182	9	11	47	17	66	80

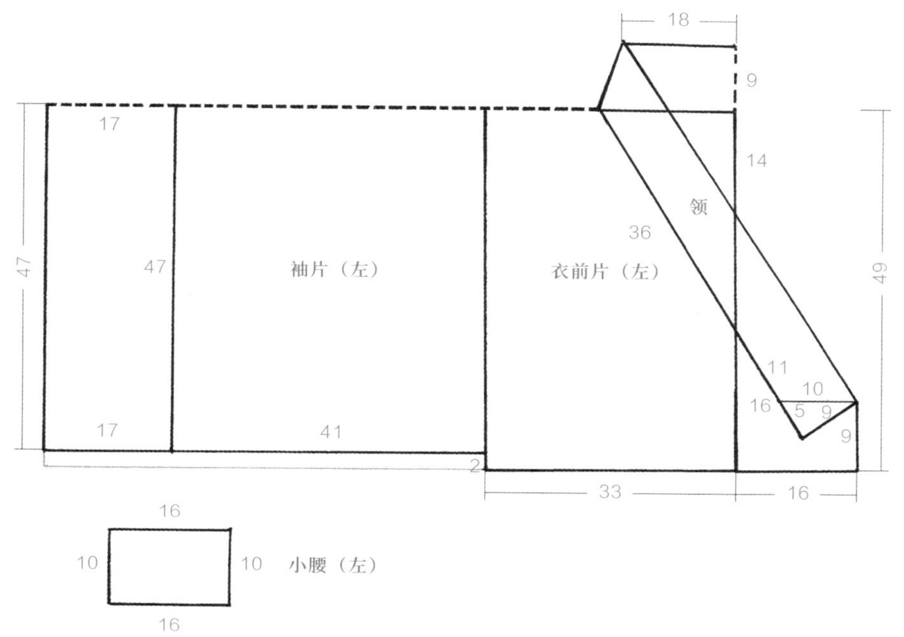

对龙凤凤纹大串花绣绢绵衣：衣前片（左）、小腰（左）

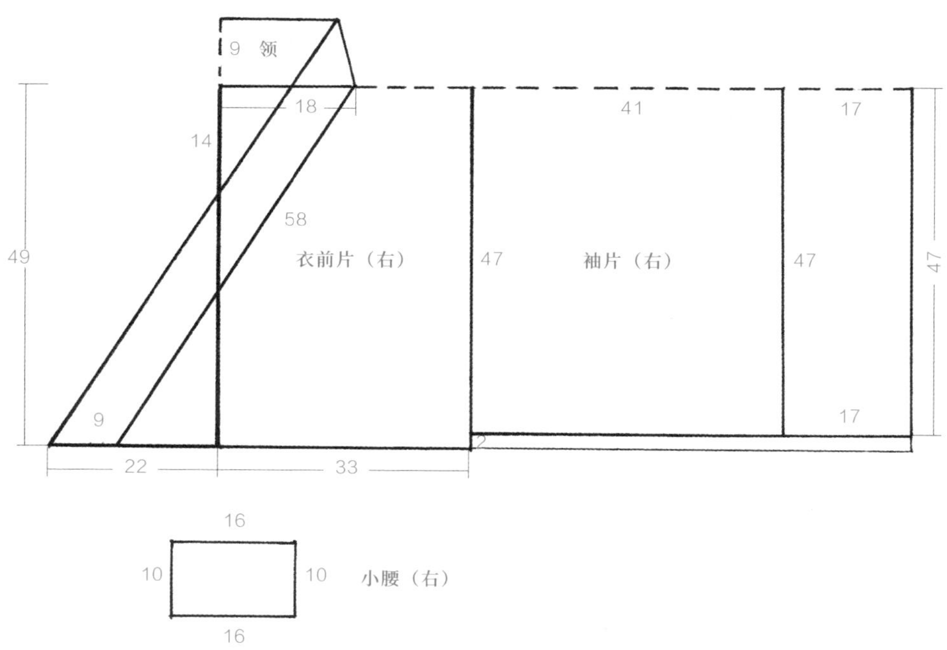

对龙凤凤纹大串花绣绢绵衣：衣前片（右）、小腰（右）

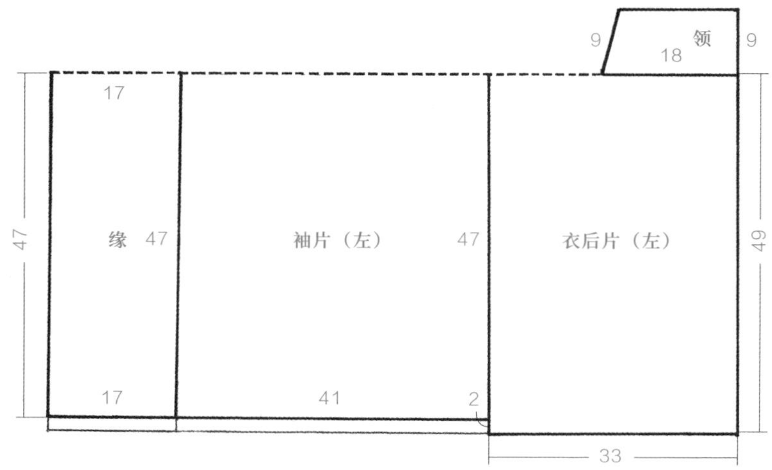

对龙凤凤纹大串花绣绢绵衣：衣后片（左）

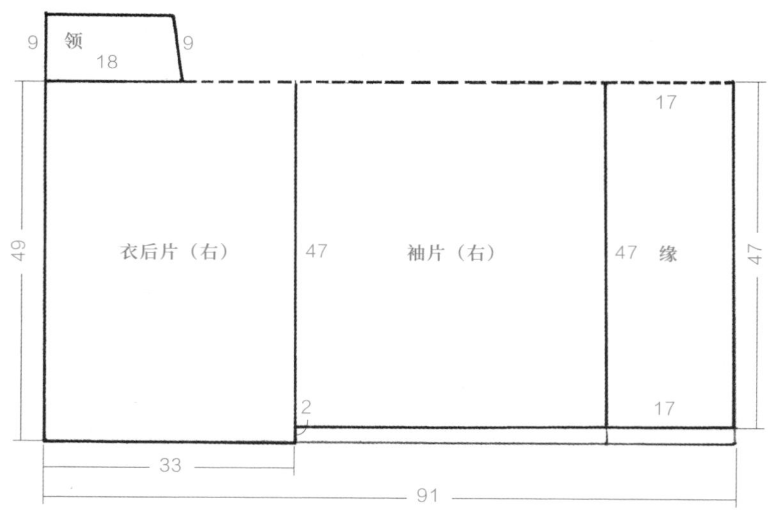

对龙凤凤纹大串花绣绢绵衣：衣后片（右）

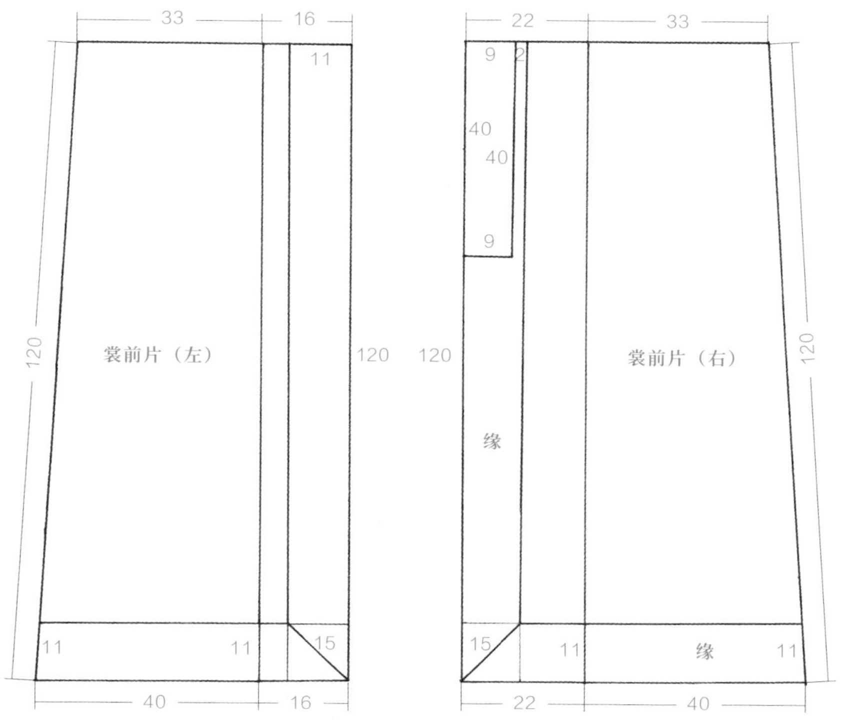

对龙凤凤纹大串花绣绢绵衣：裳前片（左、右）

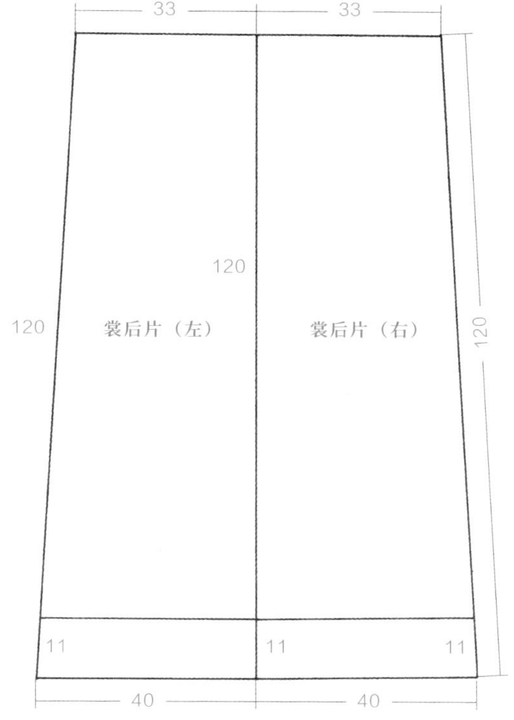

对龙凤凤纹大串花绣绢绵衣：裳后片

六、冕服

冕服

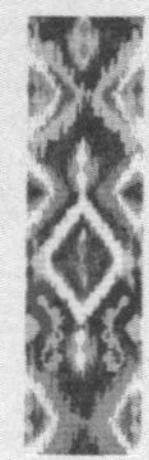

尺寸表

衣长	通袖长	袖口宽	腰宽	下摆宽	领缘宽	袖缘宽
120	222.16	91	65	96	7	9

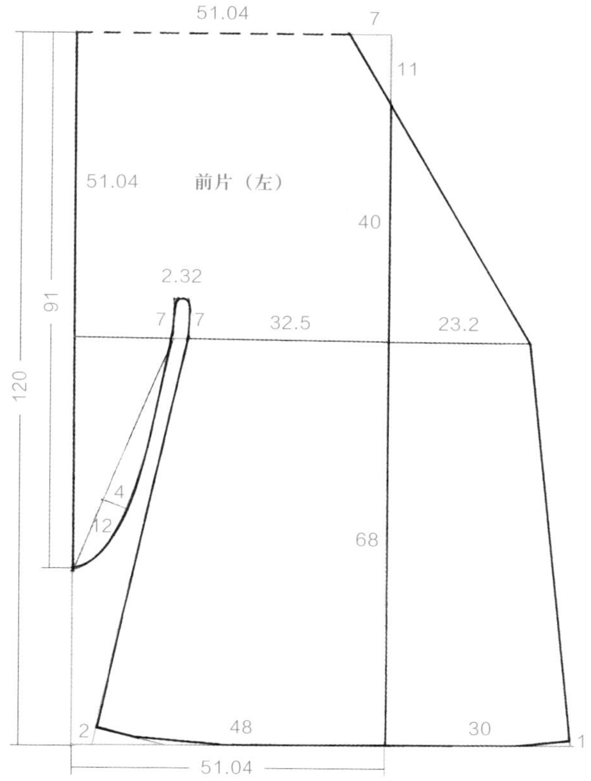
51.04
7
11
51.04
前片（左）
40
2.32
7
7
32.5
23.2
91
120
4
12
68
2
48
30
1
51.04

66.5
7
领片（左）
7
66.5

冕服：前片（左）、领片（左）

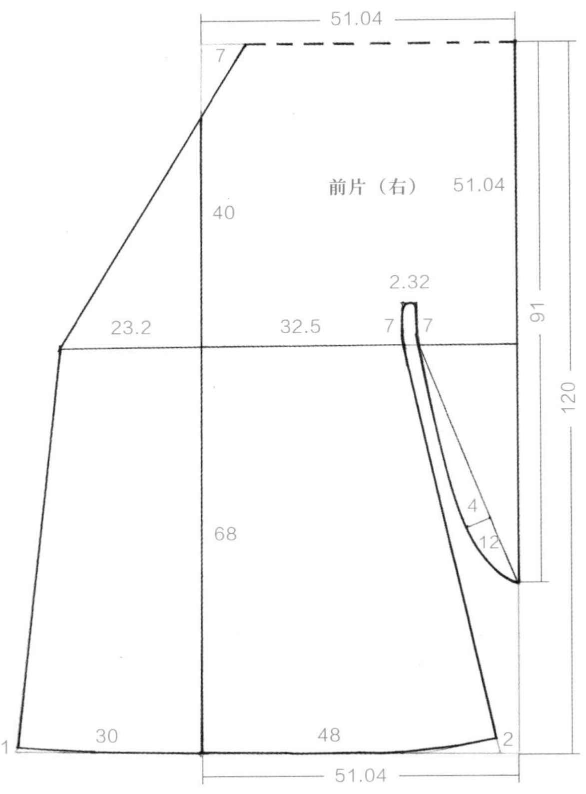
51.04
7
前片（右）
51.04
40
2.32
7
7
23.2
32.5
91
120
4
12
68
1
30
48
2
51.04

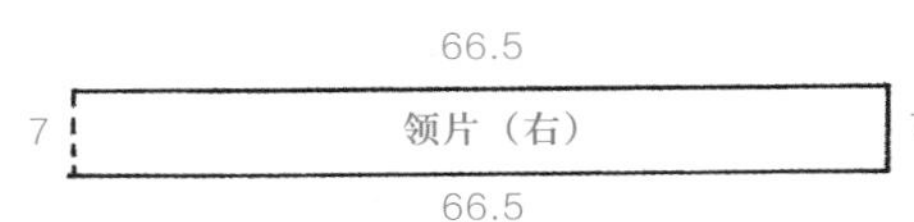
66.5
7
领片（右）
7
66.5

冕服：前片（右）、领片（右）

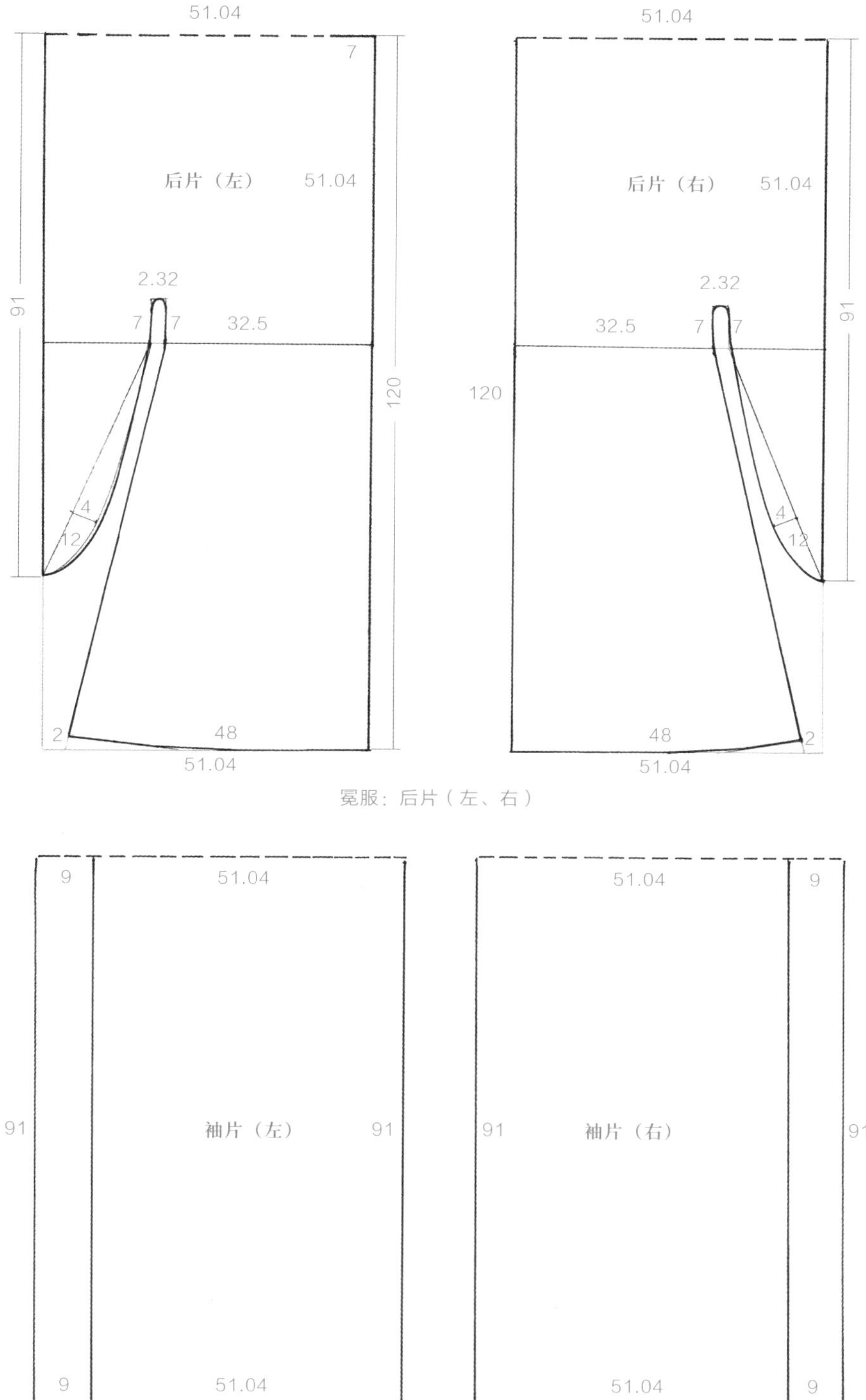

冕服：后片（左、右）

冕服：袖片（左、右）

七、展衣后服

展衣后服

尺寸表

衣长	通袖长	袖口宽	腰宽	下摆宽	领缘宽	袖缘宽
120	218.16	91	60	92	7	7

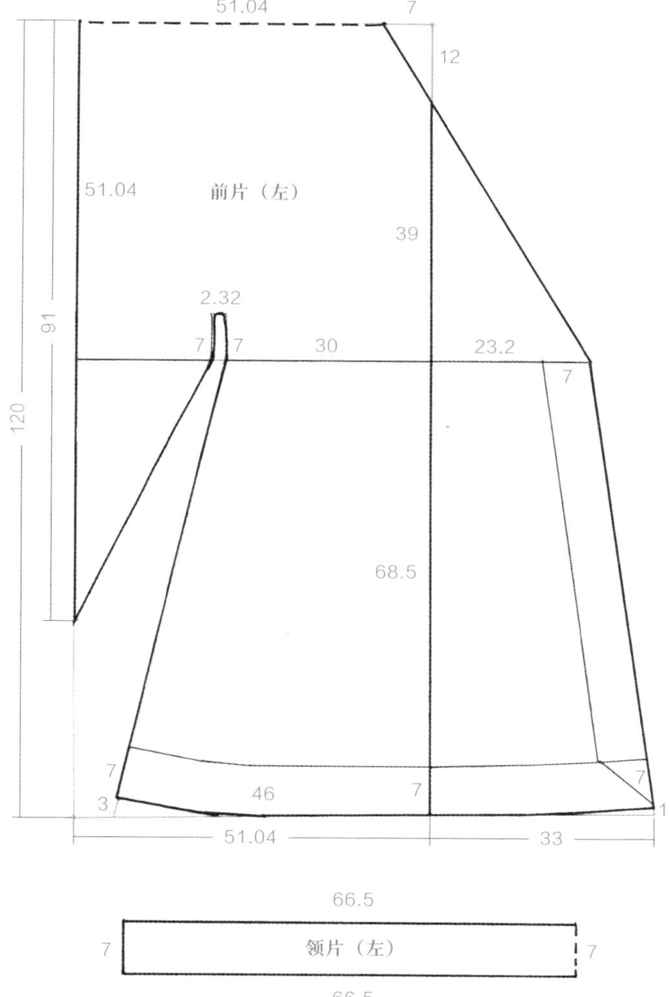
51.04
7
12
51.04
前片（左）
39
2.32
91
7
7
30
23.2
7
120
68.5
7
3
46
7
7
1
51.04
33
66.5
7
领片（左）
7
66.5

展衣后服：前片（左）、领片（左）

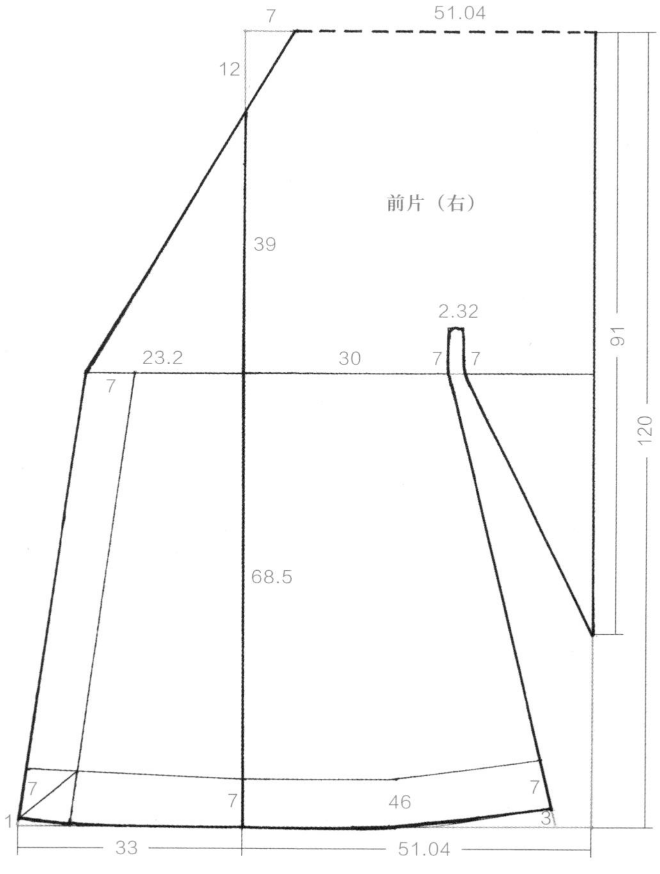
7
51.04
12
前片（右）
39
2.32
91
120
23.2
30
7
7
7
68.5
7
7
46
7
1
3
33
51.04

66.5
7
领片（右）
7
66.5

展衣后服：前片（右）、领片（右）

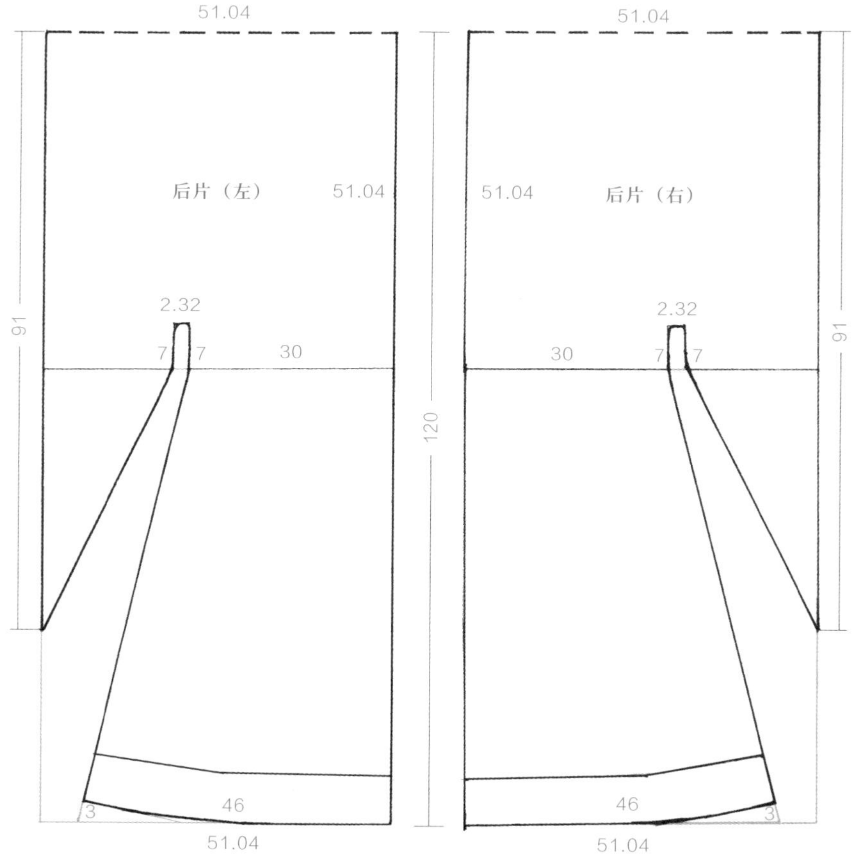
51.04
51.04
后片（左）
51.04
51.04
后片（右）
2.32
2.32
91
7
7
30
30
7
7
91
120
46
46
3
3
51.04
51.04

展衣后服：后片（左、右）

展衣后服：袖片（左、右）

八、玄端

1. 玄端（帝王）

玄端（帝王）

尺寸表

衣长	通袖长	袖口宽	袖宽	领缘宽	袖缘宽
51.04	204.16	76.56	102.04	4.64	3.5

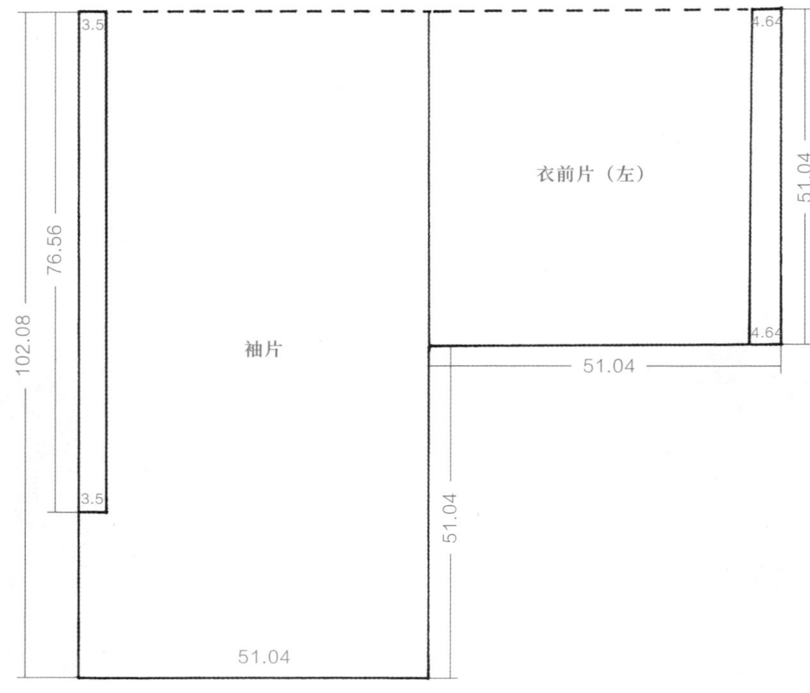

玄端（帝王）：衣前片（左）

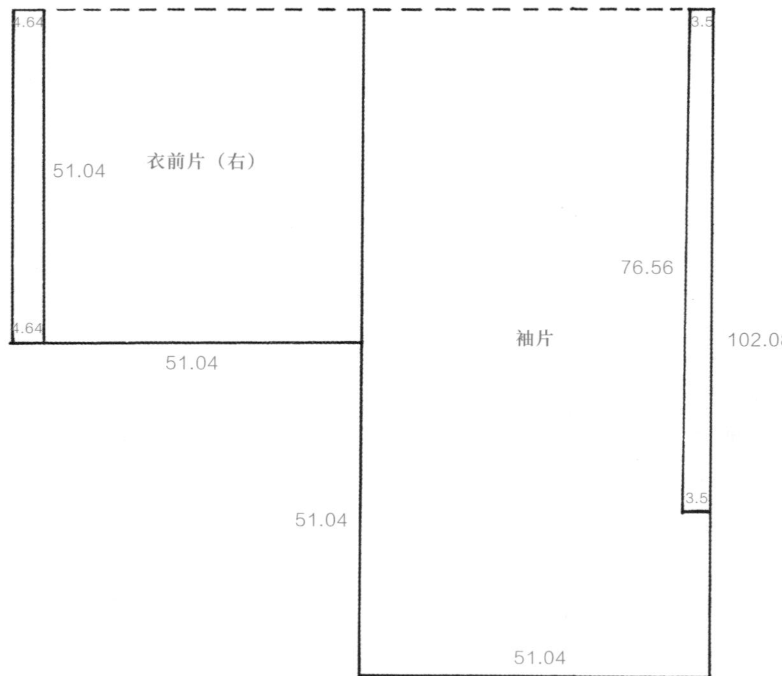

玄端（帝王）：衣前片（右）

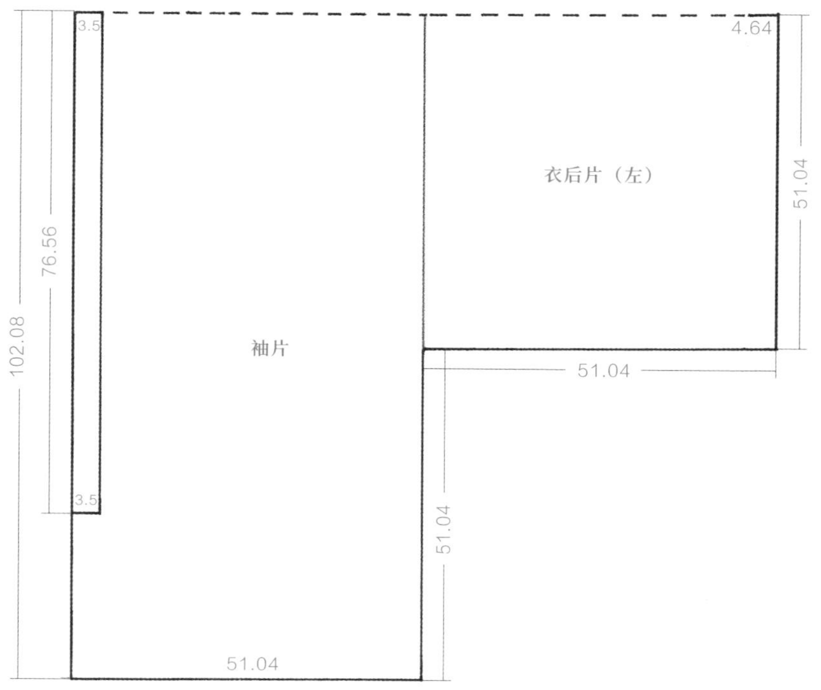

玄端（帝王）：衣后片（左）

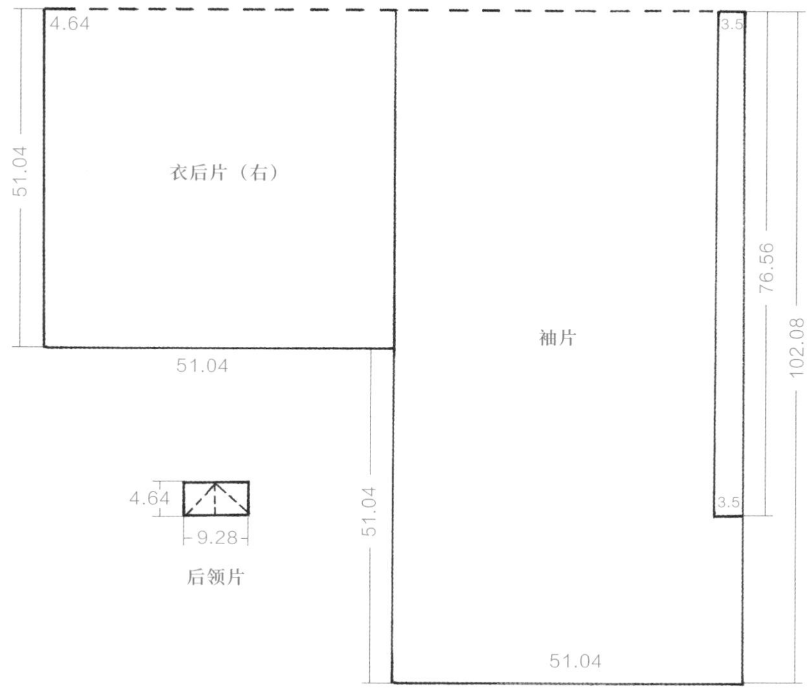

玄端（帝王）：衣后片（右）、后领片

2. 玄端（大夫）

玄端（大夫）

尺寸表

衣长	通袖长	袖口宽	袖宽	领缘宽	袖缘宽
51.04	204.16	60.32	76.56	4.64	3.5

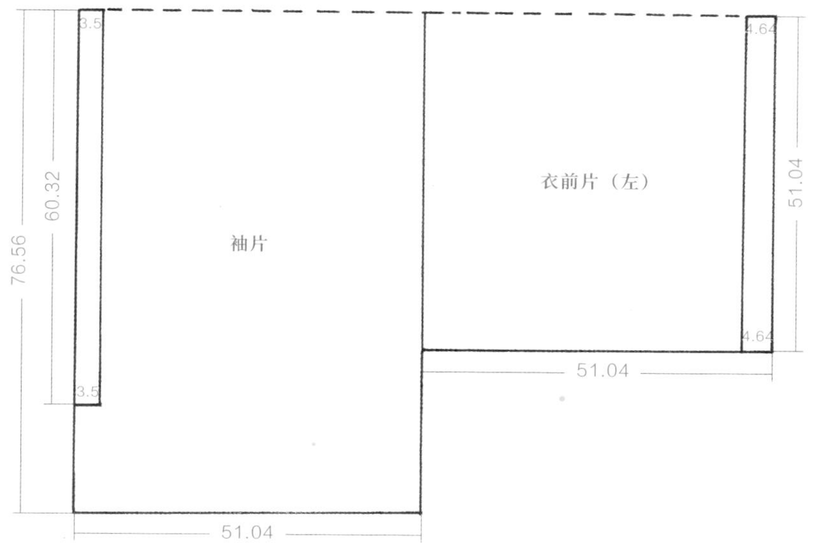

玄端（大夫）：衣前片（左）

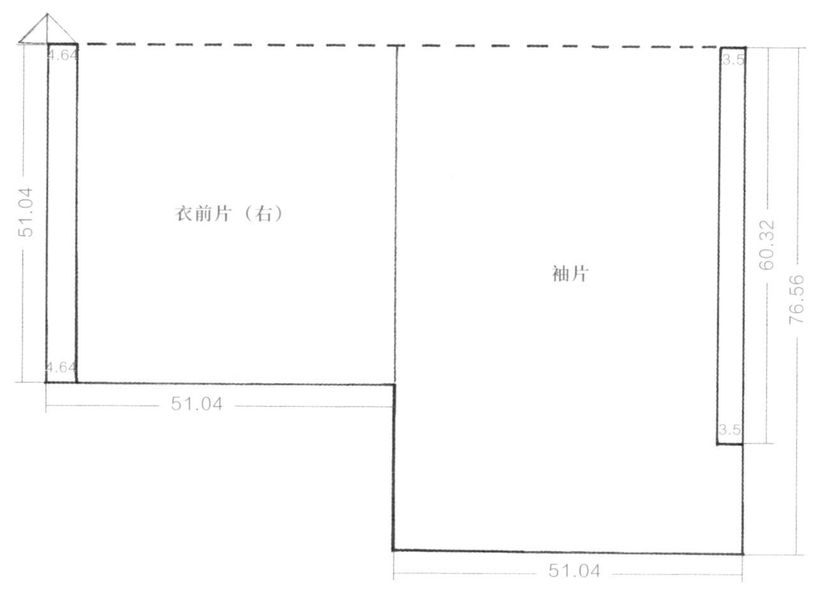

玄端（大夫）：衣前片（右）

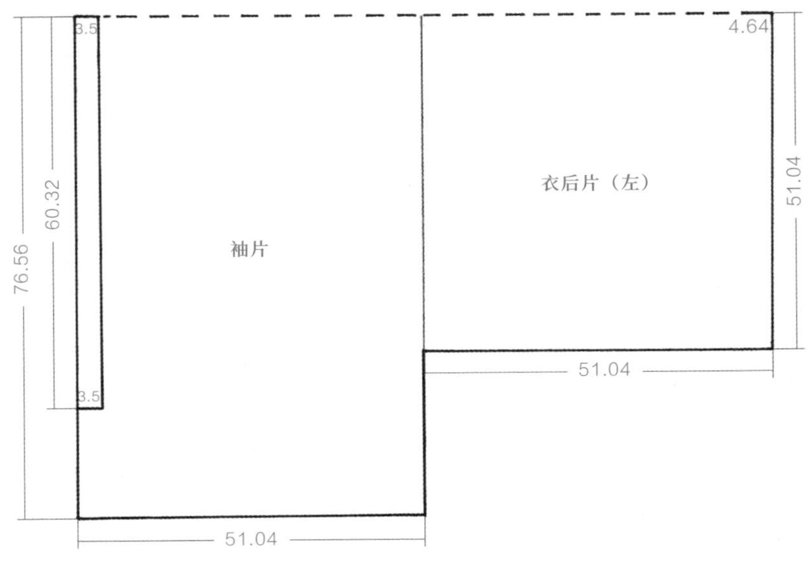

玄端（大夫）：衣后片（左）

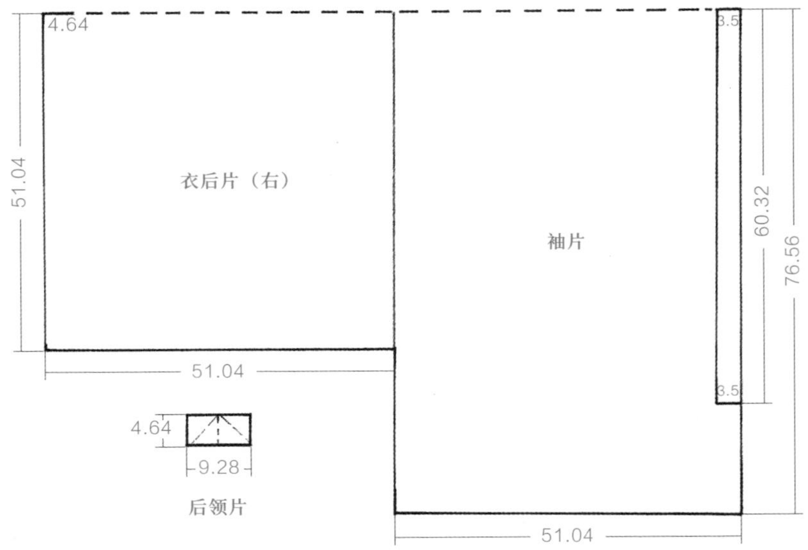

玄端（大夫）：认后片（右）、后领片

3. 玄端（士）

玄端（士）

尺寸表

衣长	通袖长	袖口宽	袖宽	领缘宽	袖缘宽
51.04	204.16	27.84	51.04	4.64	3.5

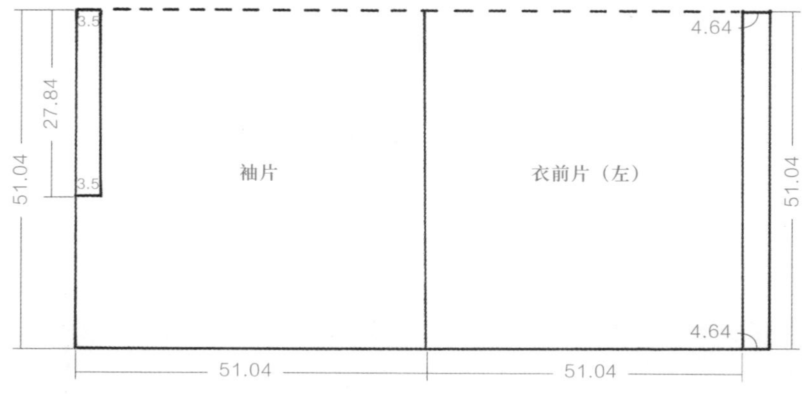

玄端（士）：衣前片（左）

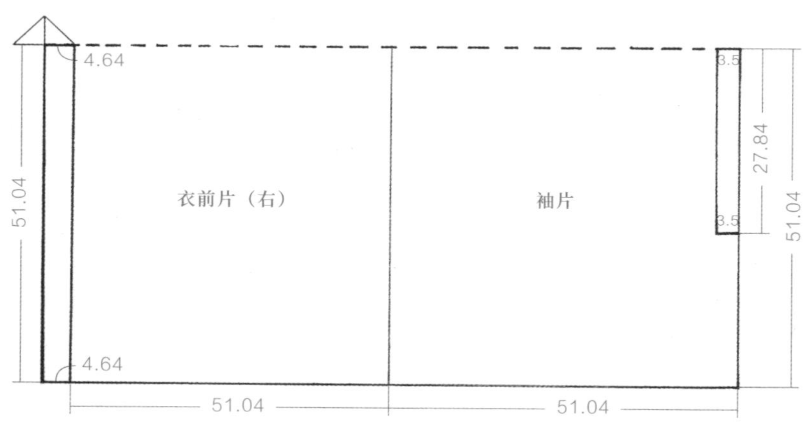

玄端（士）：衣前片（右）

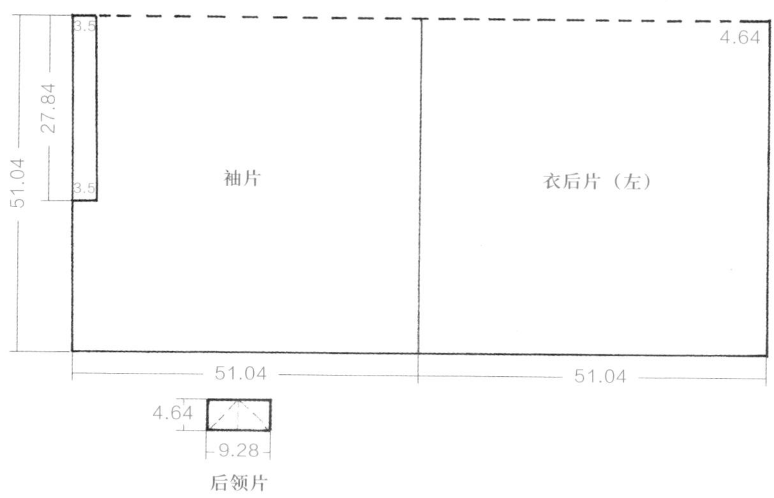

玄端（士）：衣后片（左）、后领片

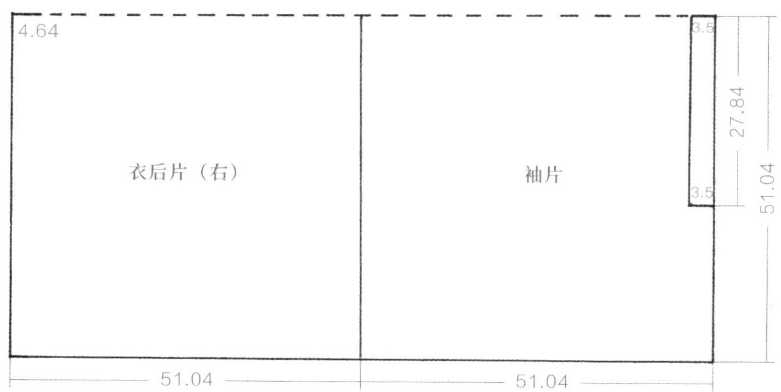

玄端（士）：衣后片（右）

4. 玄端（裳）

玄端〔裳（前裳、后裳）〕

尺寸表

裳长	前裳宽	后裳宽
74.28	153.12	204.16

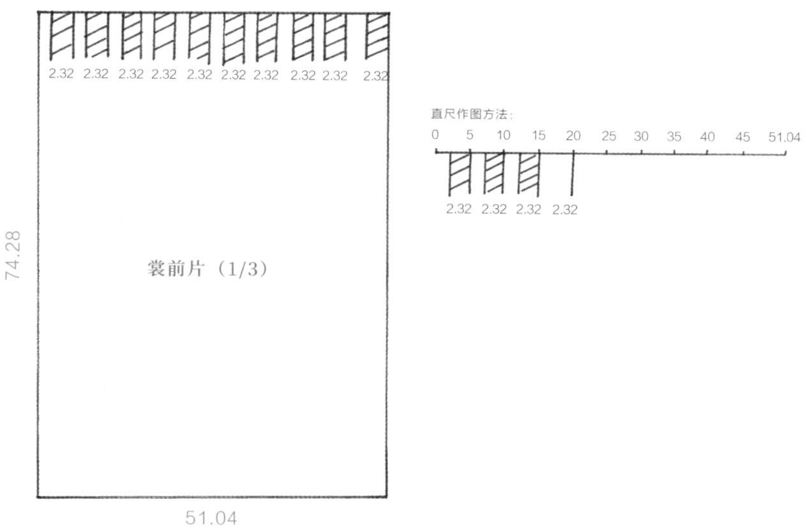
2.32 2.32 2.32 2.32 2.32 2.32 2.32 2.32 2.32 2.32
74.28
裳前片（1/3）
51.04
直尺作图方法：
0 5 10 15 20 25 30 35 40 45 51.04
2.32 2.32 2.32 2.32

玄端：裳前片

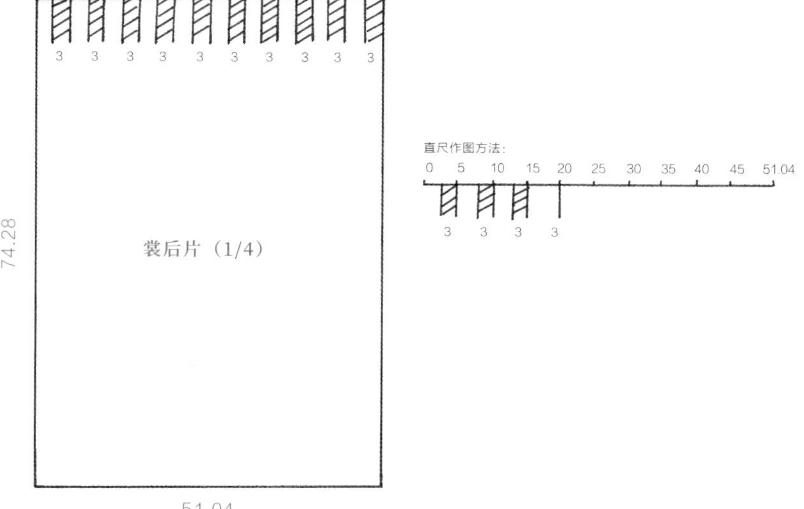
3 3 3 3 3 3 3 3 3 3
74.28
裳后片（1/4）
51.04
直尺作图方法：
0 5 10 15 20 25 30 35 40 45 51.04
3 3 3 3

玄端：裳后片

九、深衣

深衣

尺寸表

衣长	通袖长	袖口宽	腰宽	下摆宽	领缘宽	袖缘宽
125.28	204.16	27.84	83.52	111.36	4.64	3.5

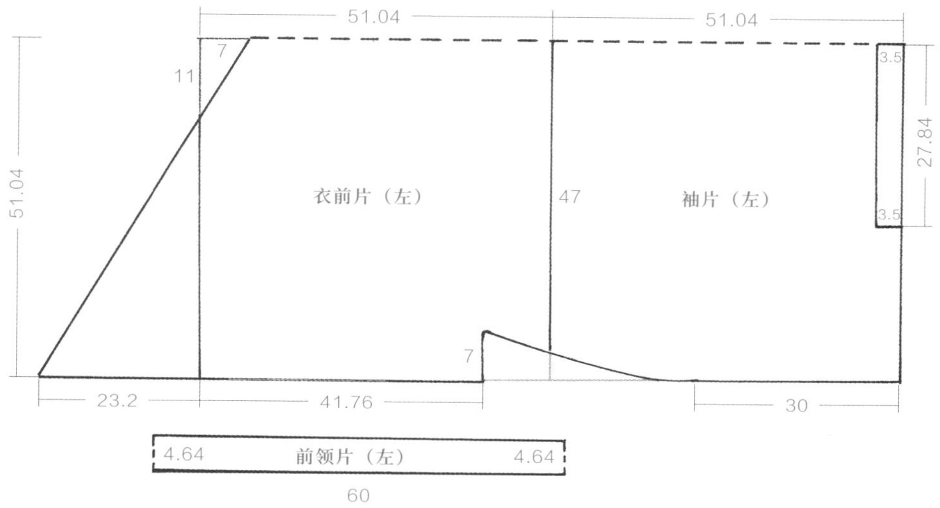

深衣：衣前片（左）、前领片（左）

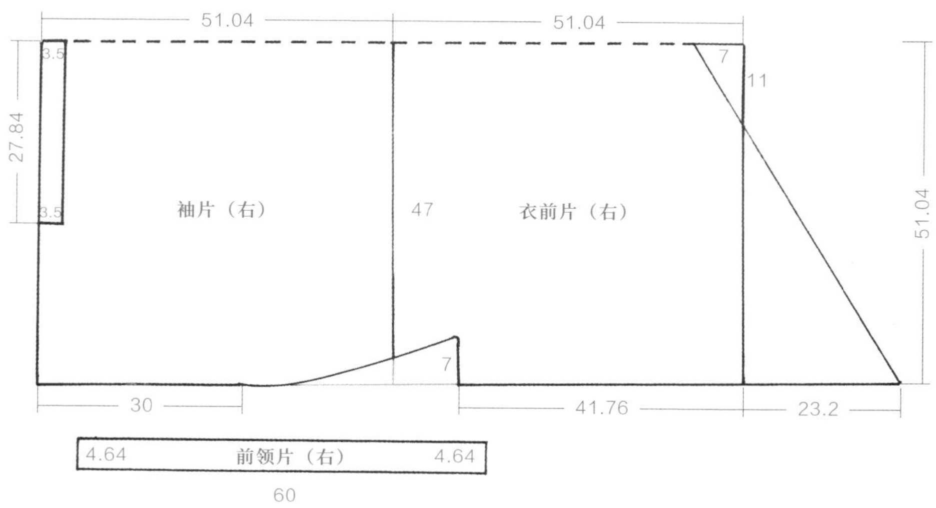

深衣：衣前片（右）、前领片（右）

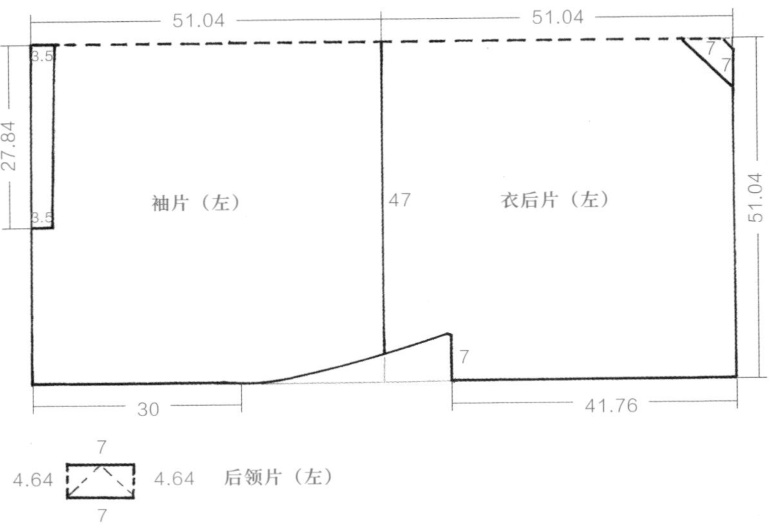

深衣：衣后片（左）、后领片（左）

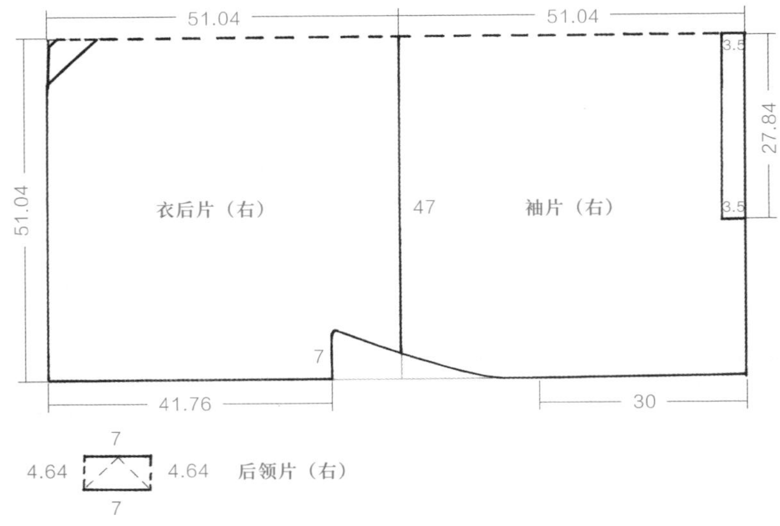

深衣：衣后片（右）、后领片（右）

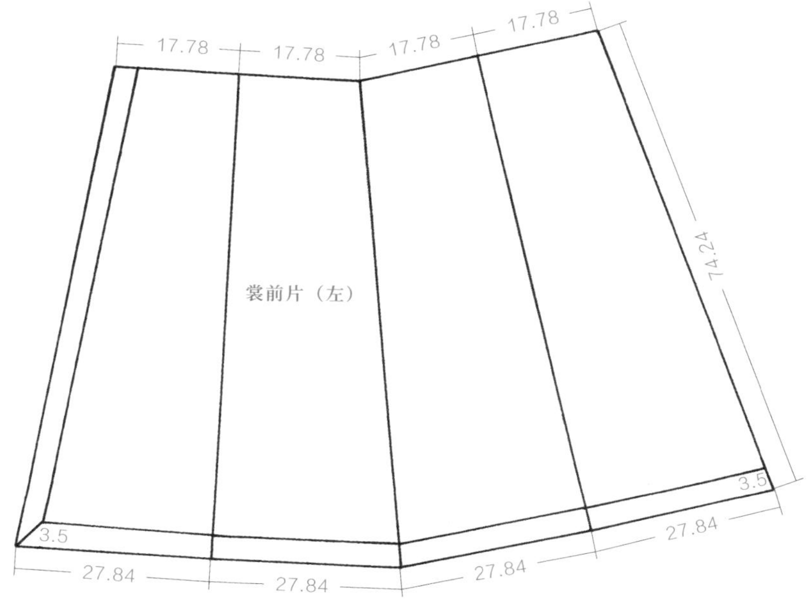

深衣：裳前片（左）

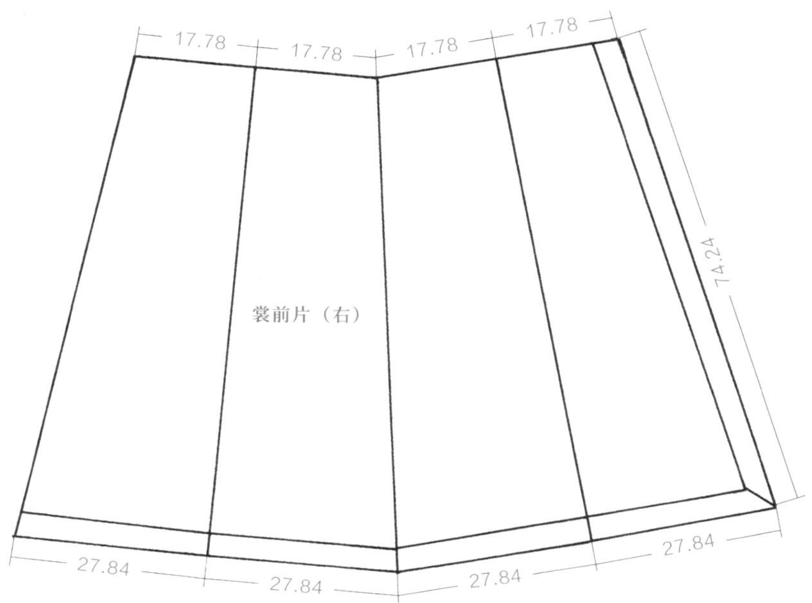

深衣：裳前片（右）

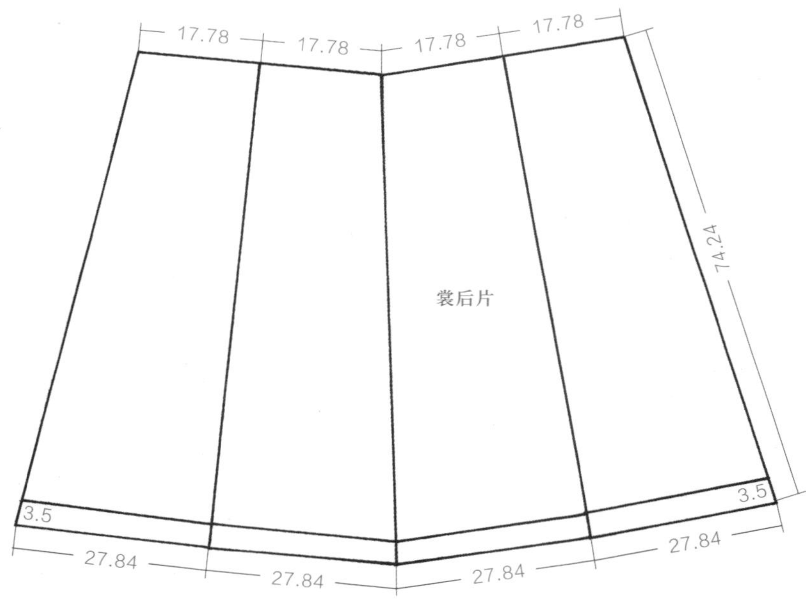

深衣：裳后片

第三章 汉朝篇

- 信期绣锦缘绵袍
- 素纱禅衣
- 彩绣外套
- 印花敷彩花绵袍
- 襦裙
- 绢裙

一、信期绣锦缘绵袍

信期绣锦缘绵袍

尺寸表

衣长	通袖长	袖口宽	领缘宽	衣缘宽	衣边锦缘宽
140	250	26	14.5	29	5.8

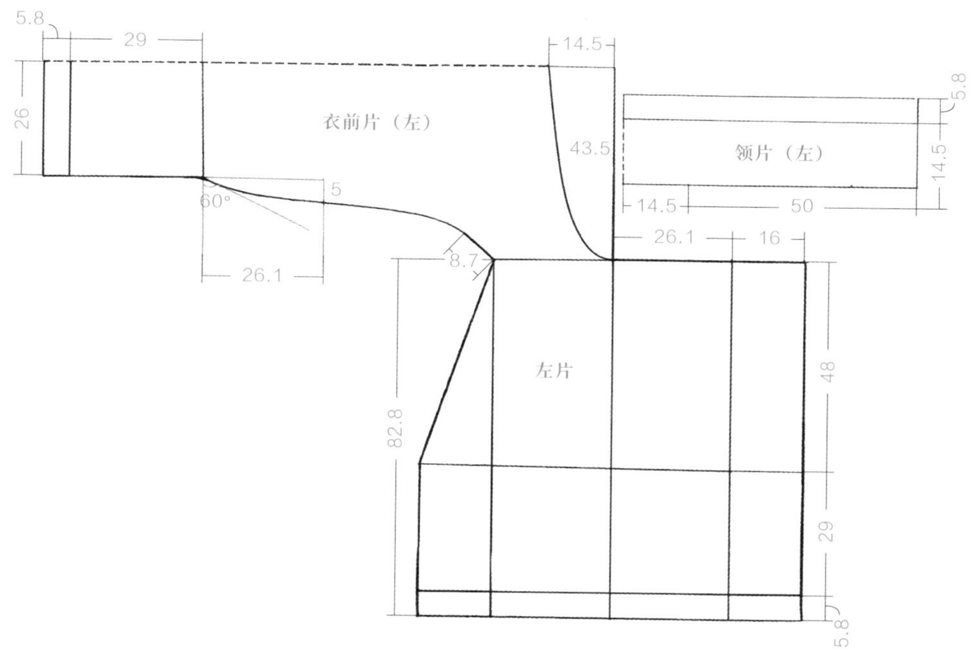

信期绣锦缘绵袍：衣前片（左）、领片（左）

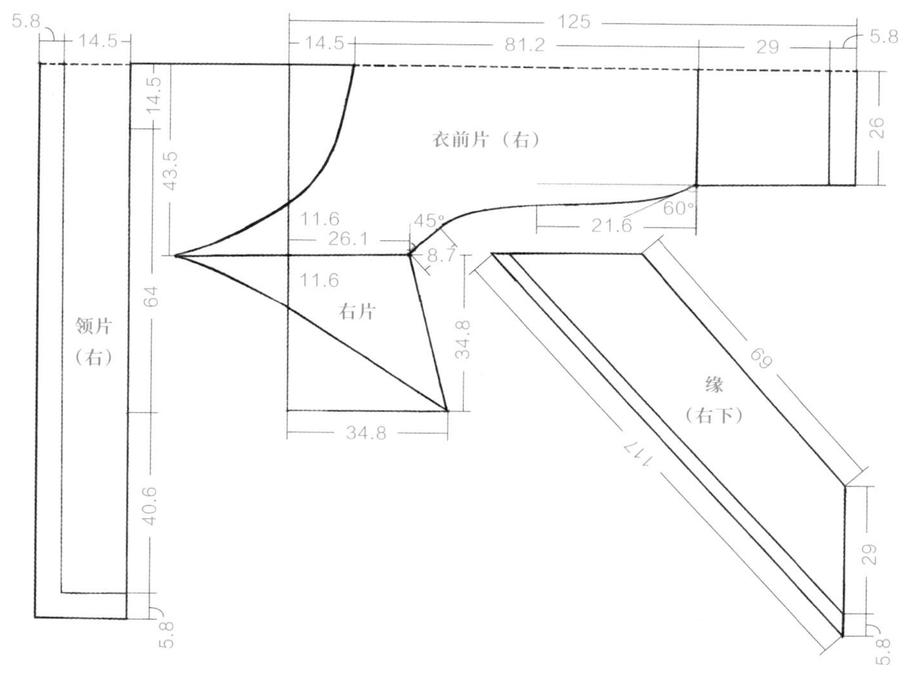

信期绣锦缘绵袍：衣前片（右）、领片（右）

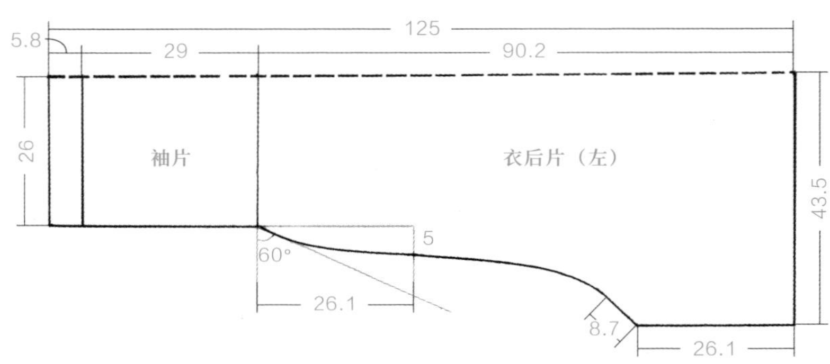

信期绣锦缘绵袍：衣后片（左）

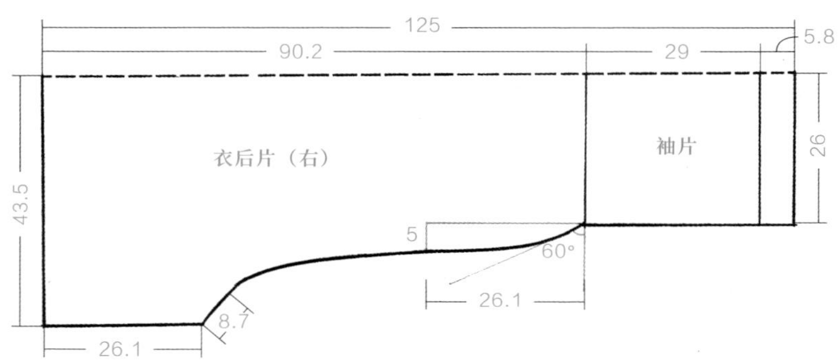

信期绣锦缘绵袍：衣后片（右）

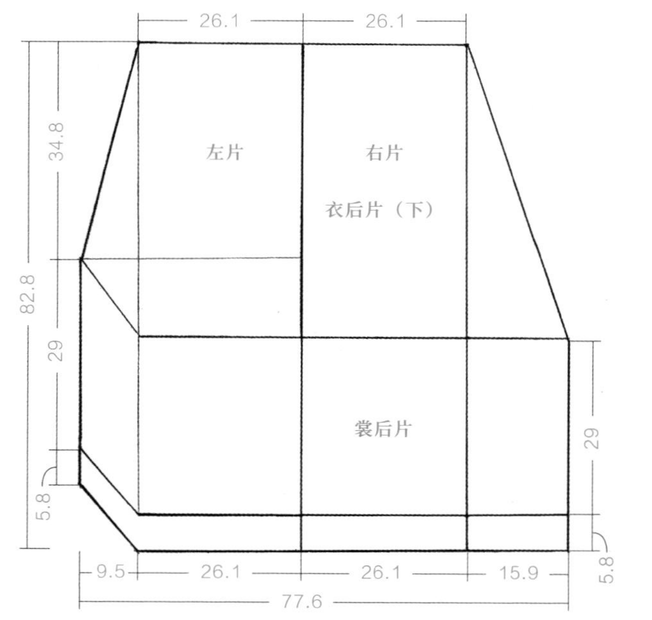

信期绣锦缘绵袍：裳后片

二、素纱禅衣

素纱禅衣

尺寸表

衣长	通袖长	袖口宽	腰宽	下摆宽	领缘宽	袖缘宽
128	195	29	48	49	6	6

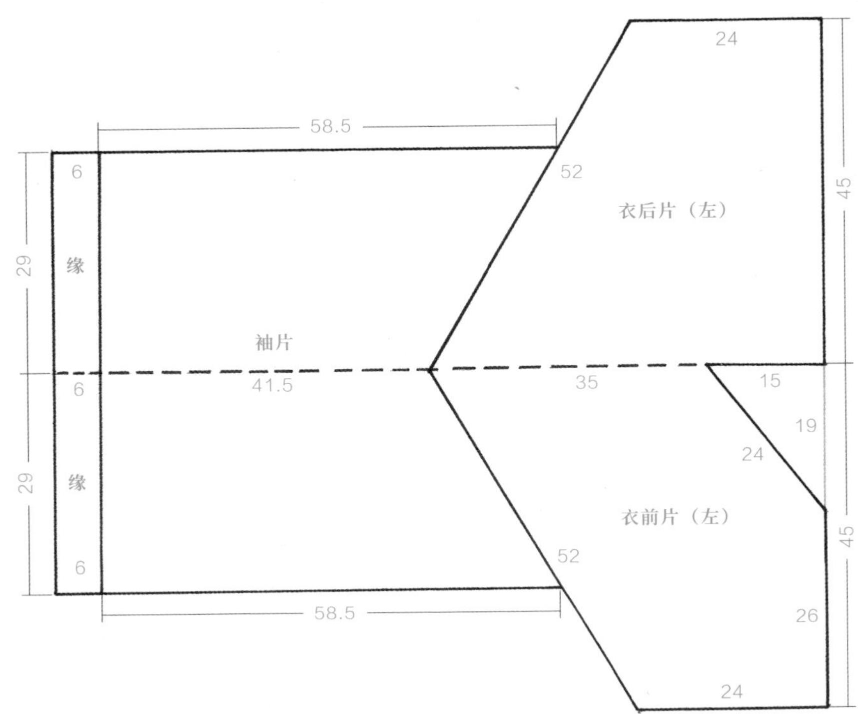

素纱禅衣：衣前、后片（左）

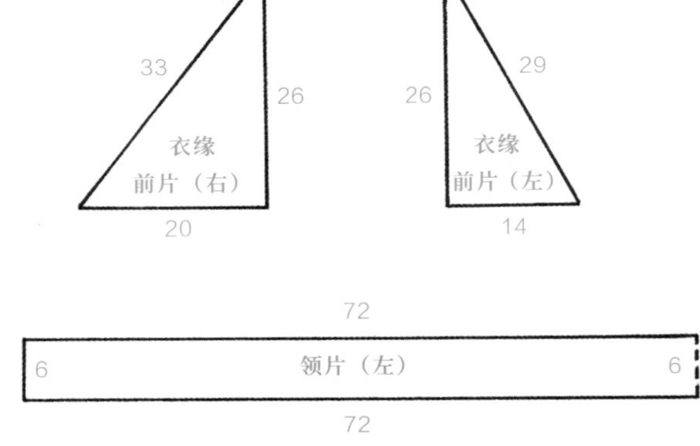

素纱禅衣：衣缘、领片（左）

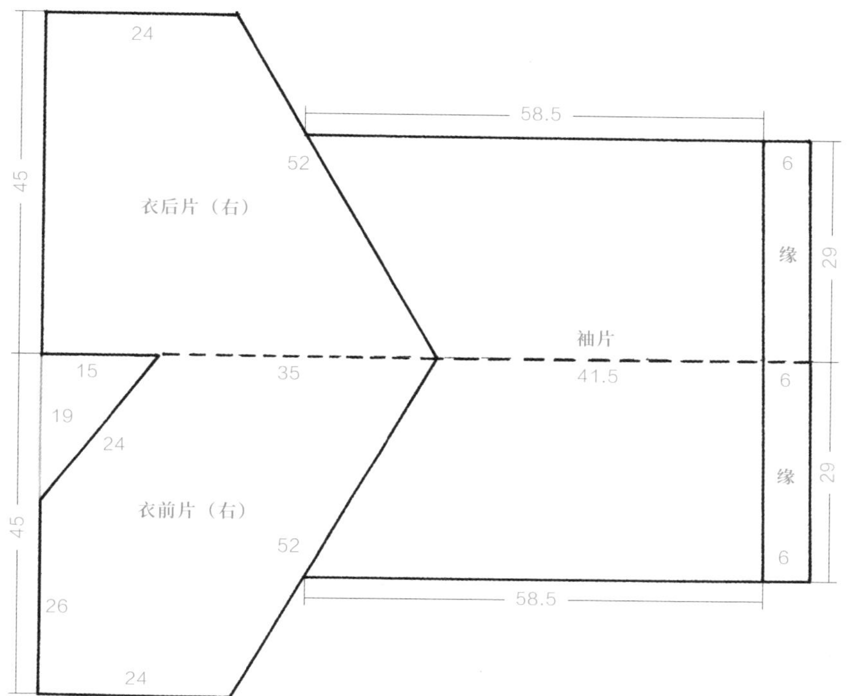

素纱禅衣：衣前、后片（右）

素纱禅衣：领片（右）

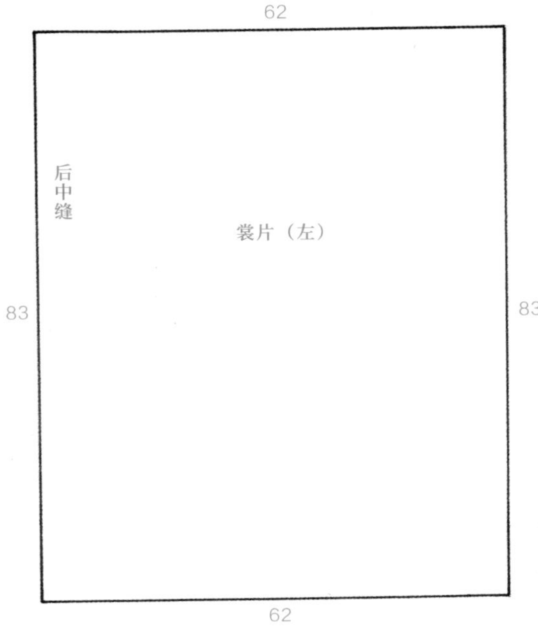

素纱禅衣：裳片（左）

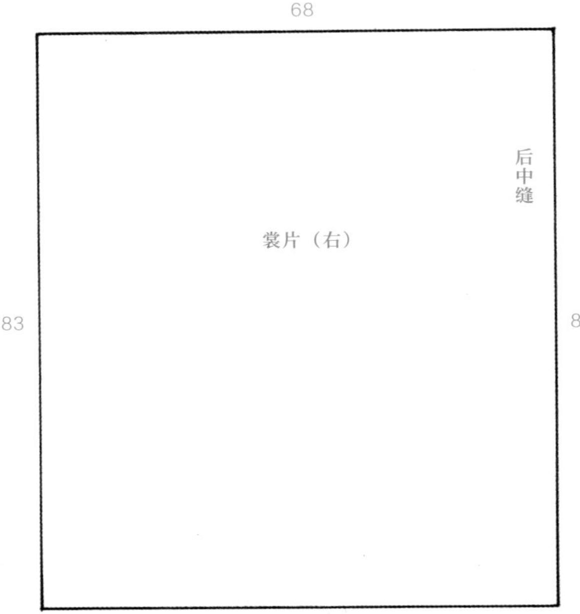

素纱禅衣：裳片（右）

三、彩绣外套

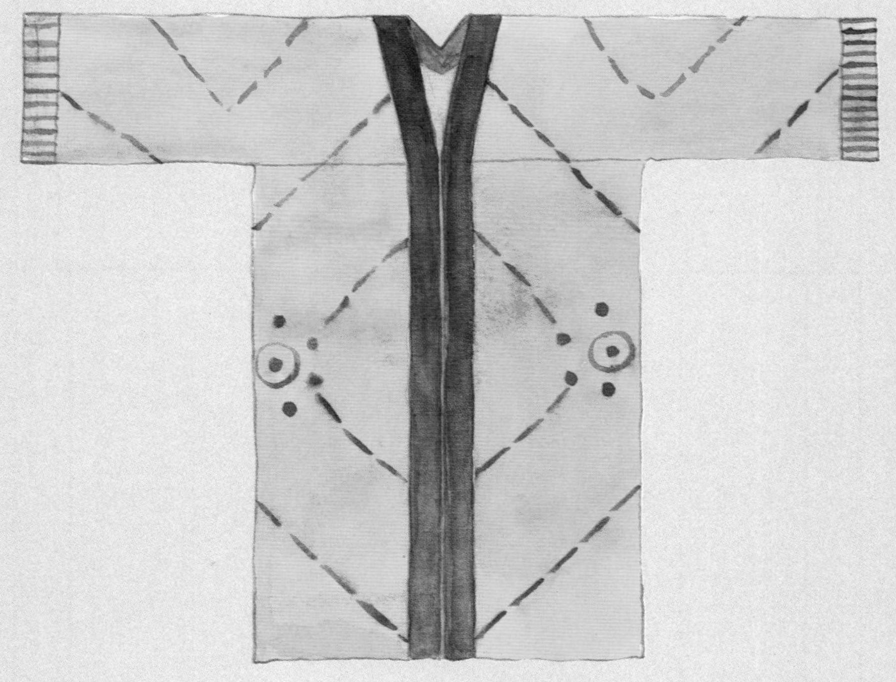

彩绣外套

尺寸表

衣长	通袖长	袖口宽	袖缘宽	领缘宽
90	104	21	6	6

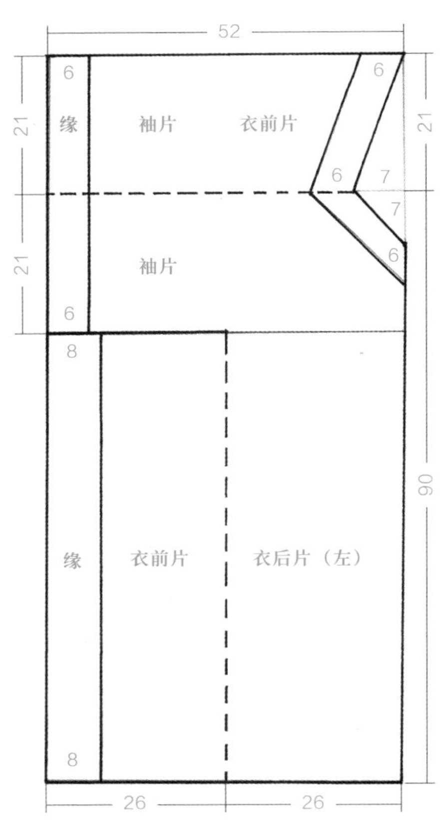
52
6
缘
袖片
衣前片
6
21
21
6
7
7
6
21
袖片
6
8
90
缘
衣前片
衣后片（左）
8
26
26

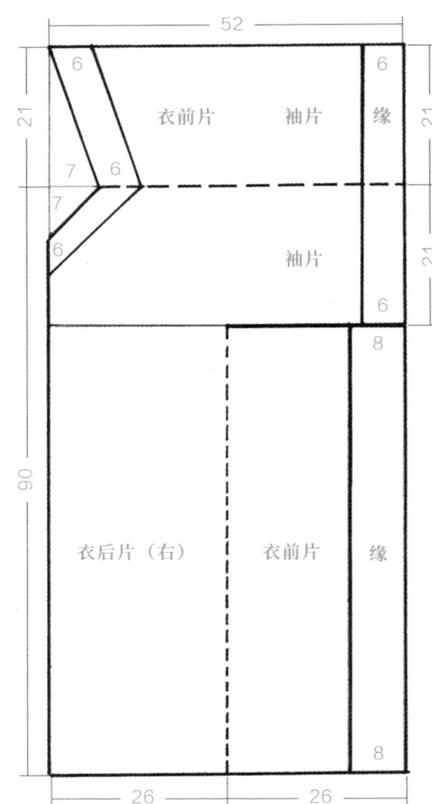
52
6
21
衣前片
袖片
6
缘
21
7
6
7
6
袖片
21
6
8
90
衣后片（右）
衣前片
缘
8
26
26

彩绣外套：左、右片

四、印花敷彩花绵袍

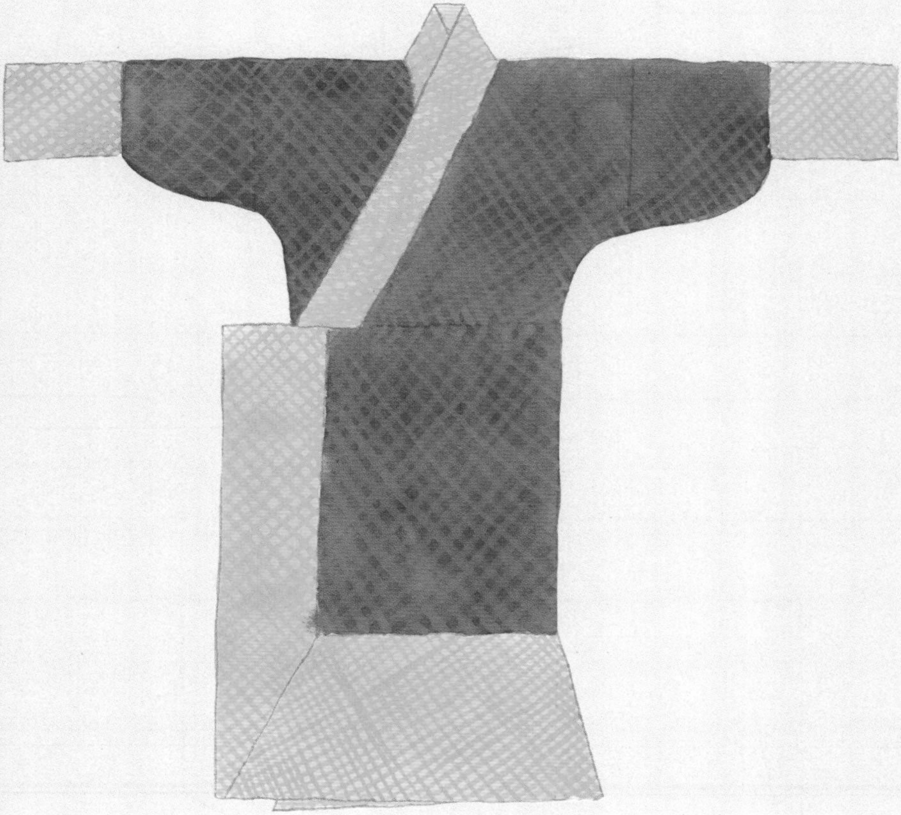

印花敷彩花绵袍

尺寸表

衣长	通袖长	袖口宽	领缘宽	衣缘宽	下摆缘宽
140	236	29	18	24	42.8

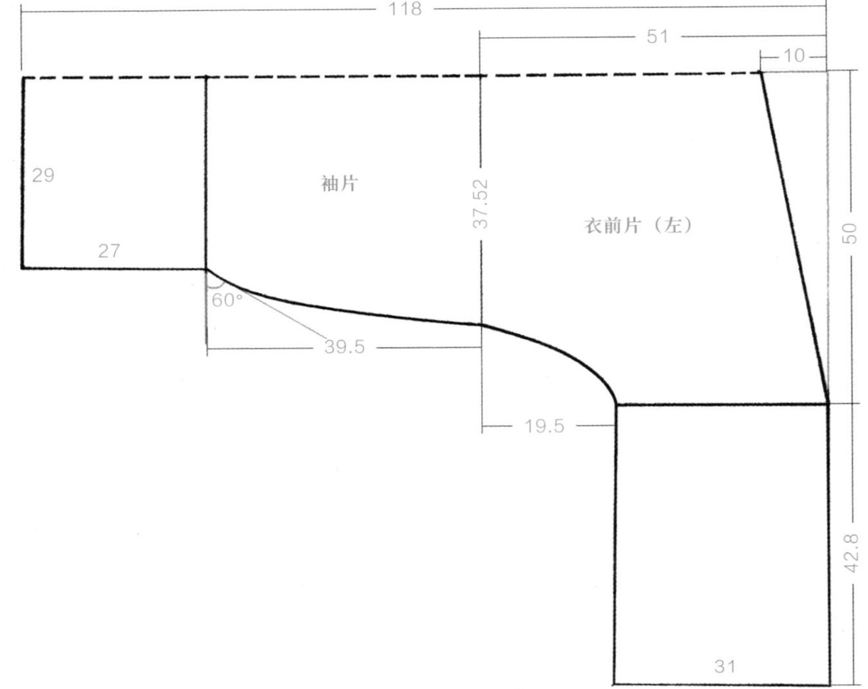

印花敷彩花绵袍：衣前片（左）

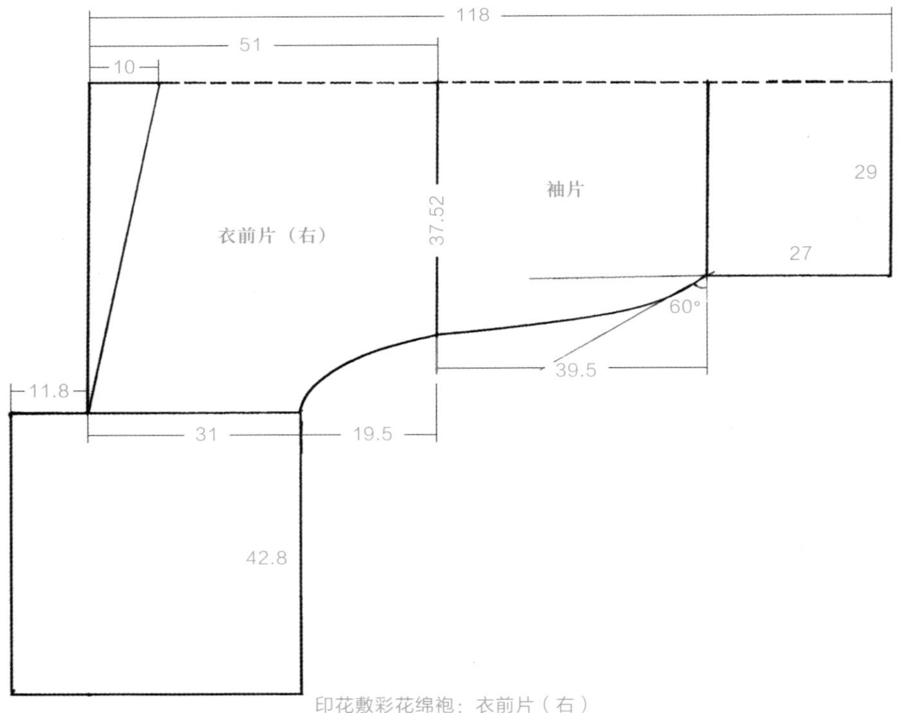

印花敷彩花绵袍：衣前片（右）

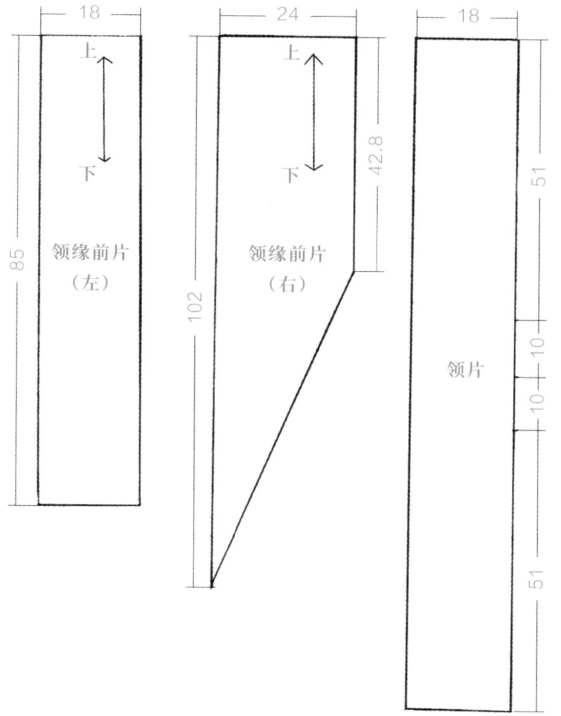

印花敷彩花绵袍：领缘片、领片

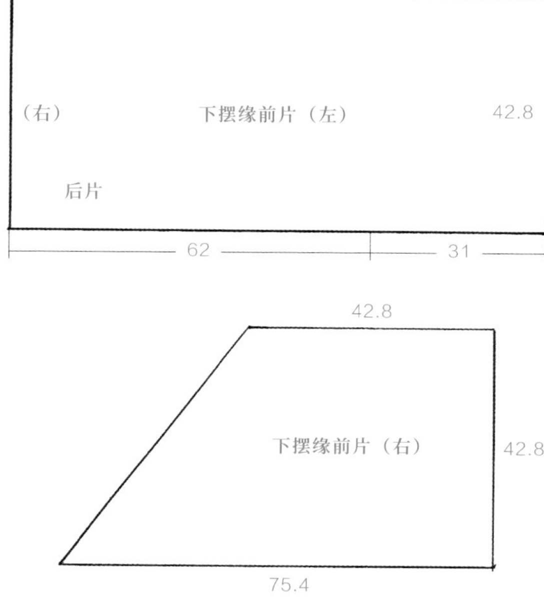

印花敷彩花绵袍：下摆缘片

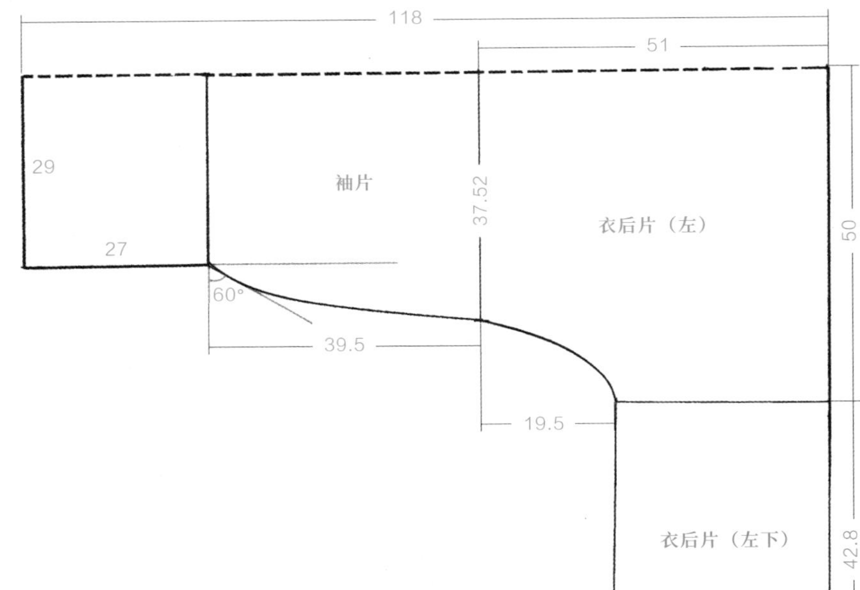

印花敷彩花绵袍：衣后片（左）

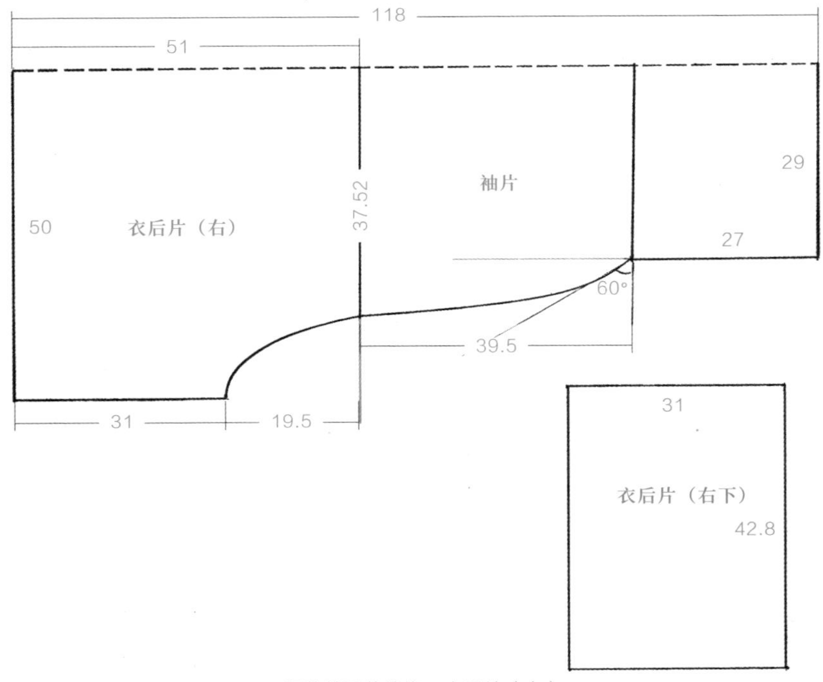

印花敷彩花绵袍：衣后片（右）

五、襦裙

襦裙

衣尺寸表

衣长	通袖长	领宽	腰宽	袖口宽	袖缘长
58	208	4	44	18	32

裙尺寸表

裙长	裙腰高	裙腰长	腰带长
90	5	104	90

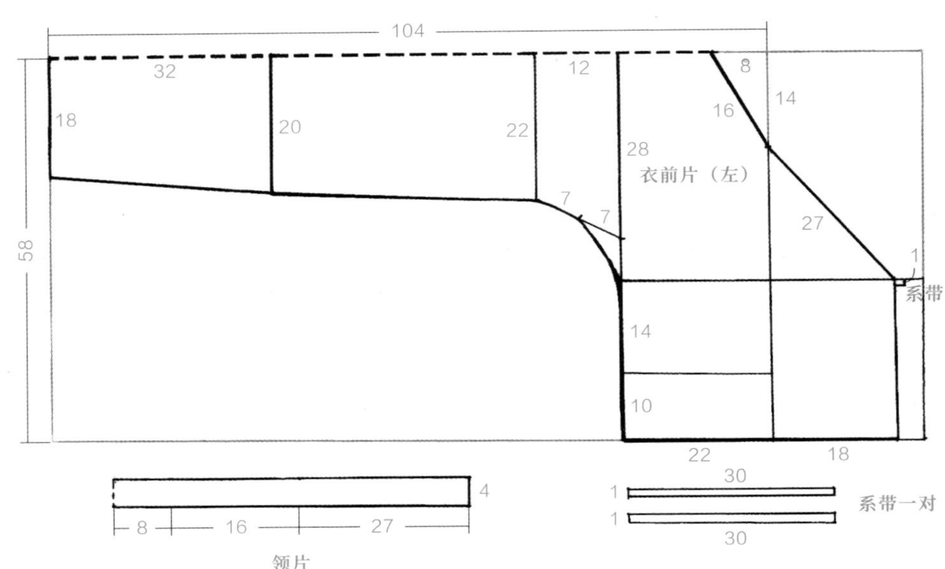

襦裙：衣前片（左）、领片、系带

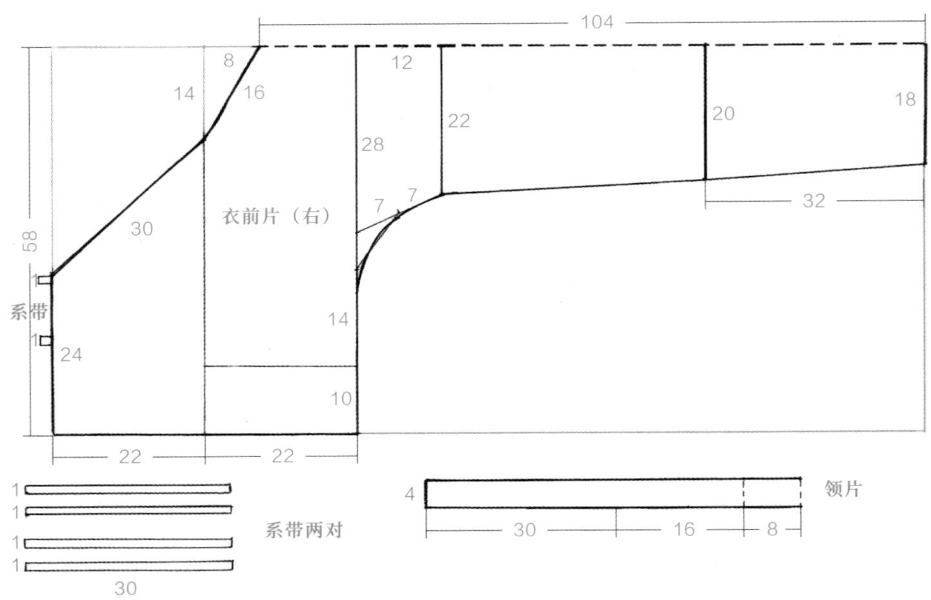

襦裙：衣前片（右）、系带、领片

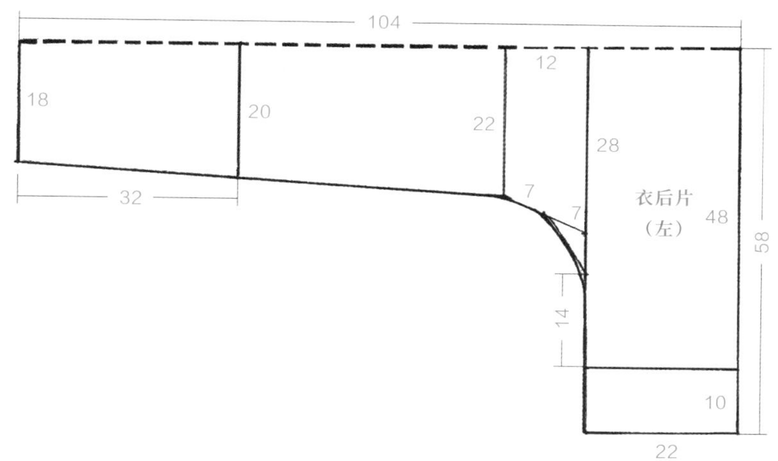

襦裙：衣后片（左）

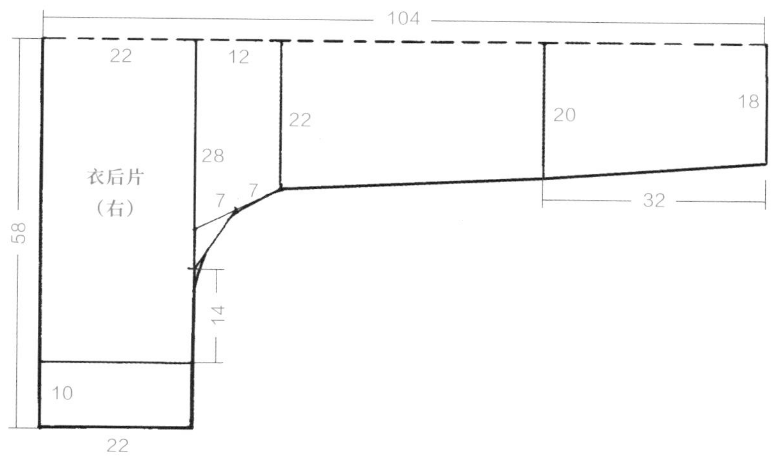

襦裙：衣后片（右）

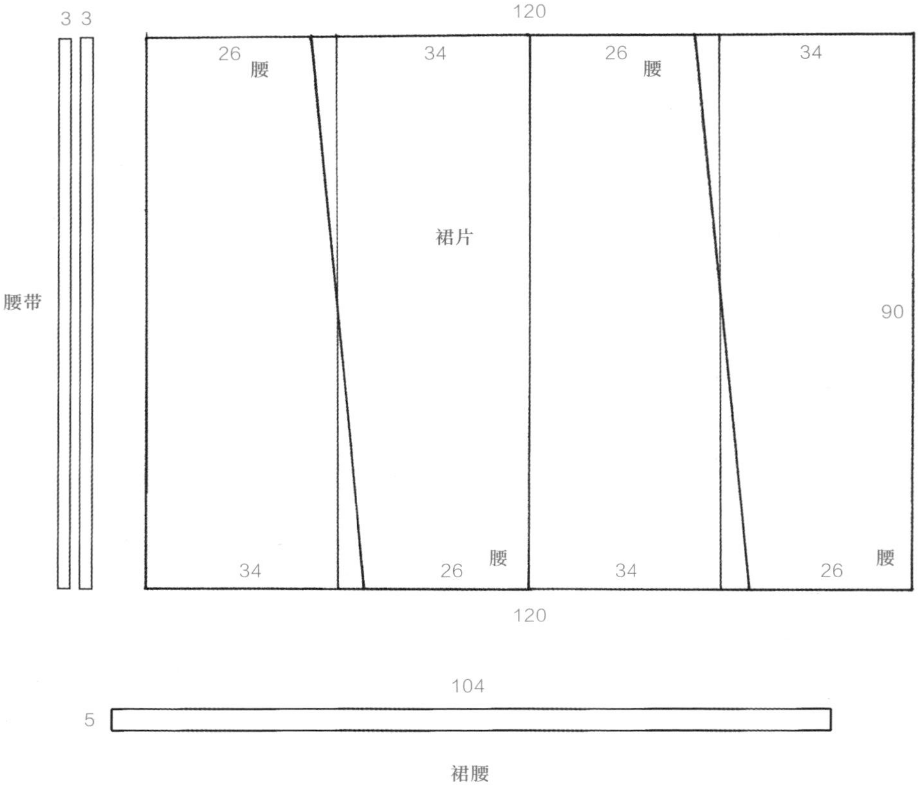

3 3
腰带

120
26 腰
34
26 腰
34
裙片
90
34
26 腰
34
26 腰
120

104
5
裙腰

襦裙：裙片、腰带、裙腰

六、绢裙

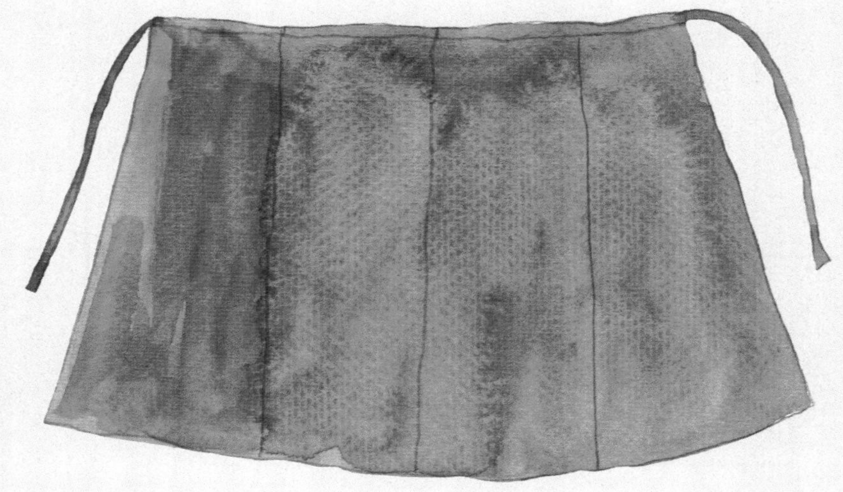

绢裙

尺寸表

裙长	裙腰宽	裙摆宽
87	145	193

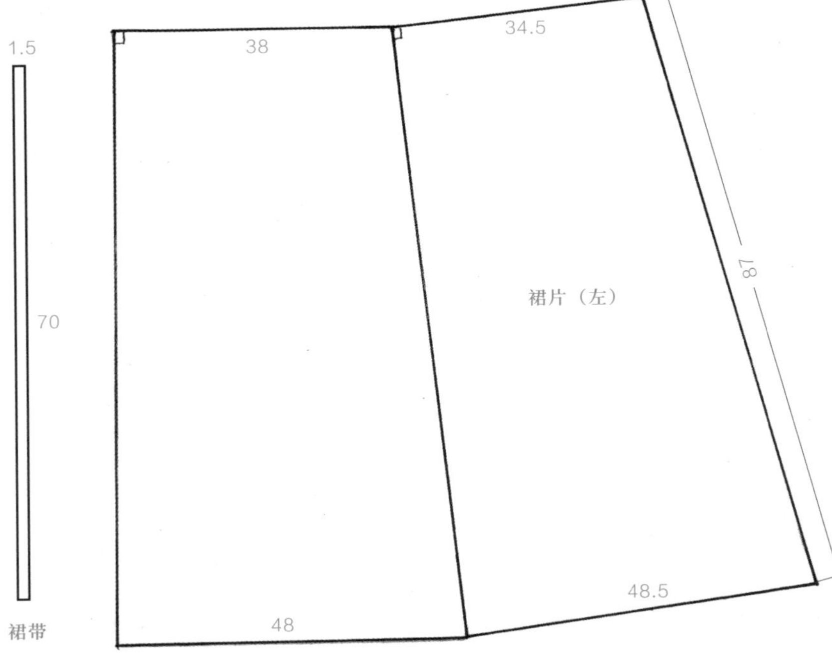

绢裙：裙片（左）、裙带

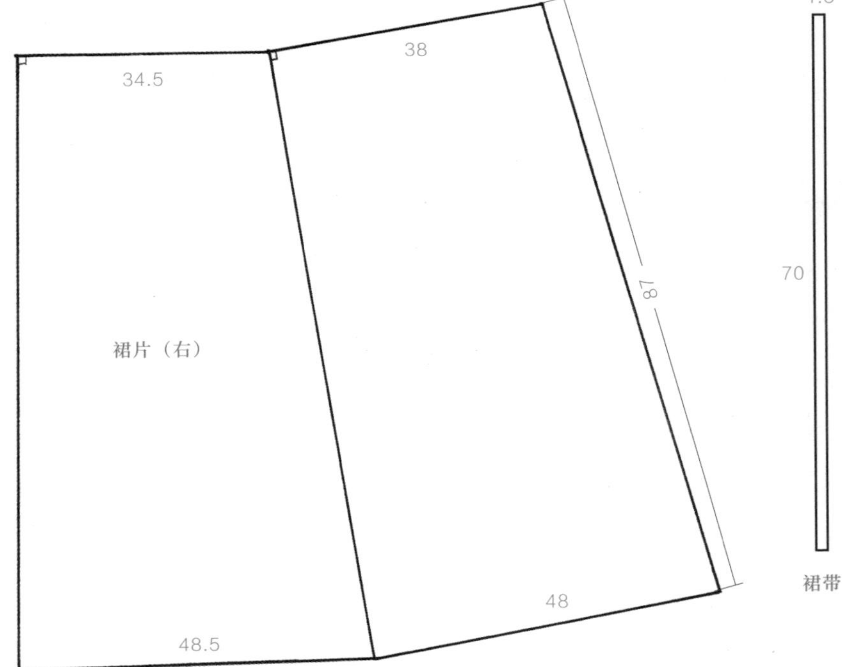

绢裙：裙片（右）、裙带

第四章 唐朝篇

- 半臂
- 大袖纱罗衫
- 诃子
- 窄袖交领襦裙
- 齐胸襦裙
- 女上衣
- 袒领大袖衫
- 窄袖短襦
- 窄袖短襦裙

一、半臂

半臂

尺寸表

衣长	通袖长	袖口宽	腰宽
52	85	30	40

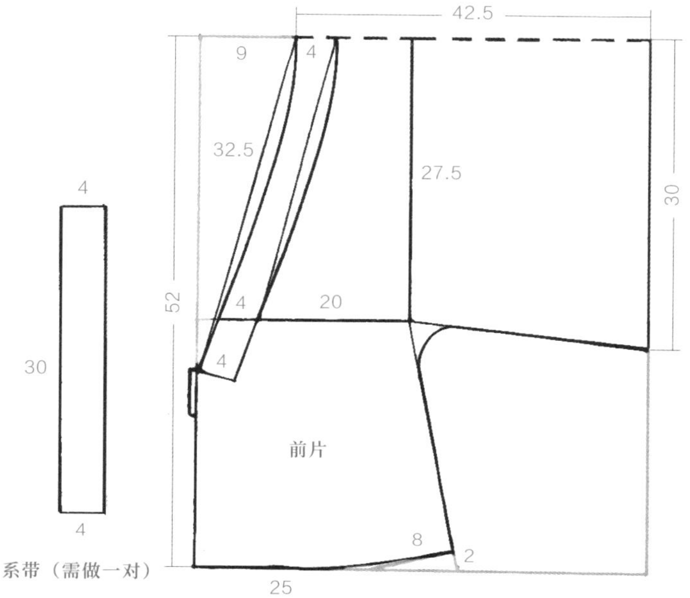

42.5
9
4
32.5
27.5
30
4
30
4
52
4
20
4
前片
8
2
系带（需做一对）
25

半臂：前片、系带

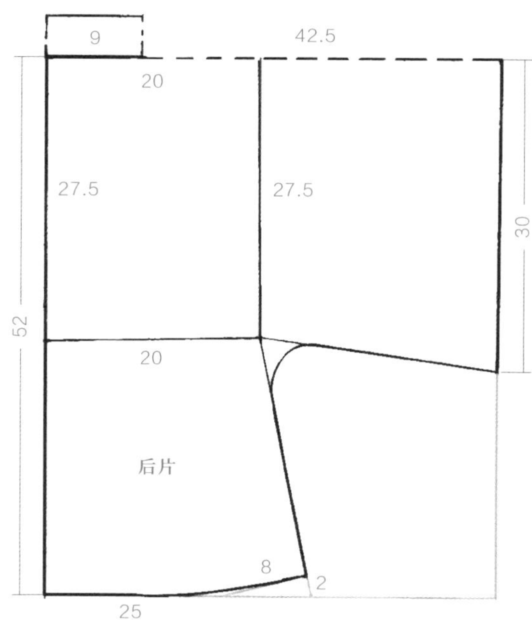

9
42.5
20
27.5
27.5
30
52
20
后片
8
2
25

半臂：后片

二、大袖纱罗衫

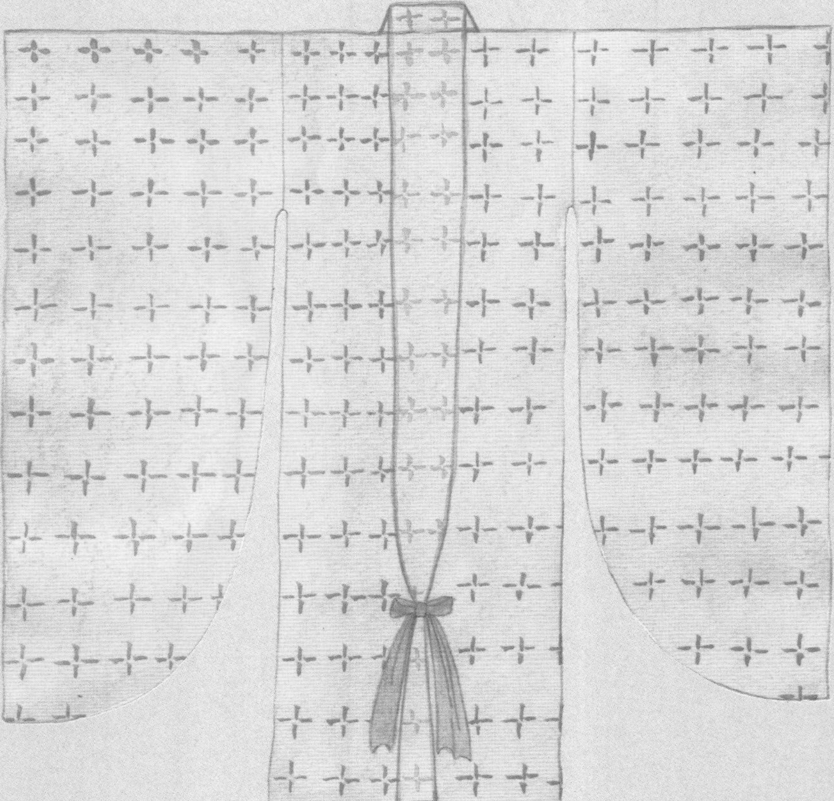

大袖纱罗衫

尺寸表

衣长	通袖长	袖口宽	腰宽
162	182	148.2	56

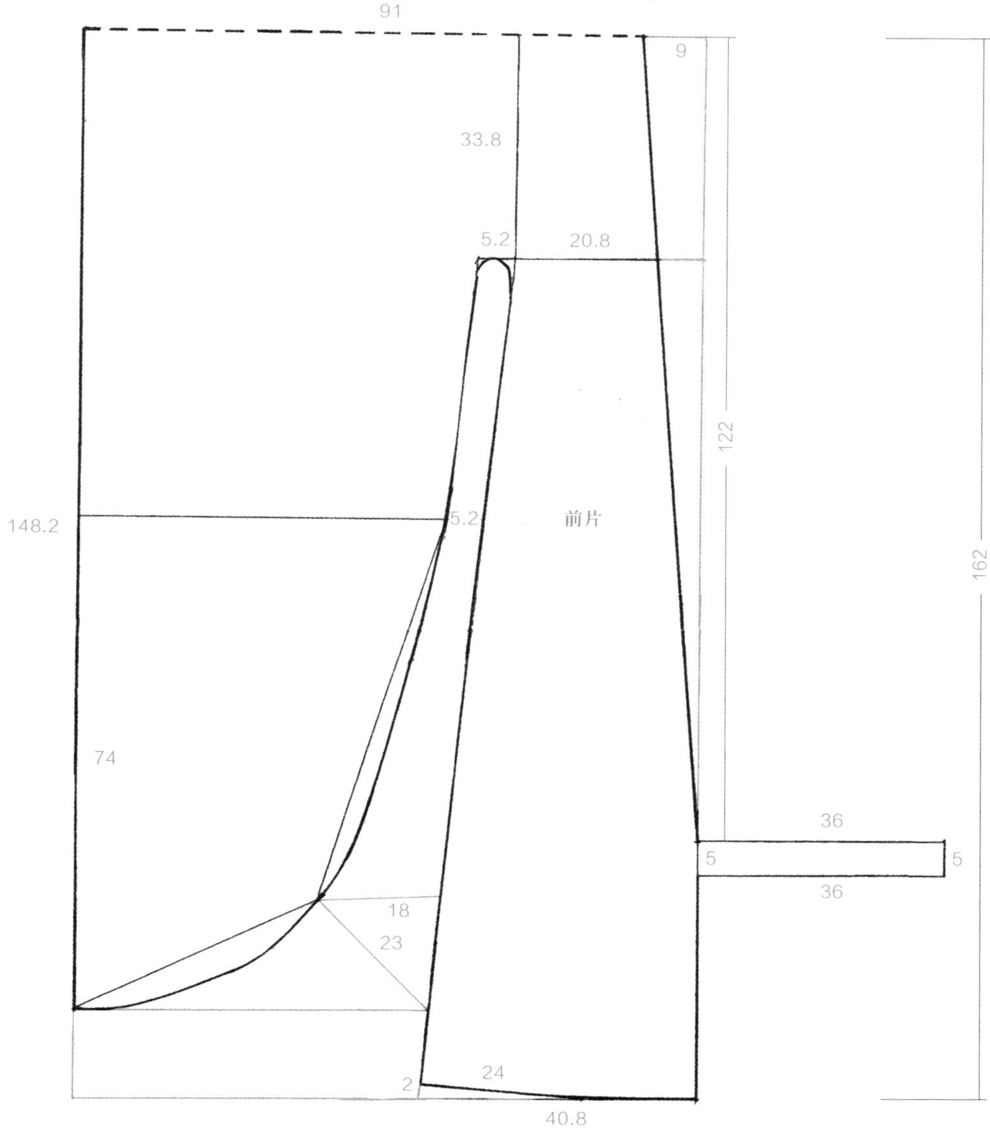

大袖纱罗衫：前片

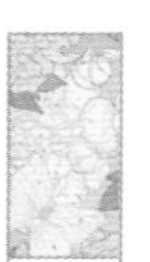

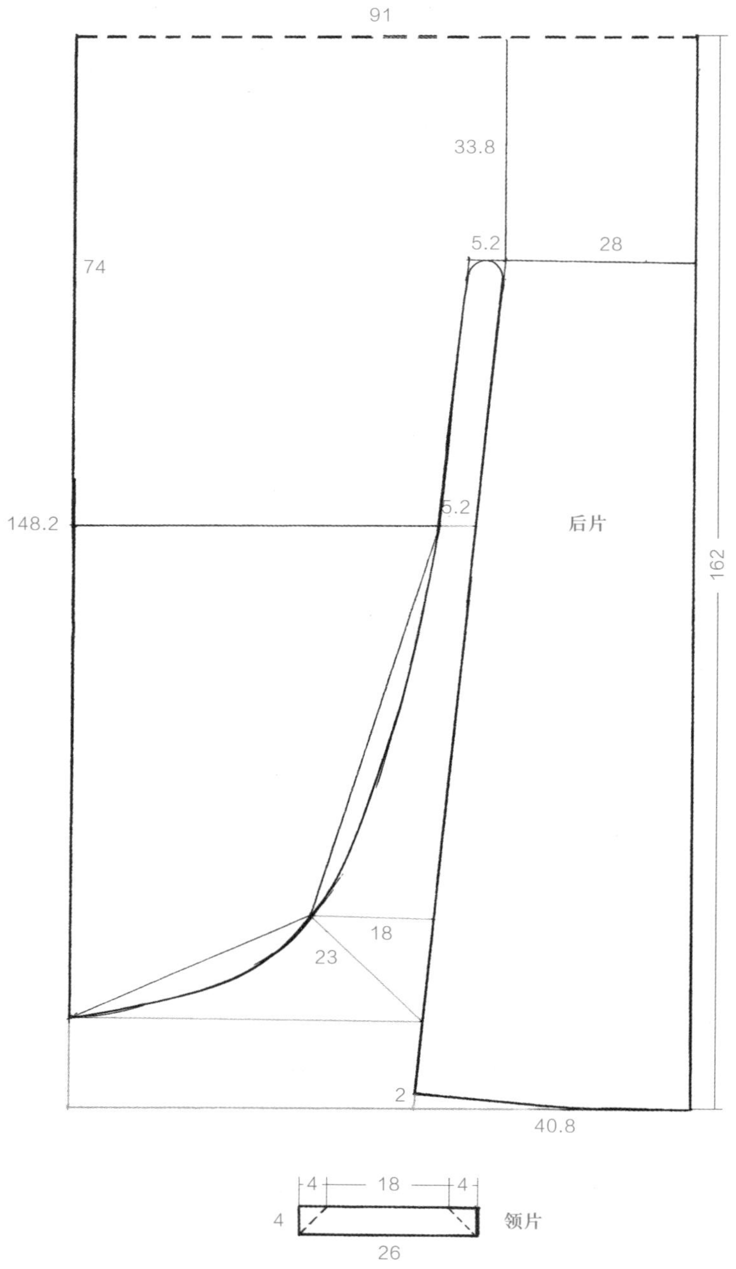

91
33.8
5.2
28
74
148.2
5.2
后片
162
18
23
2
40.8

4 18 4
4
领片
26

大袖纱罗衫：后片、领片

三、诃子

诃子

传统款尺寸表

裙长	裙腰	裙带长	裙带宽
126	120	105	3

拉链款尺寸表

裙长	腰围
169	49

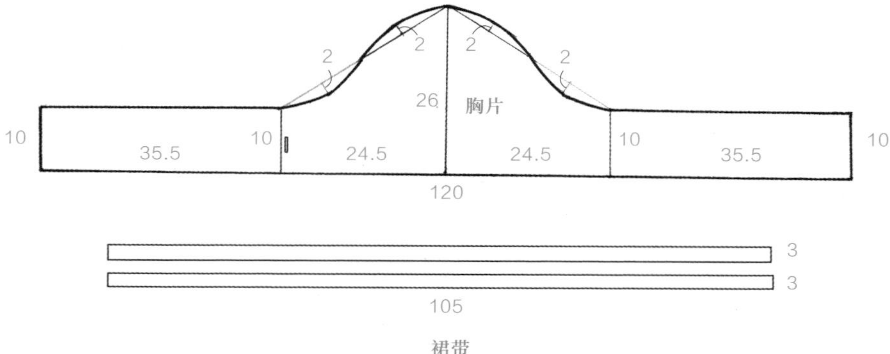

词子：胸片、裙带

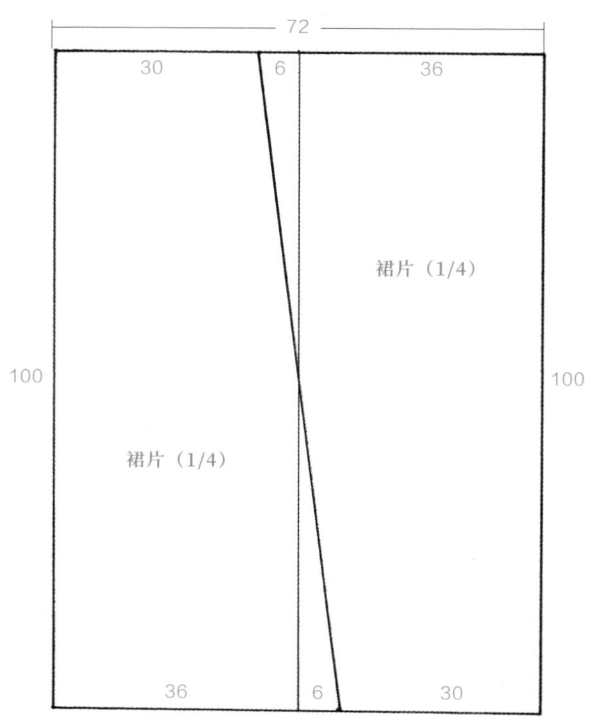

词子：裙片 1

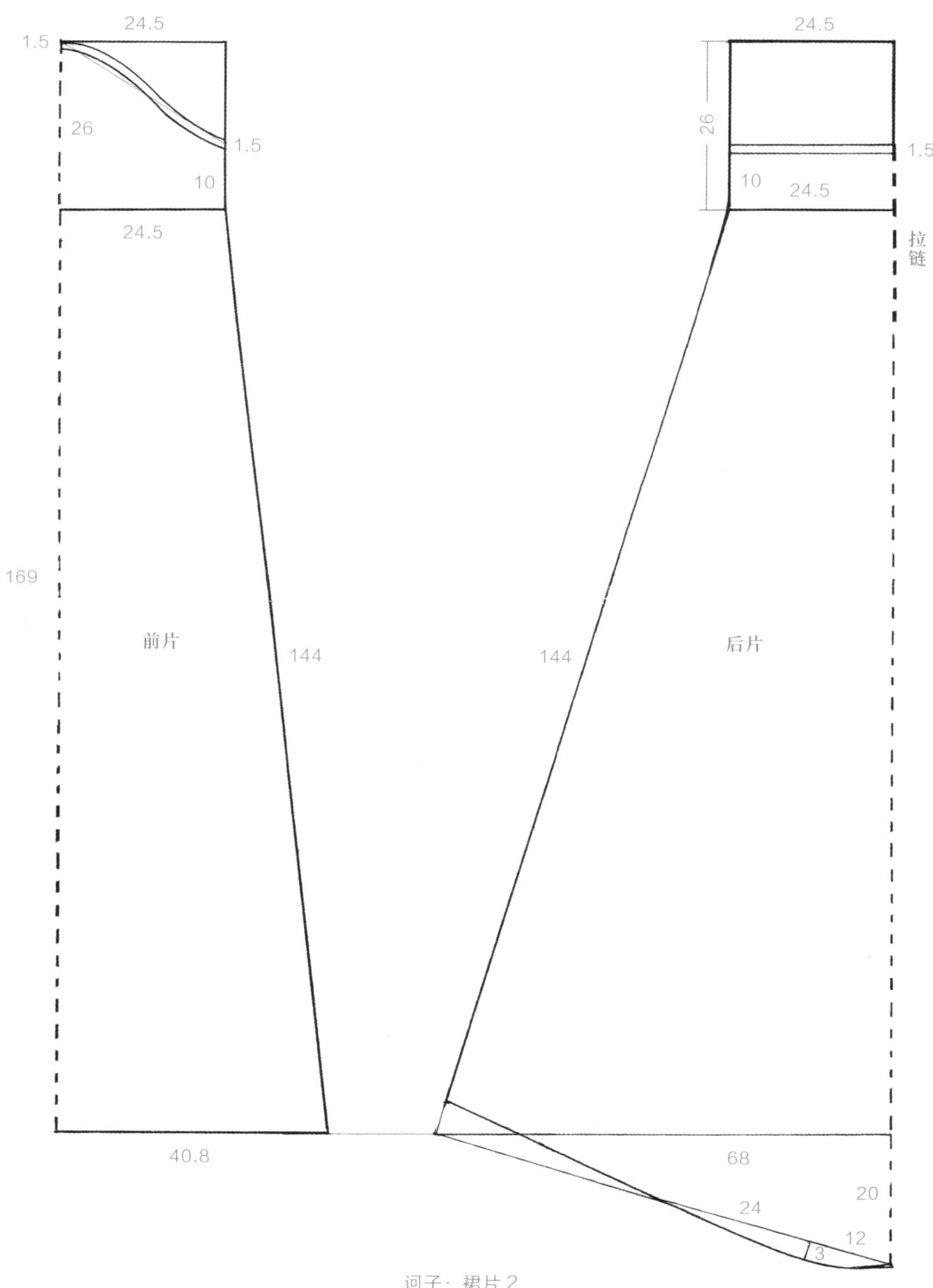

词子：裙片 2

注：唐朝诃子以现代拉链来制作，个人在制作时根据自己的尺寸，用四分之一胸围和四分之一腰围的尺寸来制图。

四、窄袖交领襦裙

窄袖交领襦裙

衣尺寸表

衣长	通袖长	袖口宽	腰宽
50	175	13	48

裙尺寸表

裙腰宽	裙长
40	140

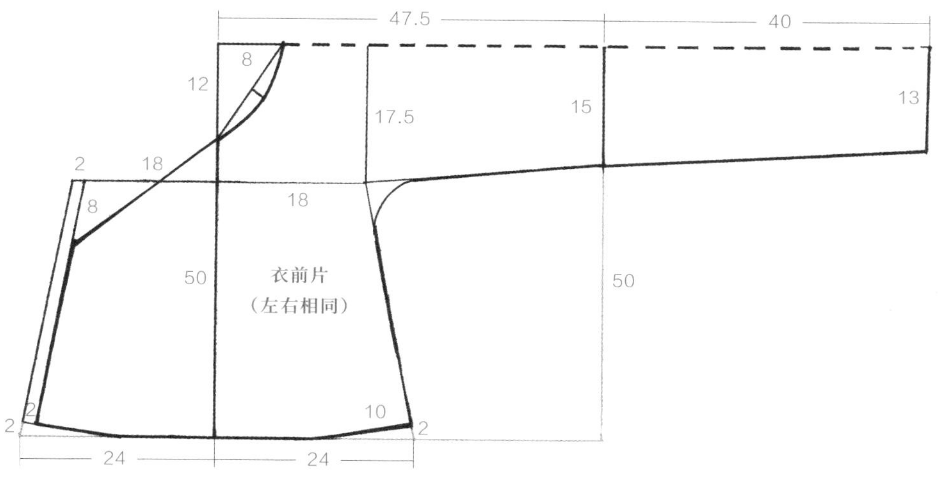

窄袖交领襦裙：衣前片

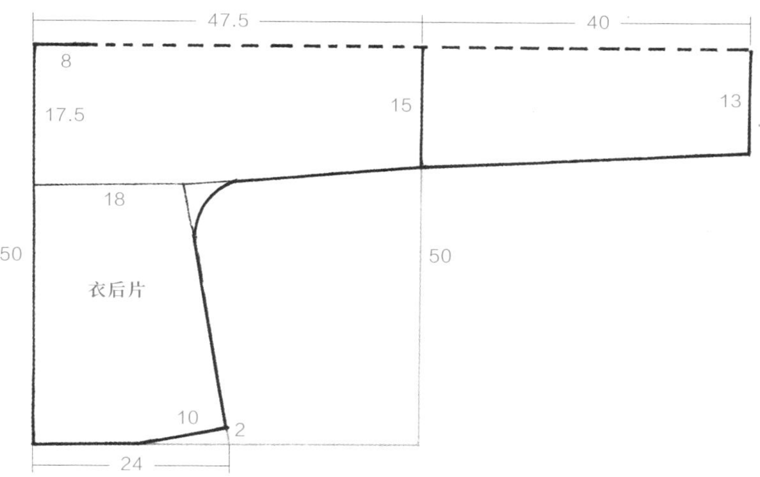

窄袖交领襦裙：衣后片

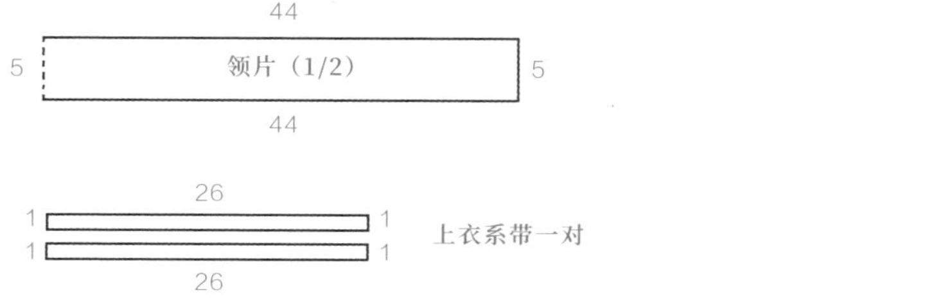

窄袖交领襦裙：领片、系带

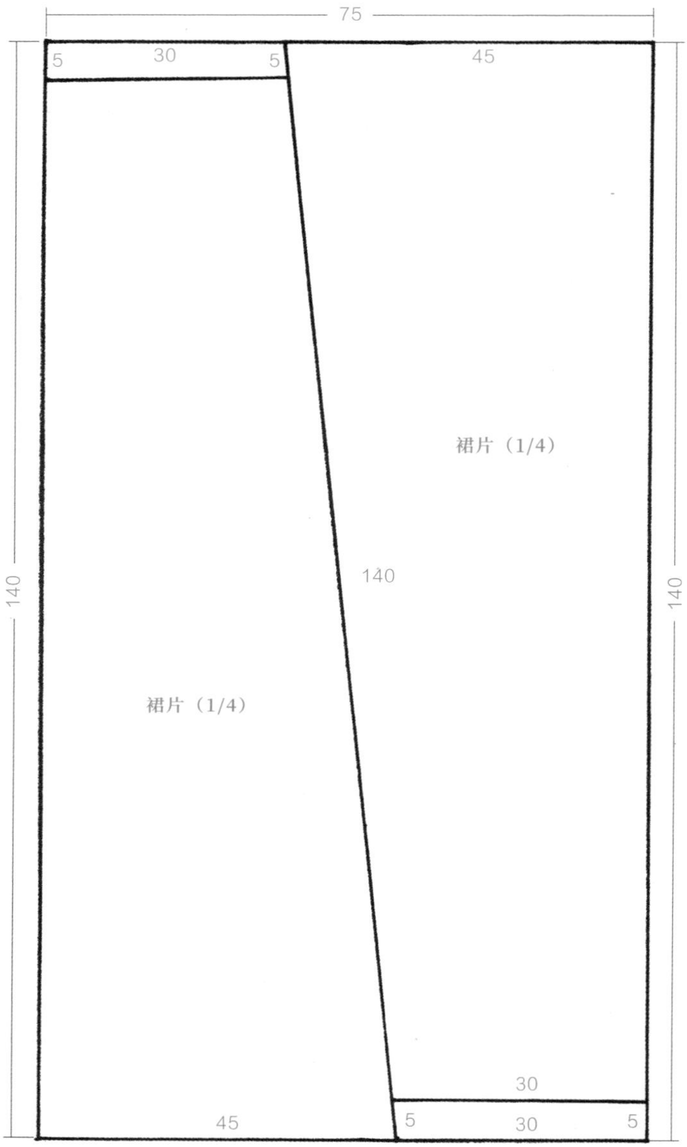

75
5
30
5
45
140
140
140
裙片（1/4）
裙片（1/4）
30
45
5
30
5

55
2
2
2
2
55

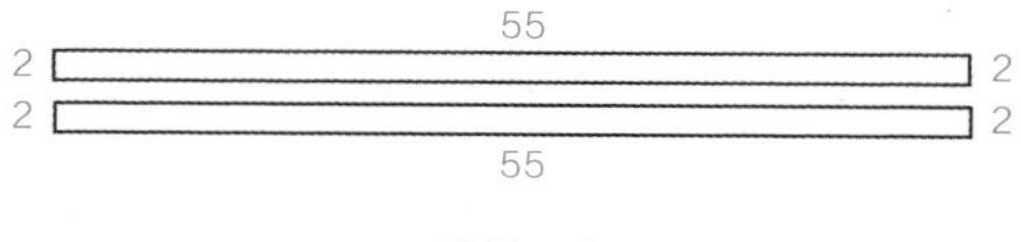

裙带一对

窄袖交领襦裙：裙片、裙带

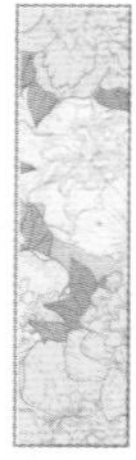

五、齐胸襦裙

齐胸襦裙

衣尺寸表

衣长	通袖长	袖口宽	腰宽
55	180	18	50

裙尺寸表

裙腰宽	裙长
165	120

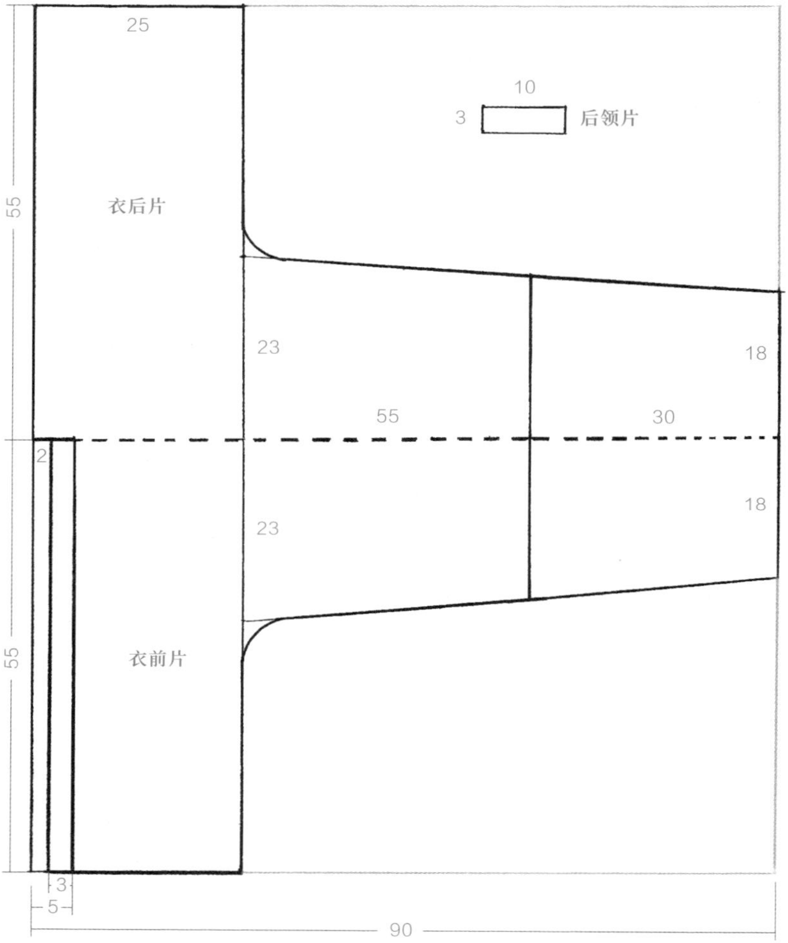

齐胸襦裙：衣片、后领片

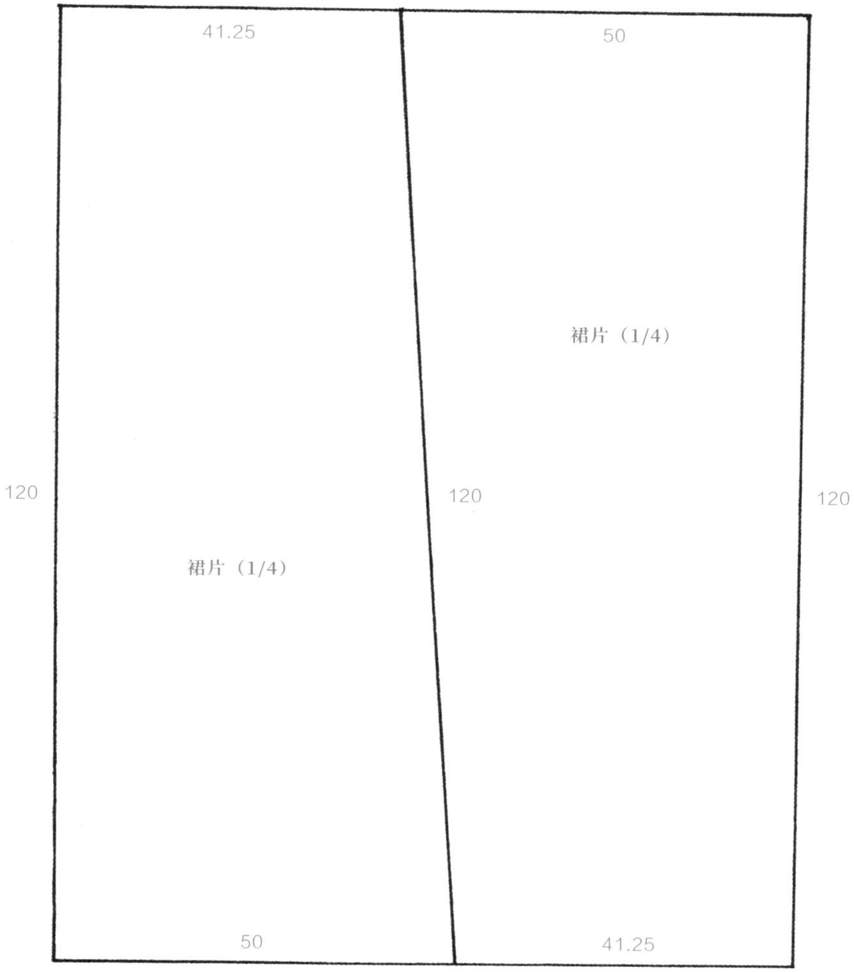

41.25
50
裙片（1/4）
120
120
120
裙片（1/4）
50
41.25

90
2
2
2
2
90

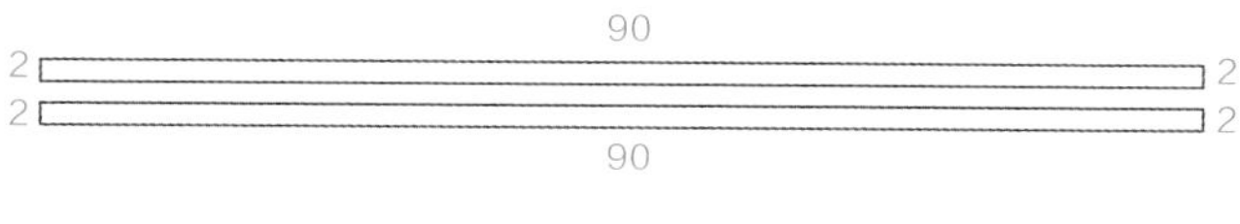

裙带一对

齐胸襦裙：裙片、裙带

六、女上衣

女上衣

尺寸表

衣长	通袖长	袖口宽	腰宽	下摆宽	领缘宽
65	175	34	53	61	4.2

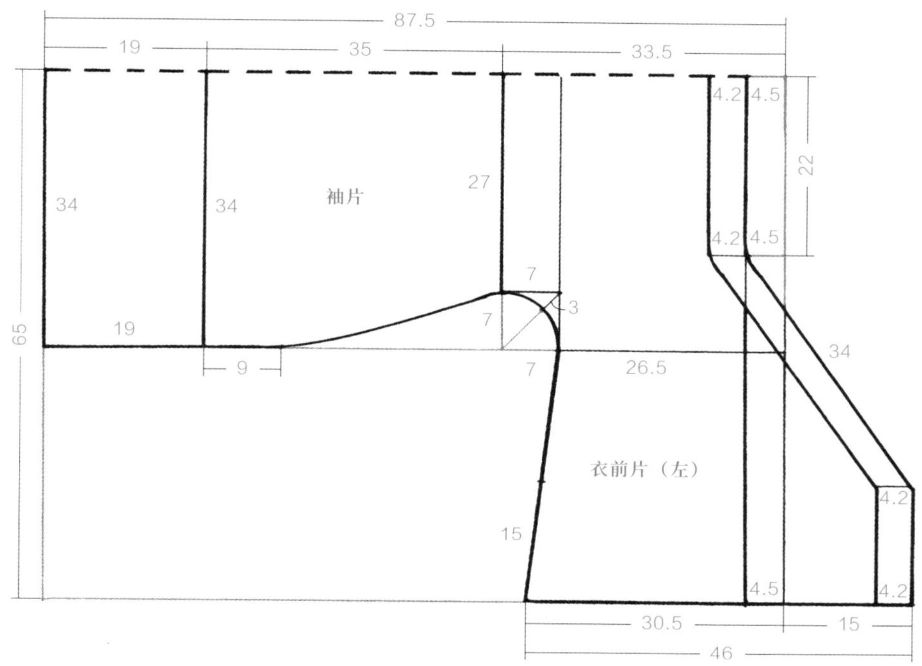

女上衣：衣前片（左）

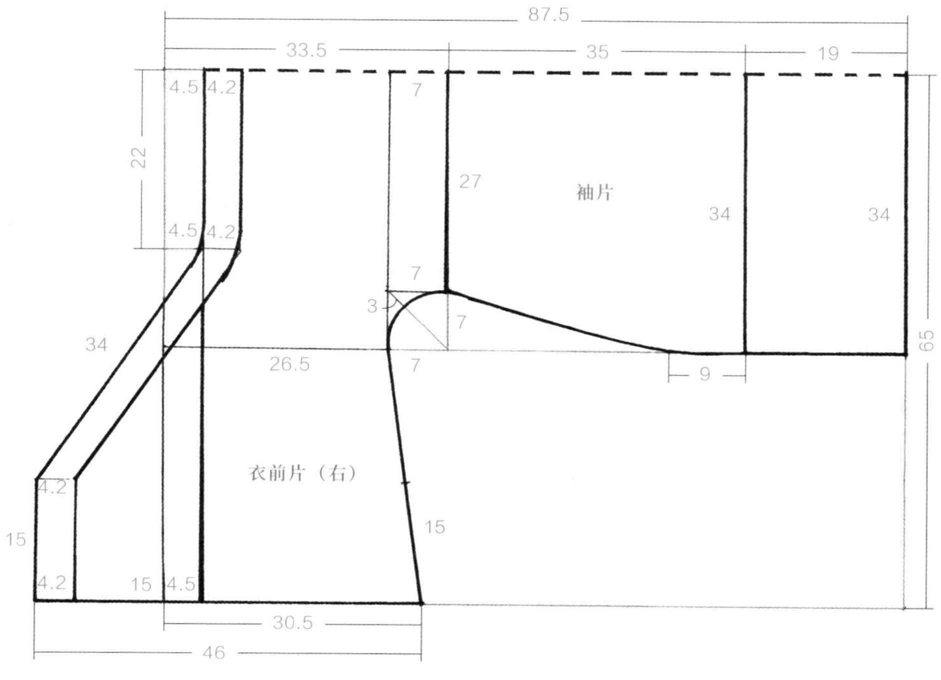

女上衣：衣前片（右）

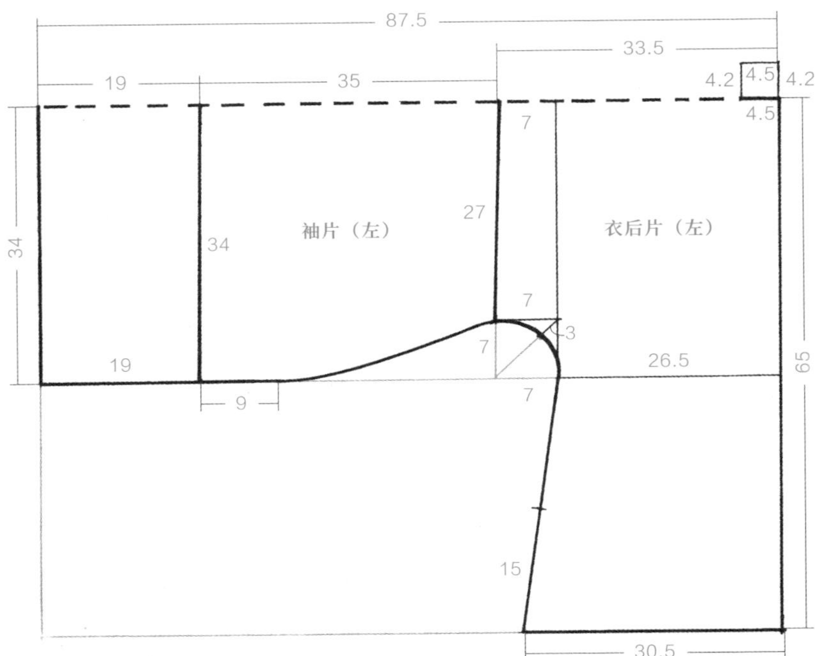

女上衣：衣后片（左）

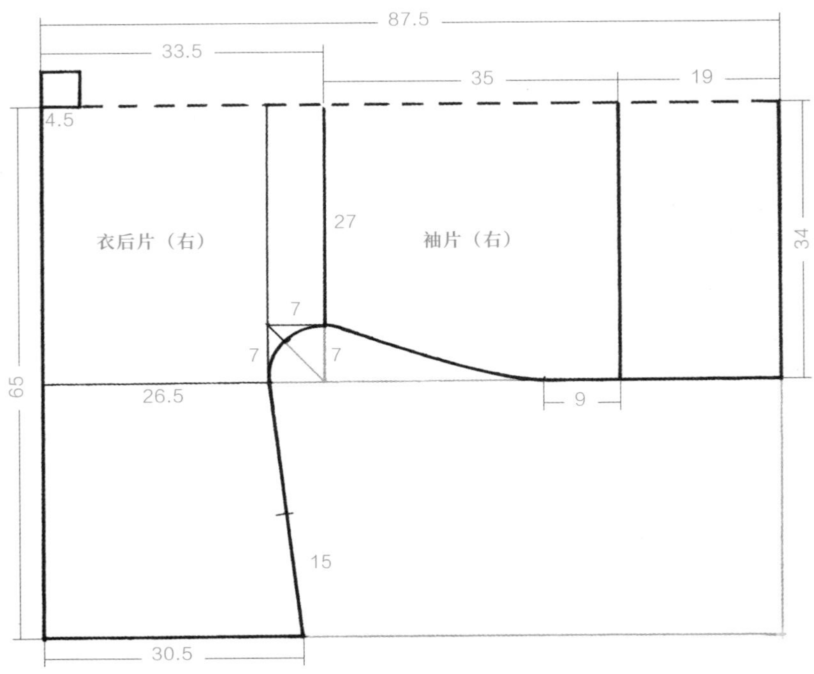

女上衣：衣后片（右）

七、袒领大袖衫

袒领大袖衫

衫尺寸表

衣长	通袖长	袖口宽	袖缘宽
50	180	160	10

内裙尺寸表

裙腰长	裙腰高	裙长
132	5	130

外裙尺寸表

裙腰长	裙腰宽	裙长
132	13	108

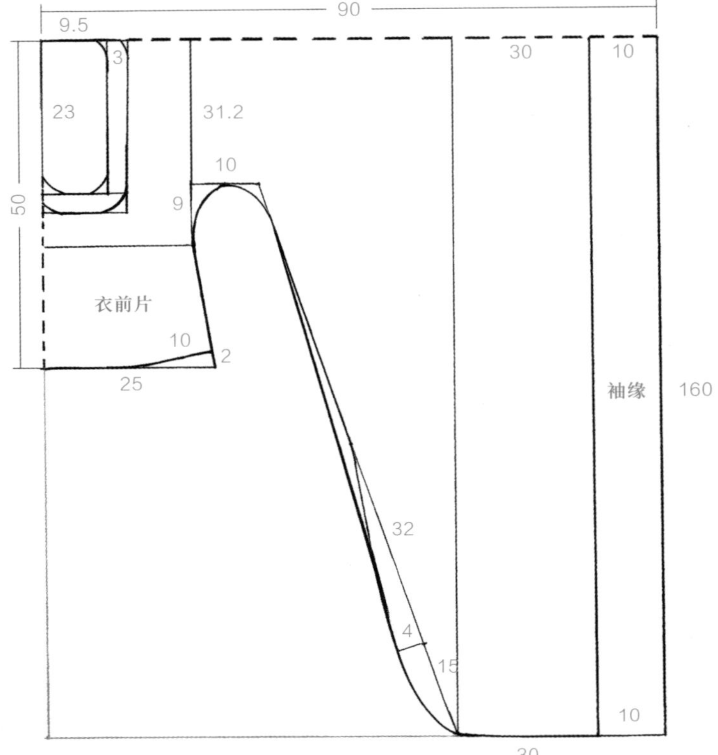

袒领大袖衫：衣前片

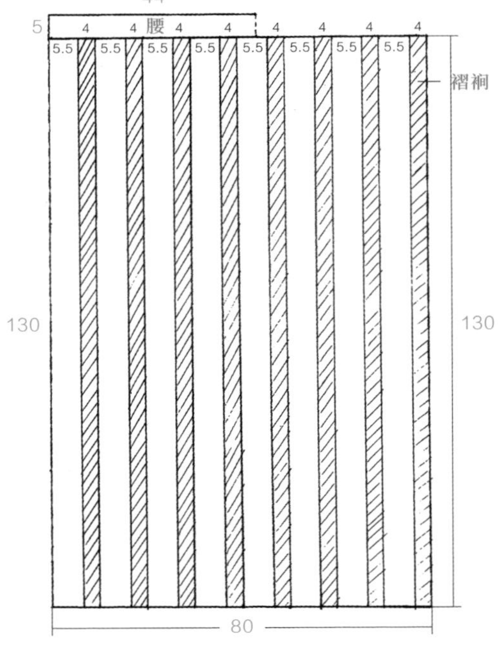

袒领大袖衫：内裙片

注：裙片需做 3 片，缝合之后是一条裙。

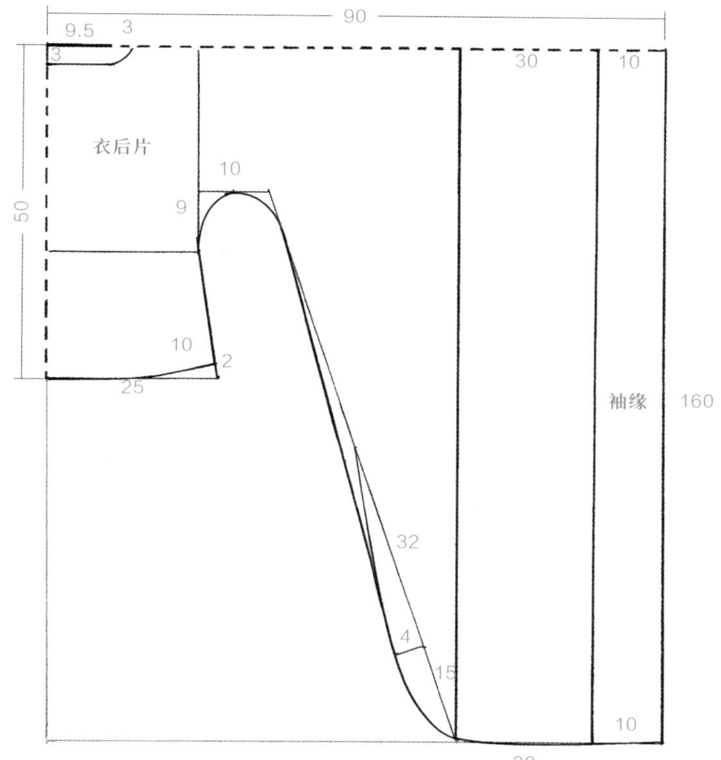

袒领大袖衫：衣后片

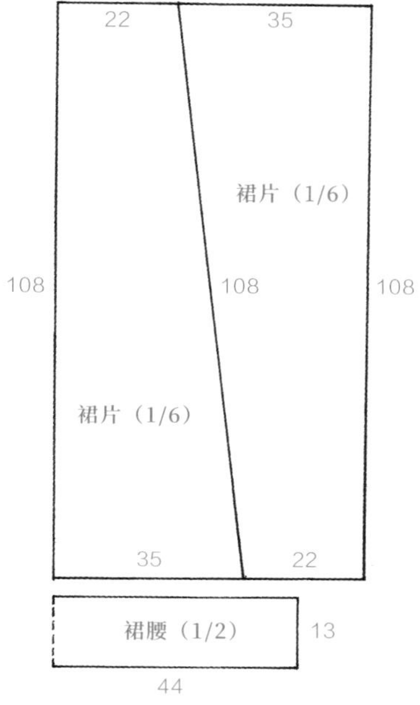

袒领大袖衫：外裙片、裙腰

八、窄袖短襦

窄袖短襦

尺寸表

衣长	通袖长	袖口宽
56	175	13

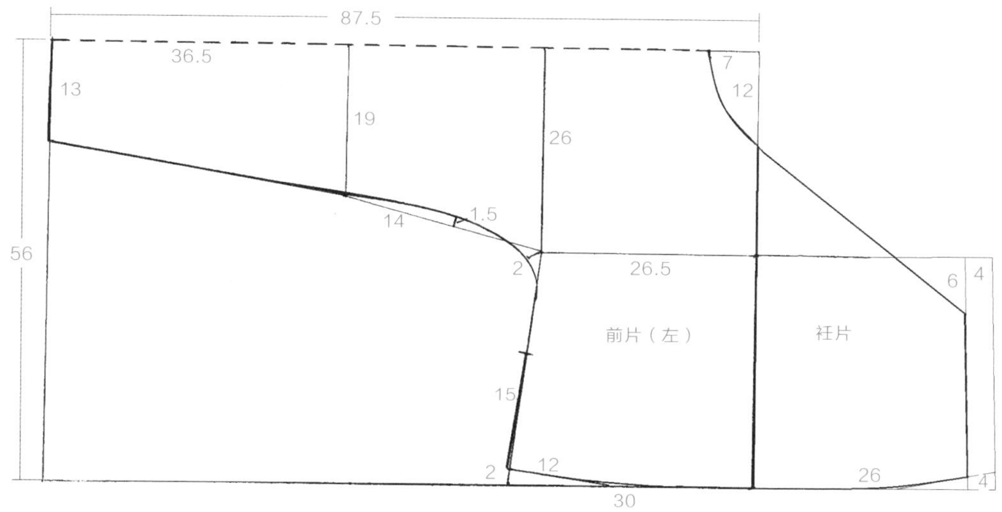

窄袖短襦：前片（左）

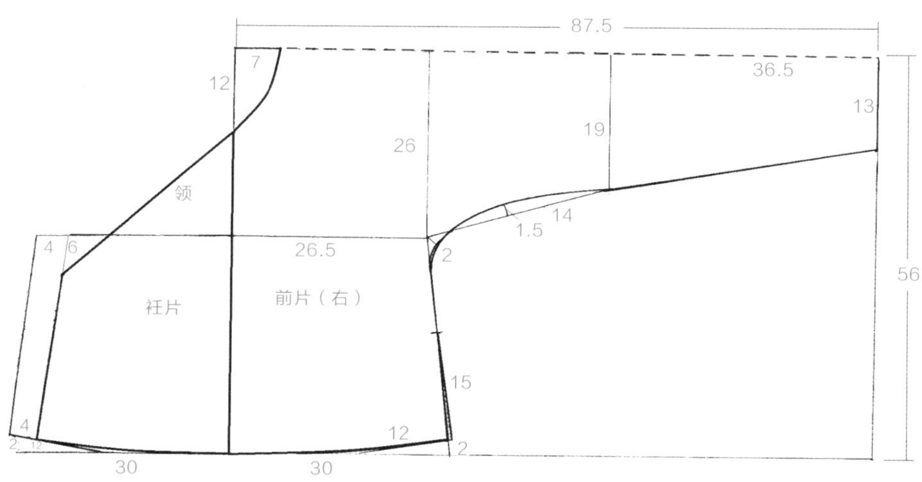

窄袖短襦：前片（右）

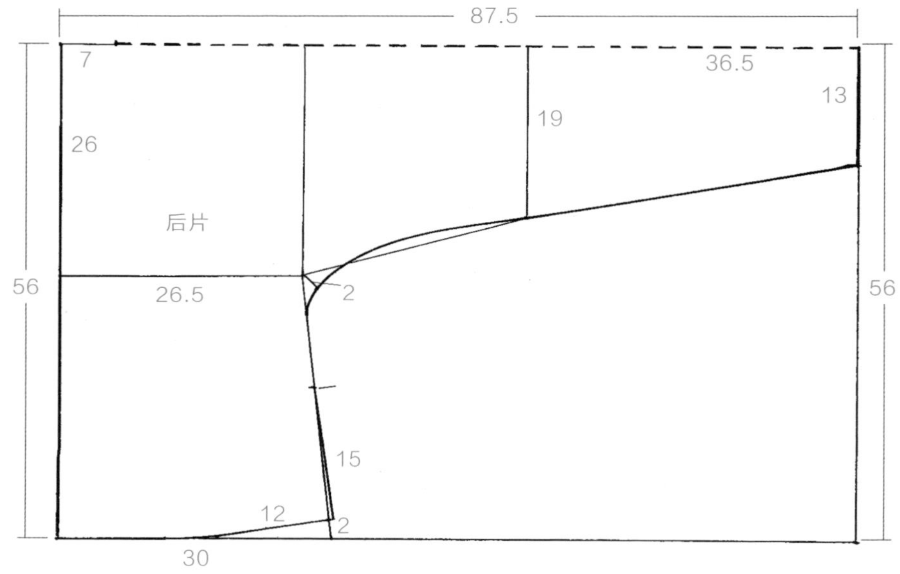

1/2 领片

窄袖短襦：后片

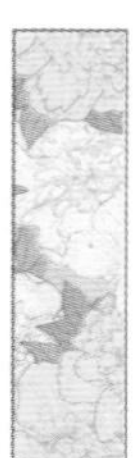

九、窄袖短襦裙

窄袖短襦裙

尺寸表

裙腰长	裙腰宽	裙长
159	5	129

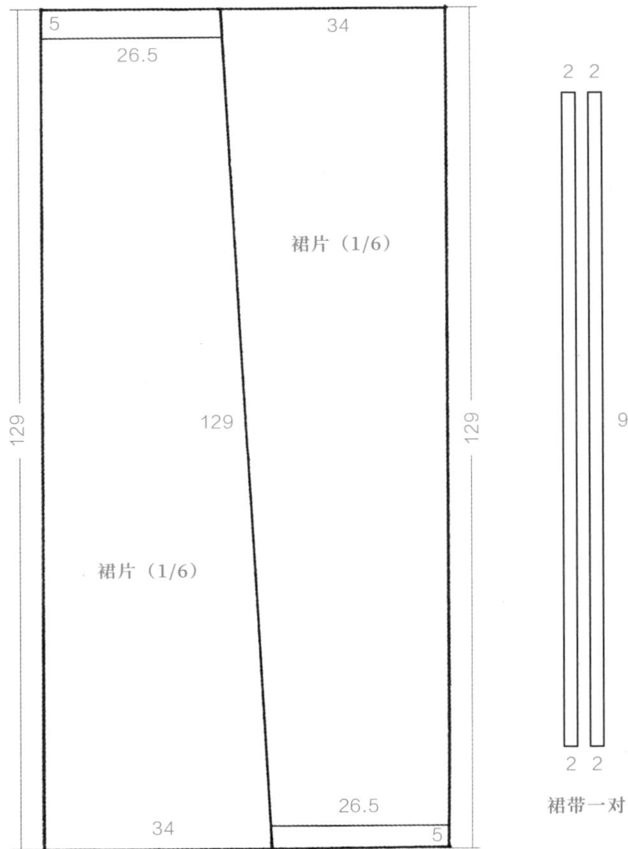

窄袖短襦裙：裙片、裙带

第五章 宋朝篇

- 红衣长褙子
- 烟色绢短裙
- 对襟小立领广袖衫（男装）
- 对襟窄袖素罗褂
- 褐色罗印花褶裥裙
- 褐色罗褶裥裙
- 黄褐色印花绢四幅直裙
- 罗单褙子
- 泥金杂宝纹罗襟边长安竹纹纱单对襟旋袄
- 深烟色牡丹花罗背心
- 丝绵蔽膝
- 丝绵袍（男装）
- 驼色如意珊瑚纹褶裥裙
- 细面绢里夹纳短衫（男装）
- 印花罗单对襟旋袄
- 印花罗襟边宝花罗纹单褙子
- 印金罗襟边折枝花纹罗夹旋袄
- 折枝花纹腰几何纹绫长方片裙
- 单素短裙
- 绢绵衣
- 绢衣
- 六瓣小花纹罗衫
- 裳（男装）
- 素纱衫
- 星地折花绫裙
- 素绢对襟短襦（男装）
- 素罗镶边大袖褙子
- 柿蒂菱纹绢抹胸
- 花罗合裆裤
- 对襟宽袖花纱短衫（男装）

……

 一、红衣长褙子

红衣长褙子

尺寸表

衣长	通袖长	衣缘宽	袖口宽	侧开缝长
120	168	3	13	76

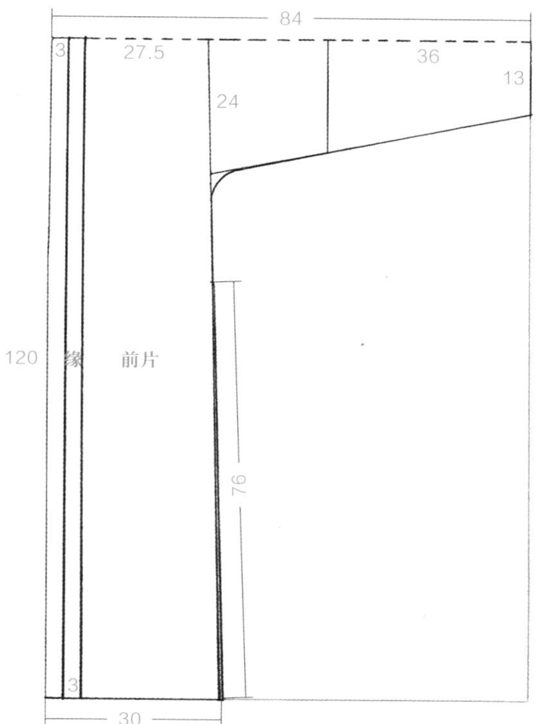

红衣长褙子：前片

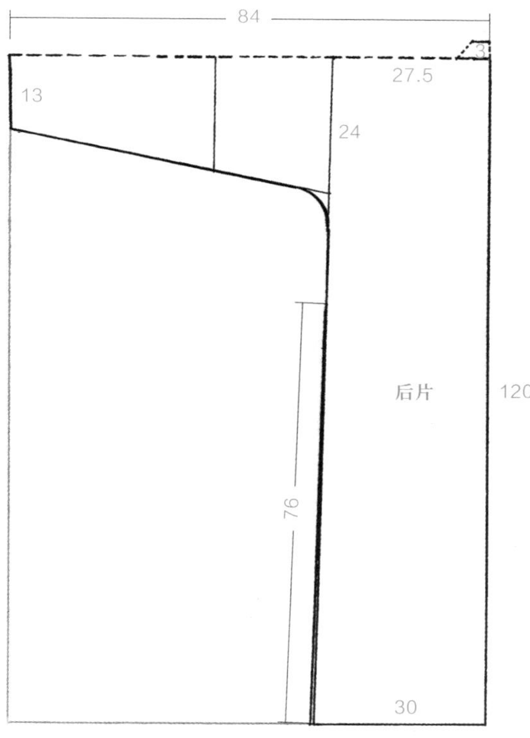

红衣长褙子：后片

二、烟色绢短裙

烟色绢短裙

尺寸表

裙长	裙宽	腰高	左带长	右带长
53	120	3	50	46

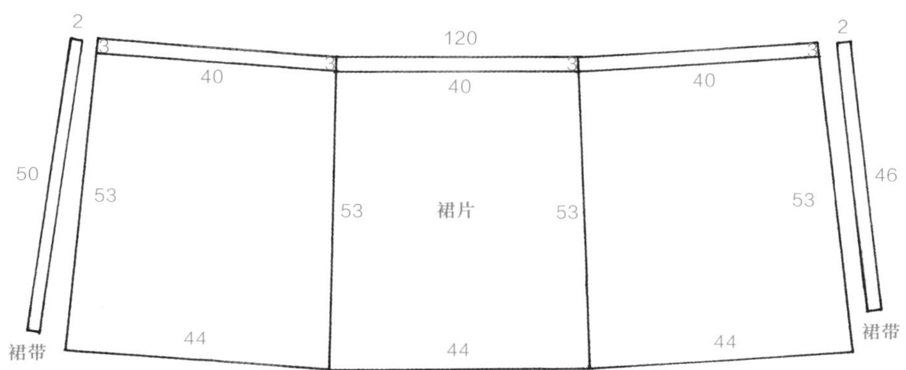

烟色绢短裙：裙片、裙带

三、对襟小立领广袖衫（男装）

对襟小立领广袖衫（男装）

尺寸表

衣长	通袖长	袖宽	胸宽
78	148	30	49

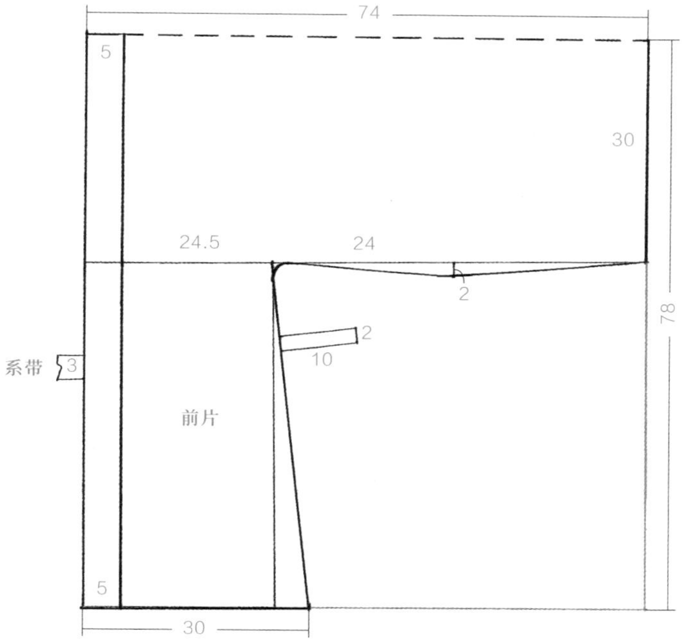

对襟小立领广袖衫（男装）：前片

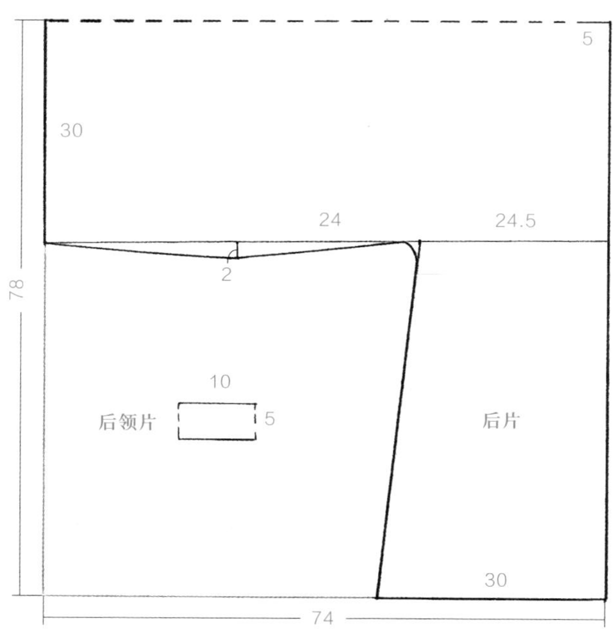

对襟小立领广袖衫（男装）：后片、后领片

四、对襟窄袖素罗褂

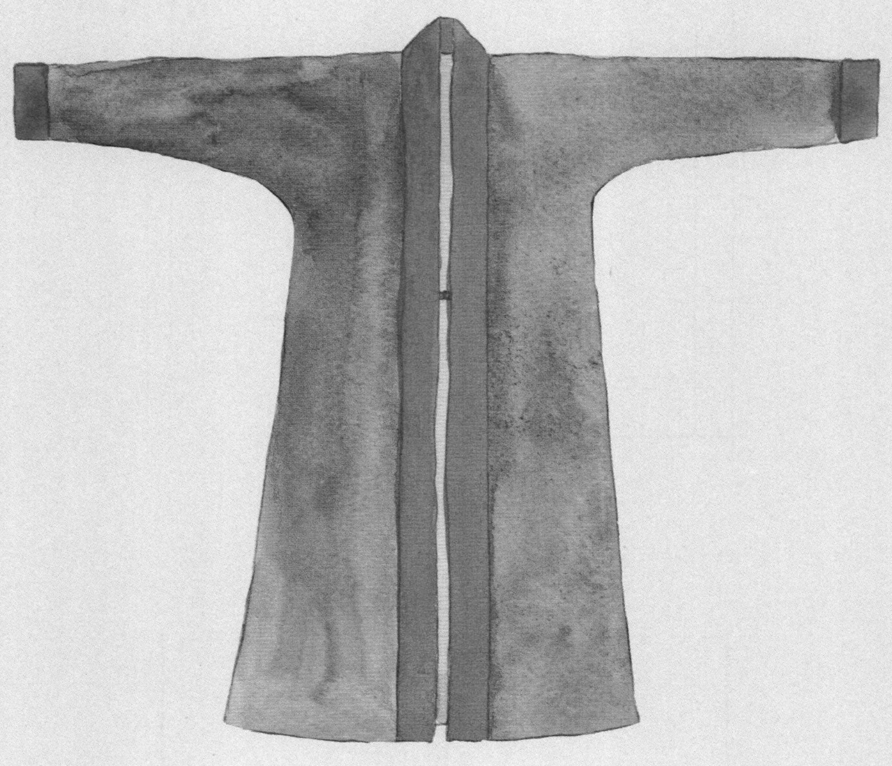

对襟窄袖素罗褂

尺寸表

衣长	通袖长	缘宽	袖口宽
120	140	6.8	15

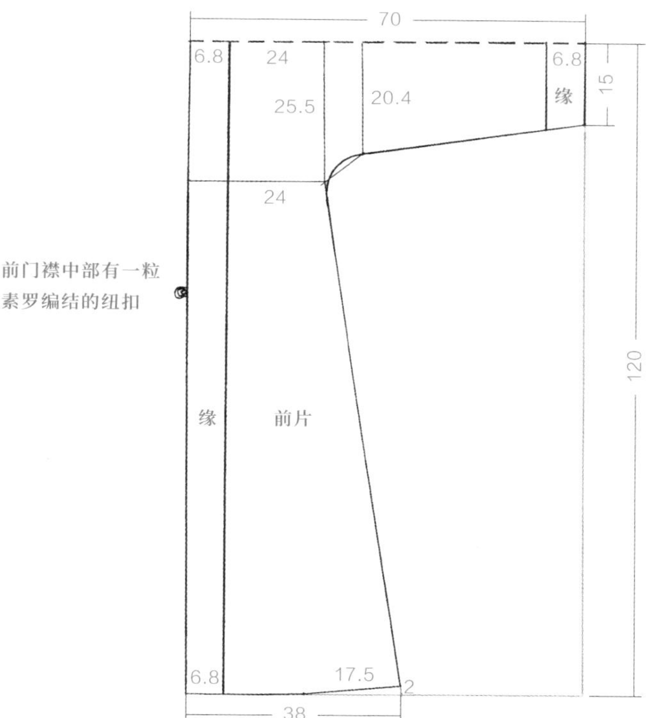

对襟窄袖素罗褂：前片

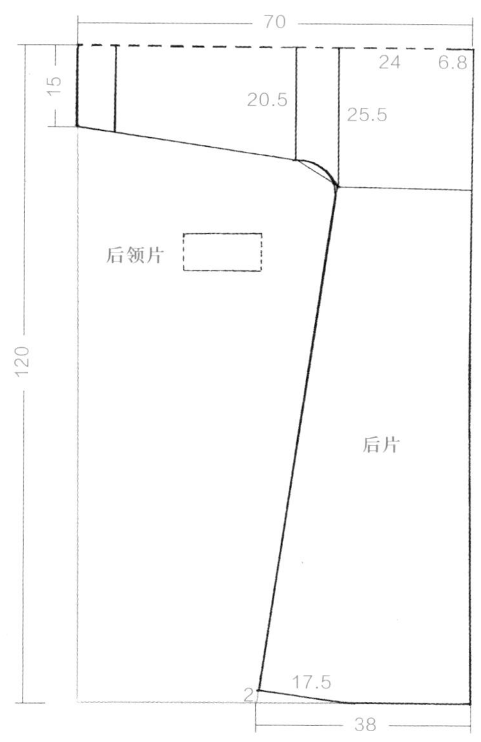

对襟窄袖素罗褂：后片、后领片

五、褐色罗印花褶裥裙

褐色罗印花褶裥裙

尺寸表

裙长	腰高	腰宽	下摆宽	素缘宽	裙带宽	左带长	右带长
78	10.8	69	158	1	3	72	78

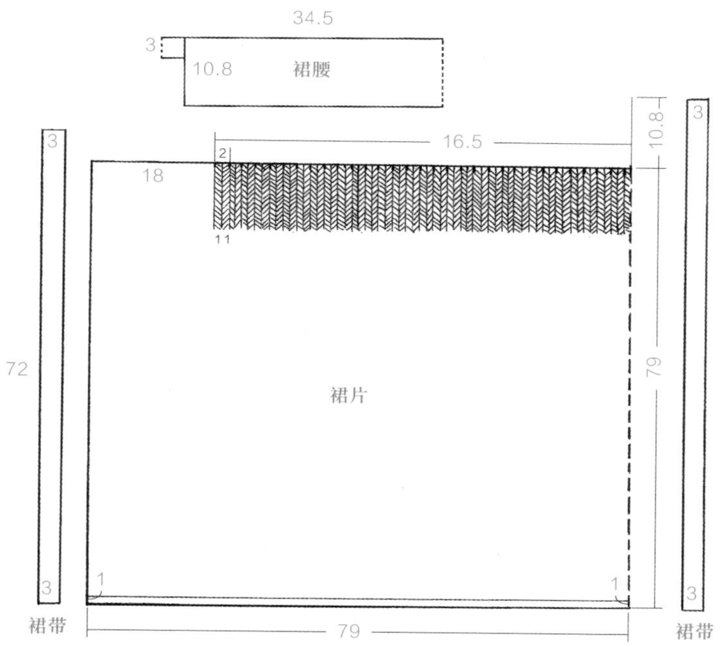

褐色罗印花褶裥裙：裙片、裙带、裙腰

六、褐色罗褶裥裙

褐色罗褶裥裙

尺寸表

裙长	裙腰宽	裙腰高	下摆宽	带宽
80	69	13	121.5	3

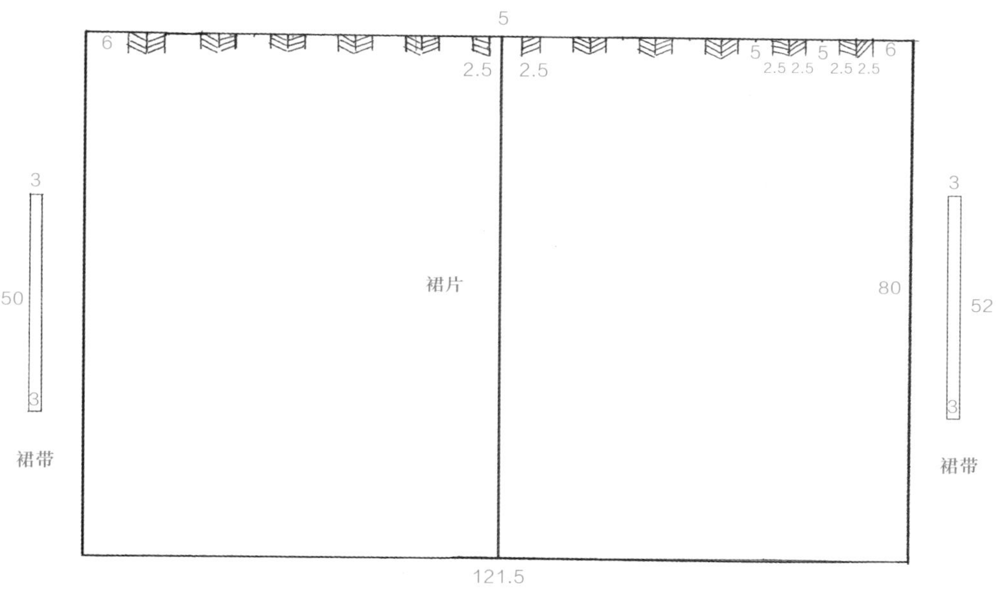

褐色罗褶裥裙：裙片、裙腰、裙带

七、黄褐色印花绢四幅直裙

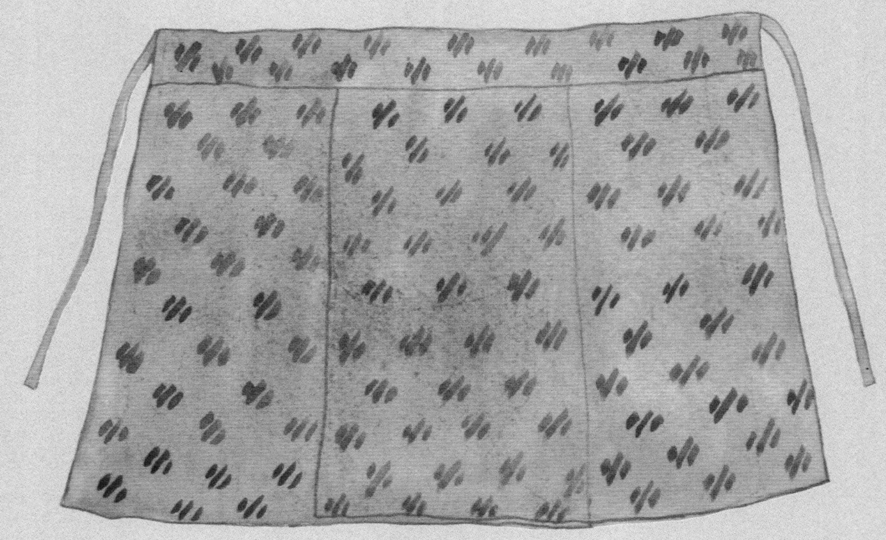

黄褐色印花绢四幅直裙

尺寸表

裙长	裙腰长	腰高	下摆宽	左带长	左带宽	右带长	右带宽
86	116.4	11.5	126	80	4	64	4

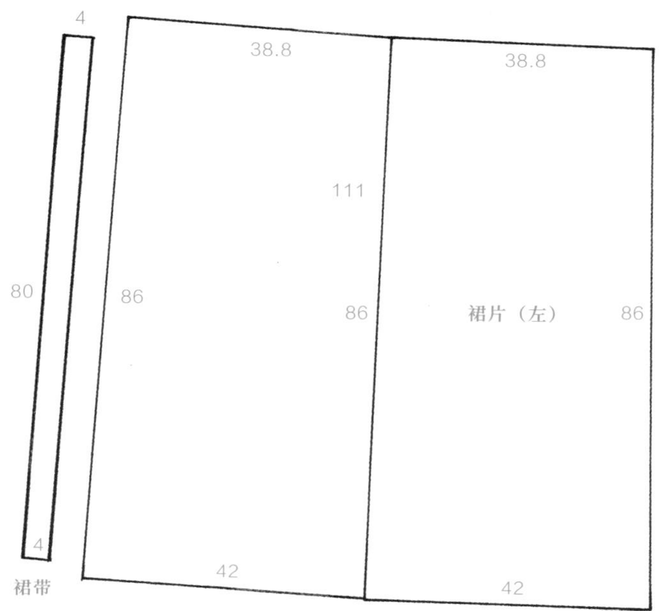

黄褐色印花绢四幅直裙：裙片（左）、裙带

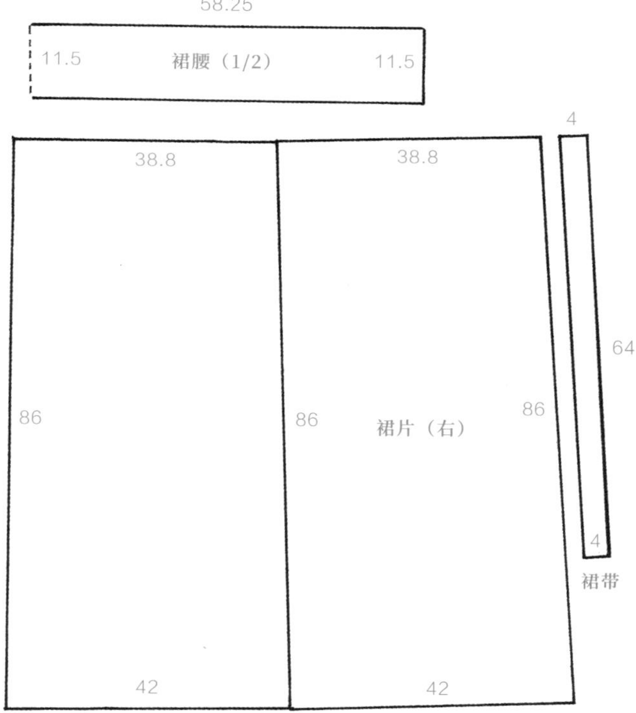

黄褐色印花绢四幅直裙：裙片（右）、裙带、裙腰

八、罗单褙子

罗单褙子

尺寸表

衣长	腰围	通袖长	袖宽	袖口宽	下摆宽	侧开缝长
106	98	159	23	15	69.5	52.5

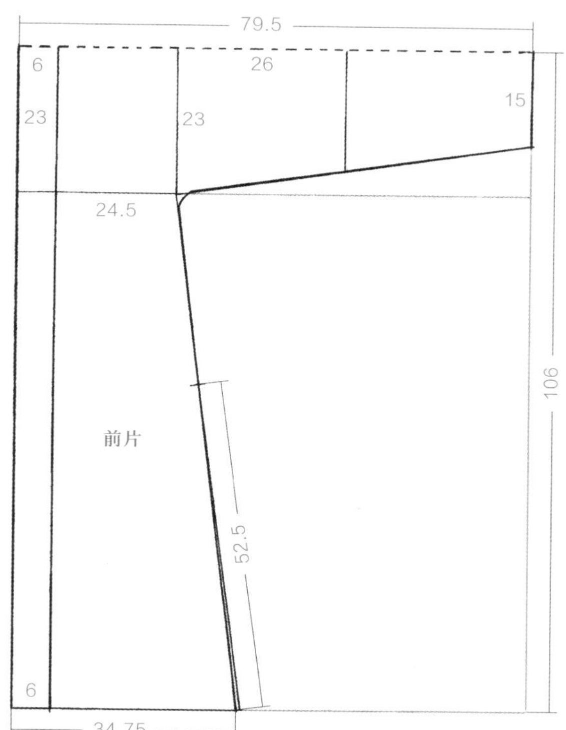

罗单褙子：前片

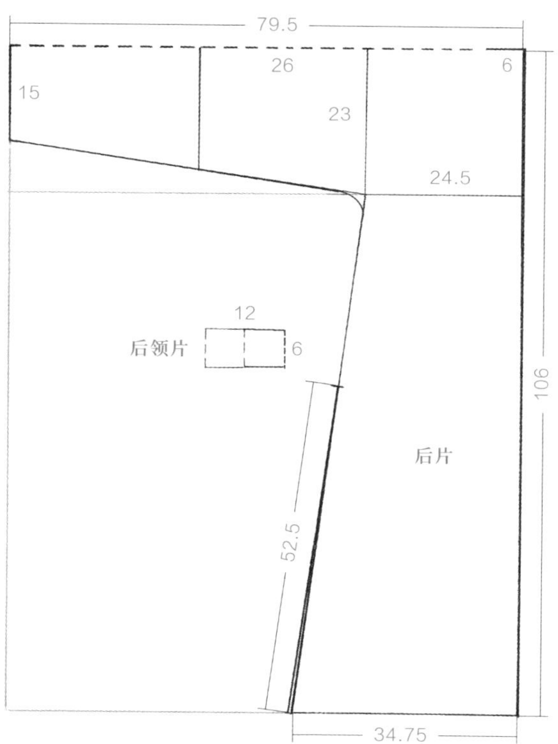

罗单褙子：后片、后领片

九、泥金杂宝纹罗襟边长安竹纹纱单对襟旋袄

泥金杂宝纹罗襟边长安竹纹纱单对襟旋袄

尺寸表

衣长	通袖长	腰围	袖宽	袖口宽	前襟宽	后襟宽	侧开缝长
92.5	160	98	20	15.5	30	60	41

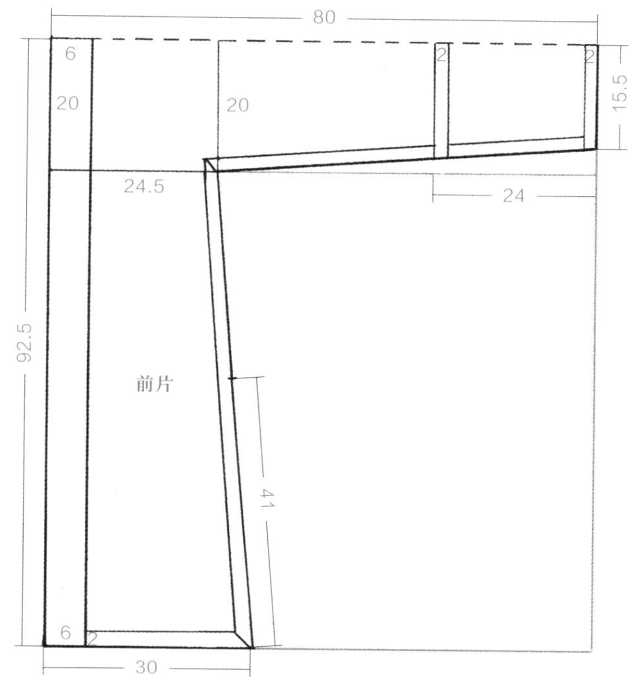

泥金杂宝纹罗襟边长安竹纹纱单对襟旋袄：前片

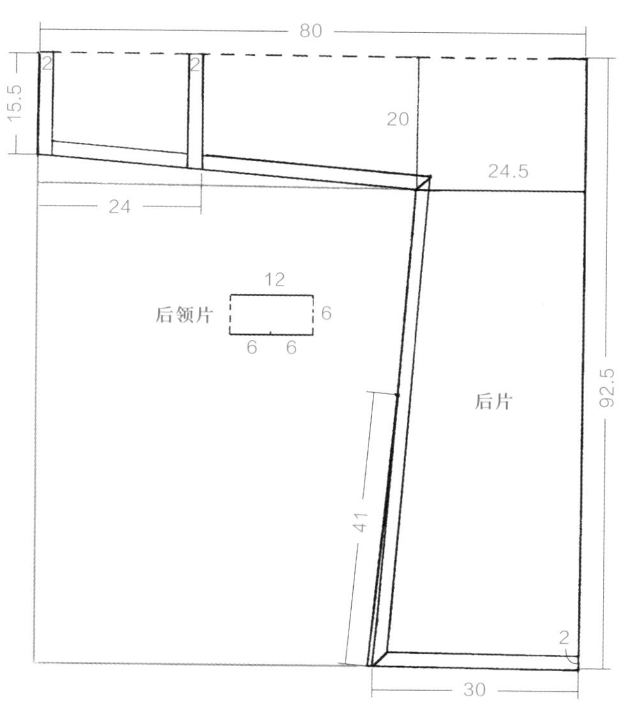

泥金杂宝纹罗襟边长安竹纹纱单对襟旋袄：后片、后领片

十、深烟色牡丹花罗背心

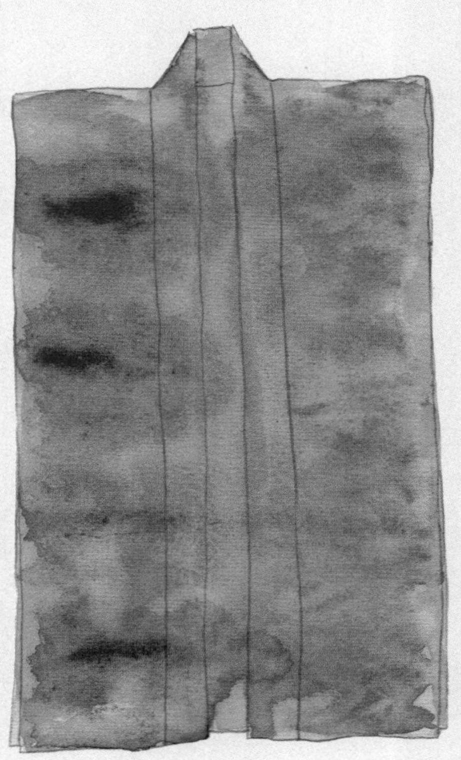

深烟色牡丹花罗背心

尺寸表

衣长	腰宽	袖口宽	前下摆宽	后下摆宽	对襟缘宽	下摆缘宽
70	44	25	40	44	7	1.2

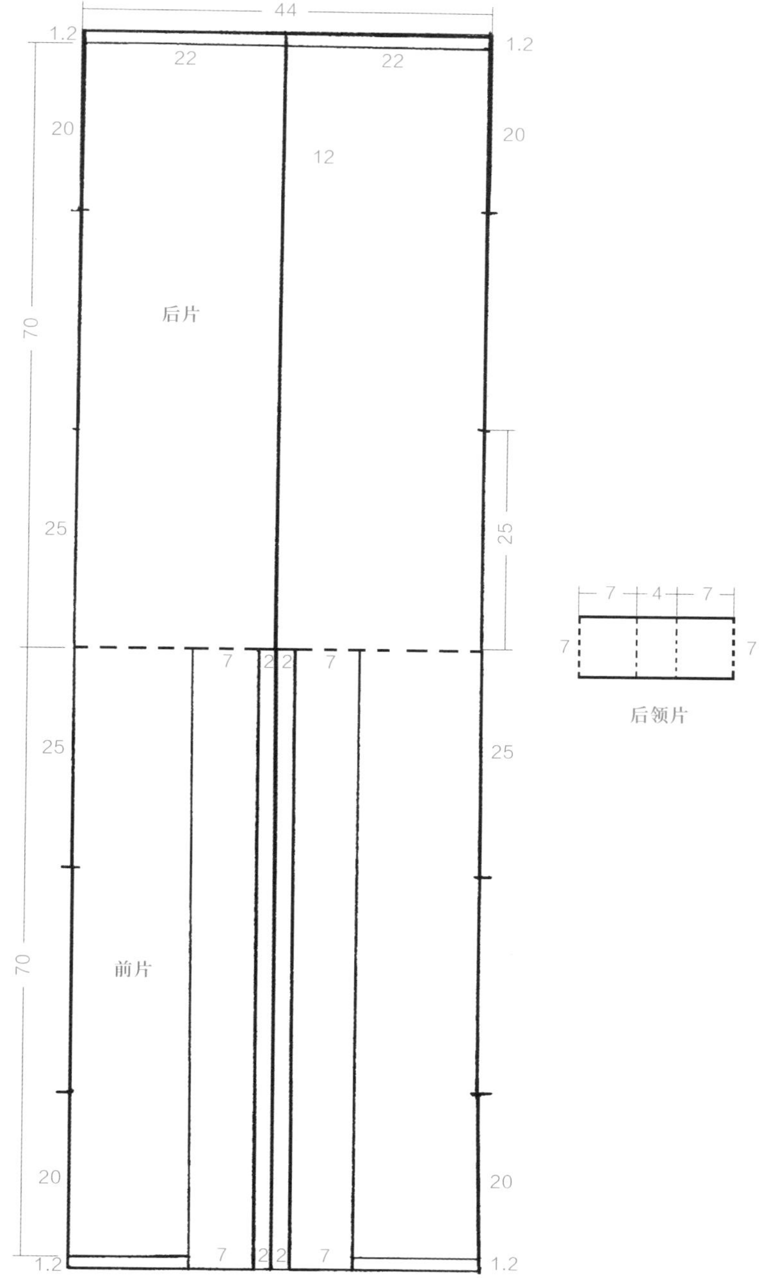

深烟色牡丹花罗背心：衣片、后领片

十一、丝绵蔽膝

丝绵蔽膝

尺寸表

长	宽	带长
63	38	15

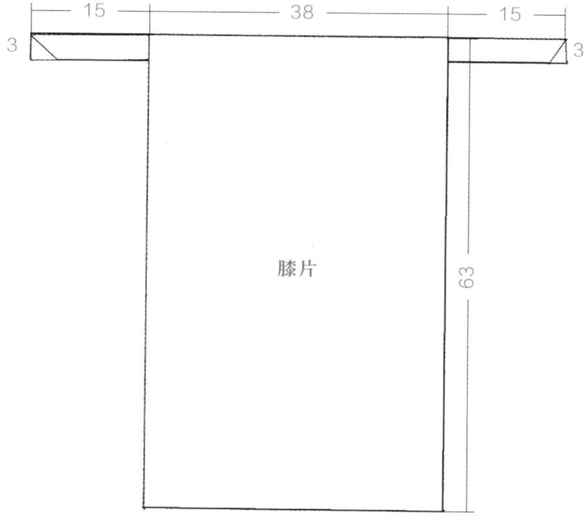

丝绵蔽膝：膝片

十二、丝绵袍（男装）

丝绵袍（男装）

尺寸表

衣长	腰宽	下摆宽	通袖长	袖口宽
120	72	80	237	61

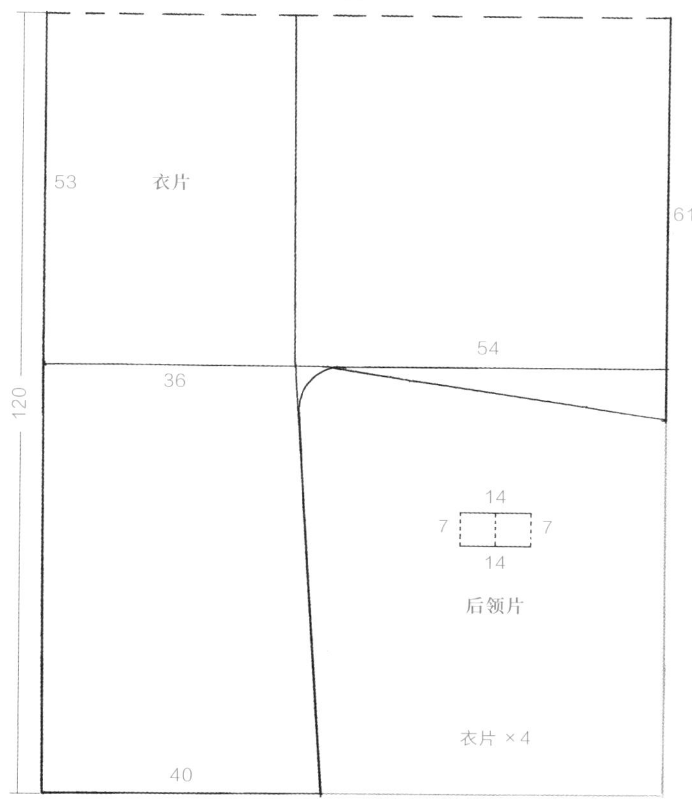

丝绵袍（男装）：衣片、后领片

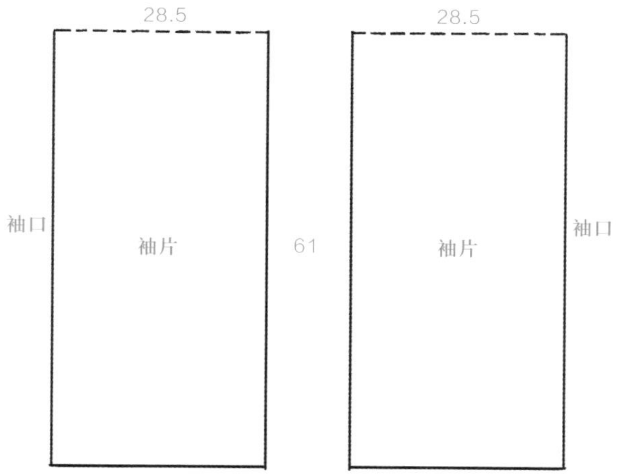

丝绵袍（男装）：袖片

十三、驼色如意珊瑚纹褶裥裙

驼色如意珊瑚纹褶裥裙

尺寸表

裙长	裙腰长	裙腰高	裙摆宽
93	120	13	142

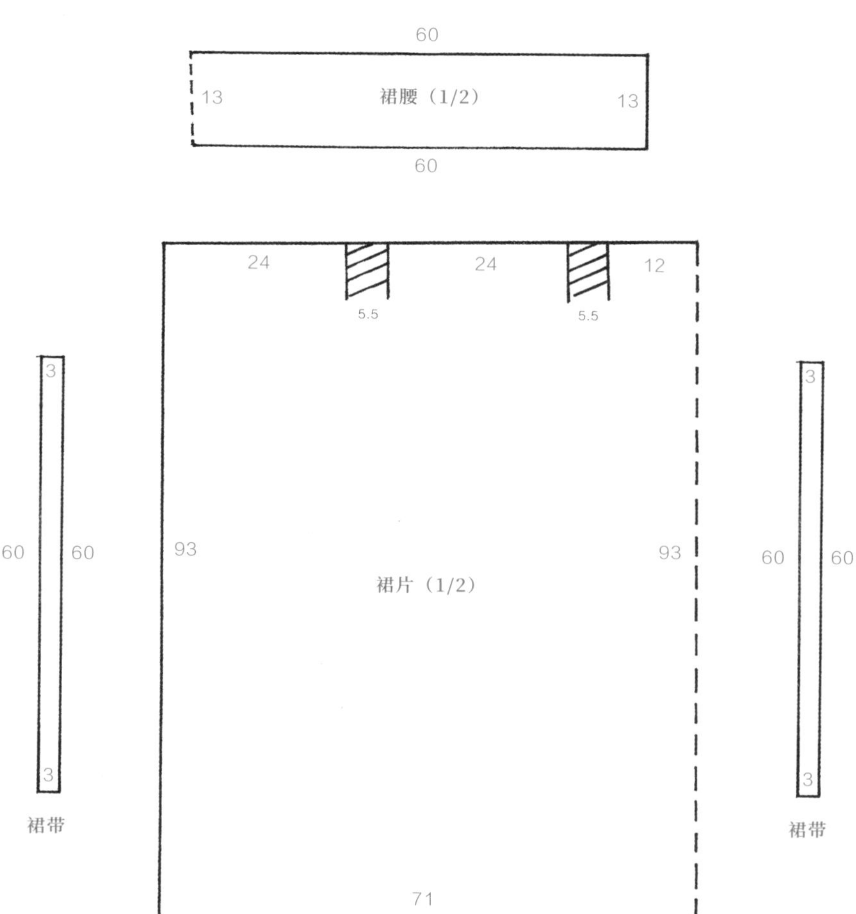

驼色如意珊瑚纹褶裥裙：裙片、裙腰、裙带

十四、细面绢里夹纳短衫（男装）

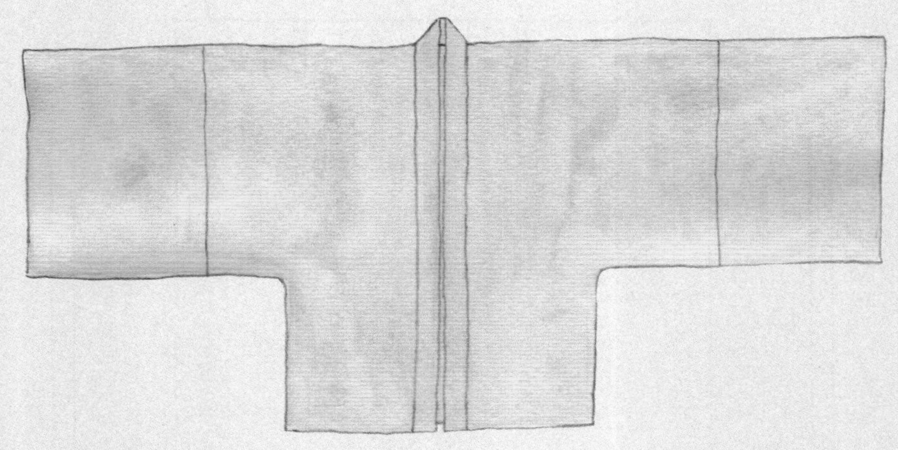

细面绢里夹纳短衫（男装）

尺寸表

衣长	衣宽	通袖长	袖宽
90	67	197	46

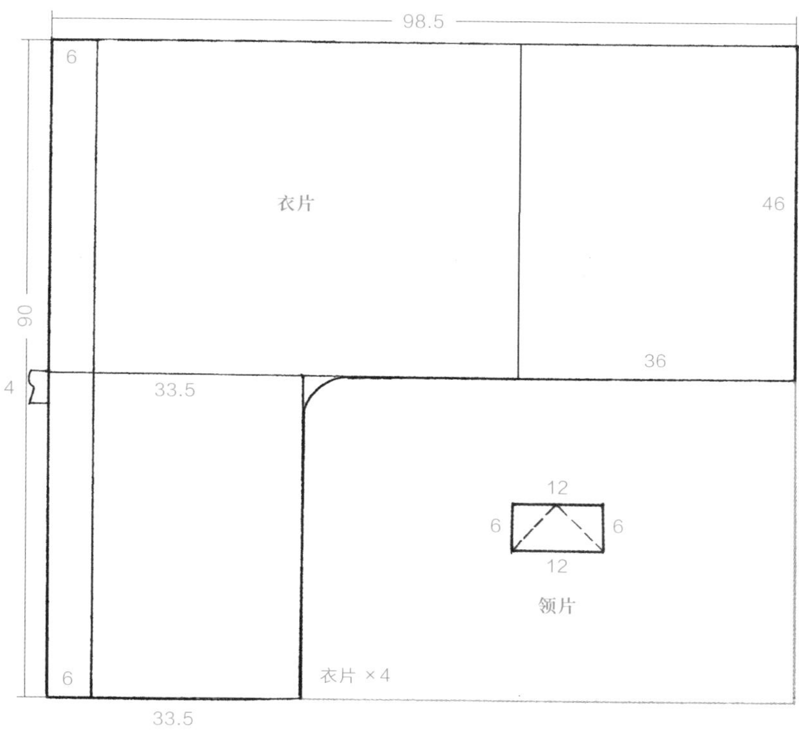

细面绢里夹纳短衫（男装）：衣片、领片

十五、印花罗单对襟旋袄

印花罗单对襟旋袄

尺寸表

衣长	腰围	通袖长	袖宽	袖口宽	侧开缝长	下摆宽	衣缘宽
83	110	163	23	20	36	62	8.5

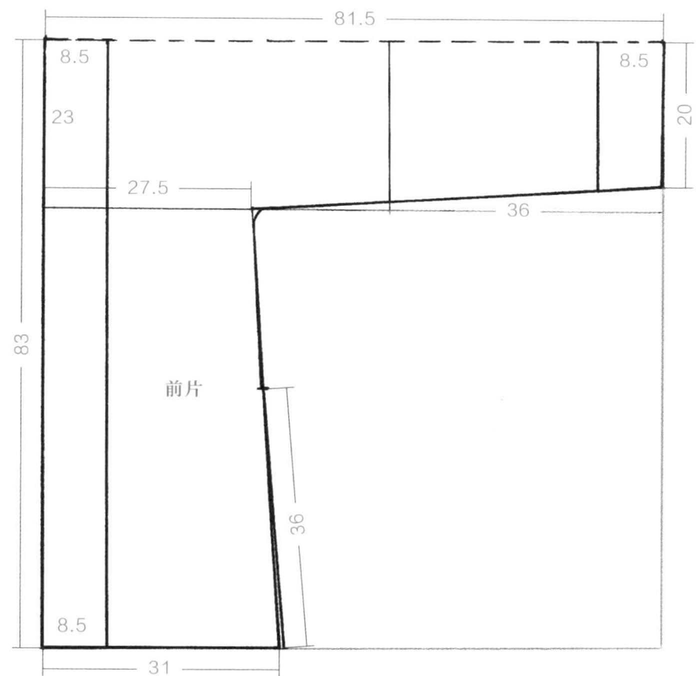

印花罗单对襟旋袄：前片

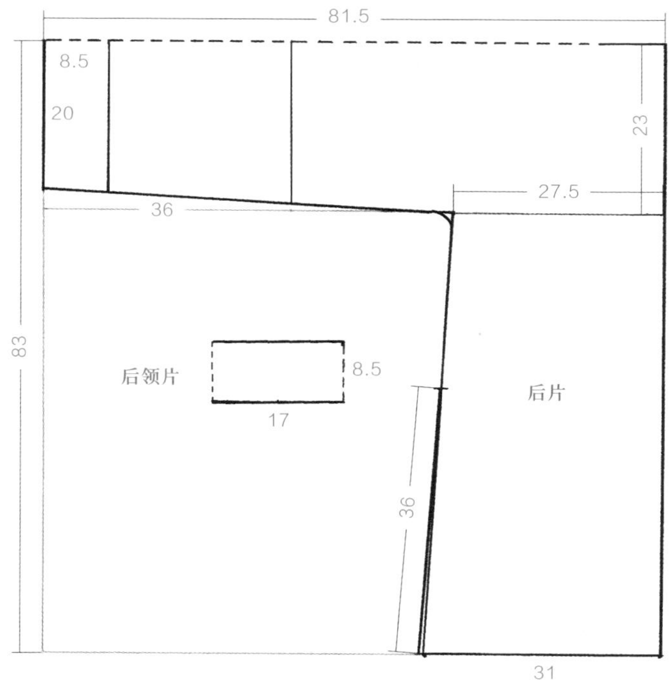

印花罗单对襟旋袄：后片、后领片

十六、印花罗襟边宝花罗纹单褙子

印花罗襟边宝花罗纹单褙子

尺寸表

衣长	腰围	通袖长	袖宽	袖口宽	下摆宽	侧开缝长	衣缘宽
105.5	104	172	21	13	68	57	6.8

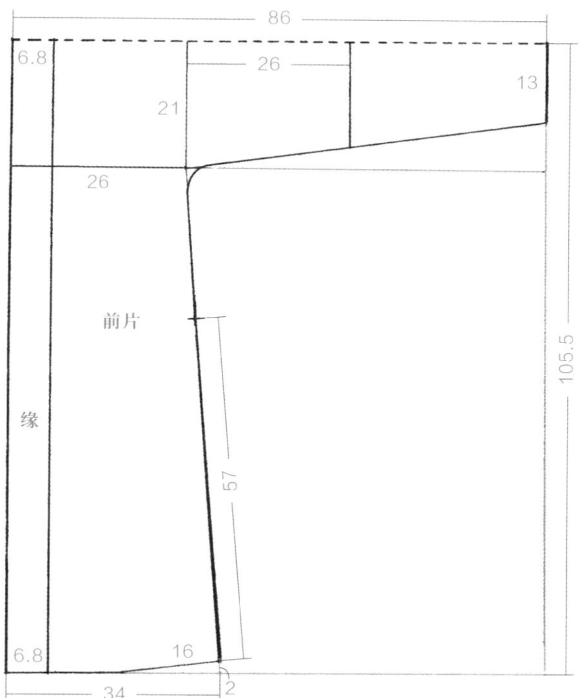

印花罗襟边宝花罗纹单褙子：前片

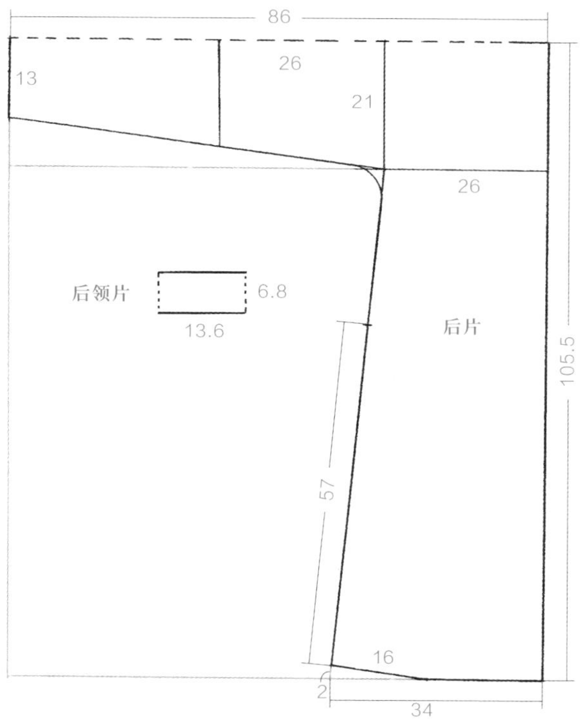

印花罗襟边宝花罗纹单褙子：后片、后领片

十七、印金罗襟边折枝花纹罗夹旋袄

印金罗襟边折枝花纹罗夹旋袄

尺寸表

衣长	腰围	通袖长	袖宽	袖口宽	下摆宽	侧开缝长
93	104	142	24.5	16	33	45

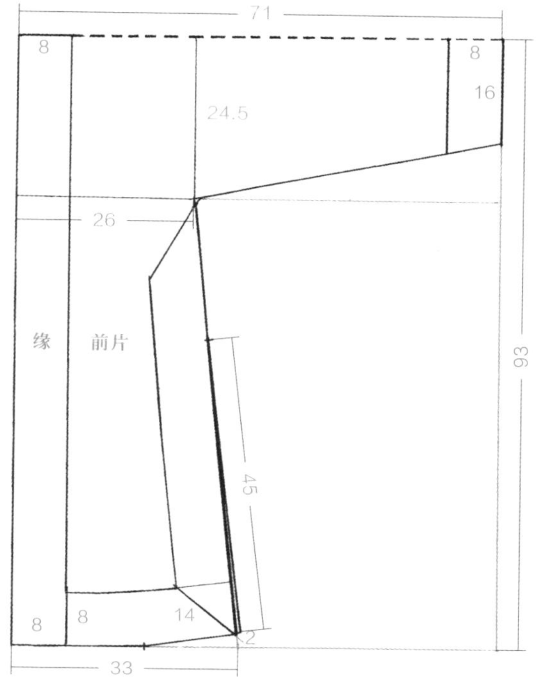

印金罗襟边折枝花纹罗夹旋袄：前片

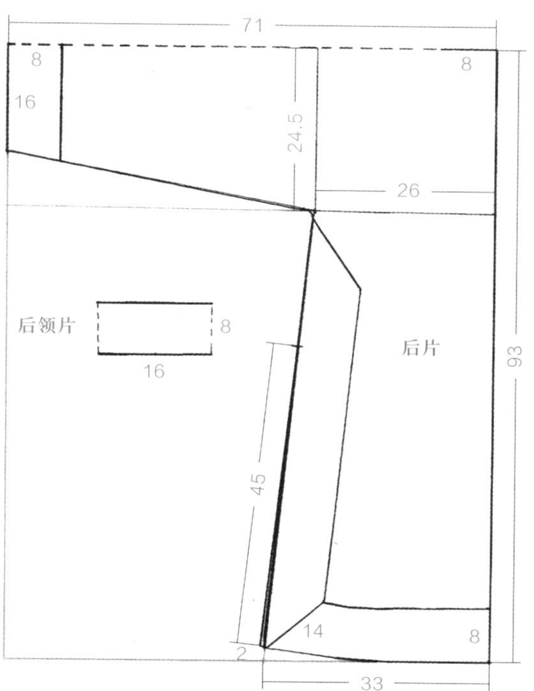

印金罗襟边折枝花纹罗夹旋袄：后片、后领片

十八、折枝花纹腰几何纹绫长方片裙

折枝花纹腰几何纹绫长方片裙

尺寸表

裙长	裙腰长	腰高	下摆宽	裙带长	裙带宽
92	99	14	118	92	3

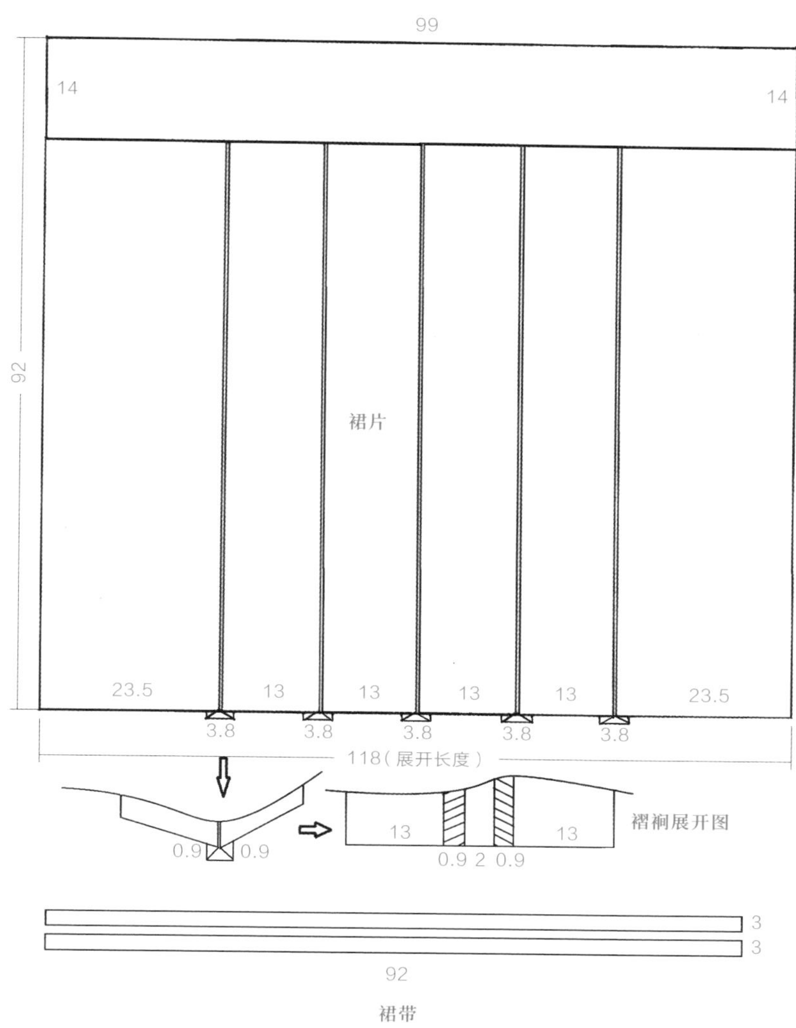

折枝花纹腰几何纹绫长方片裙：裙片、裙带

十九、单素短裙

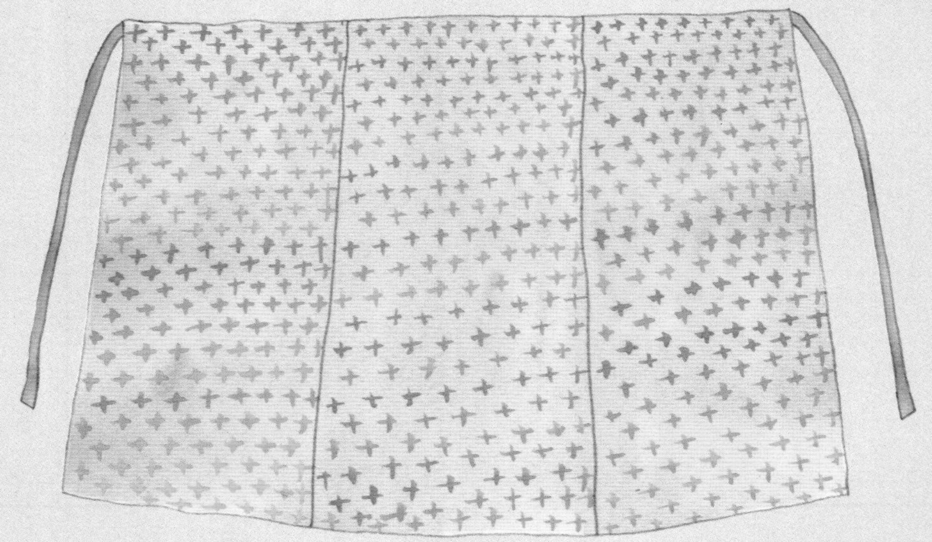

单素短裙

尺寸表

裙长	裙腰长	裙带长	裙带宽
53	120	50	1.5

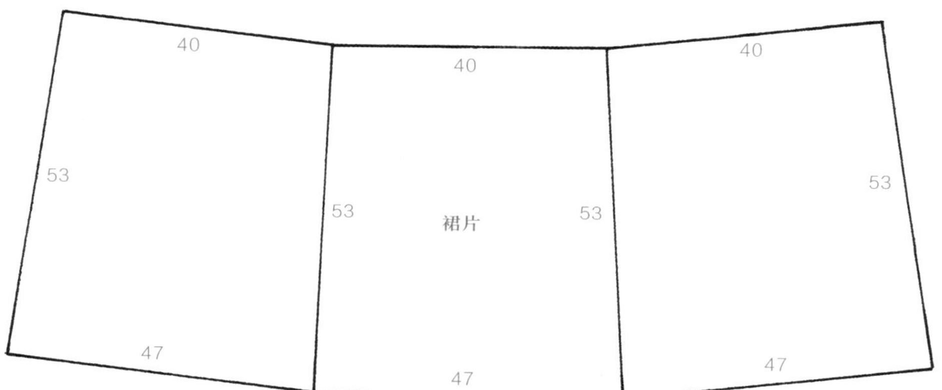

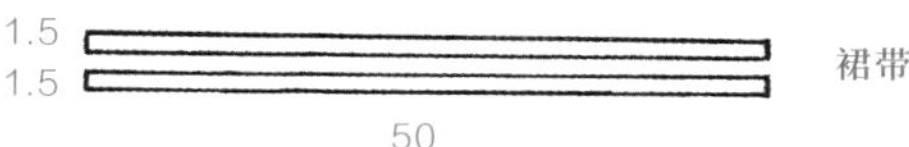

单素短裙：裙片、裙带

 二十、绢绵衣

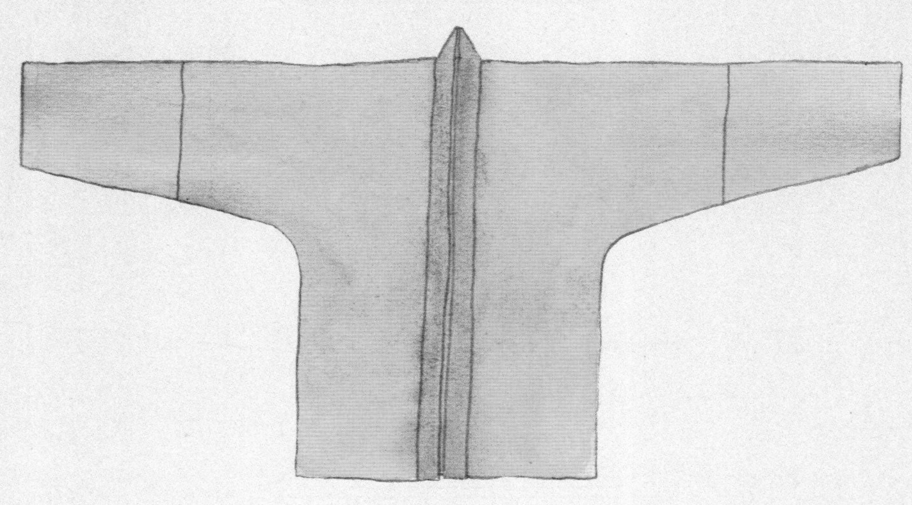

绢绵衣

尺寸表

衣长	通袖长	袖口宽	领宽
65	180	15	3

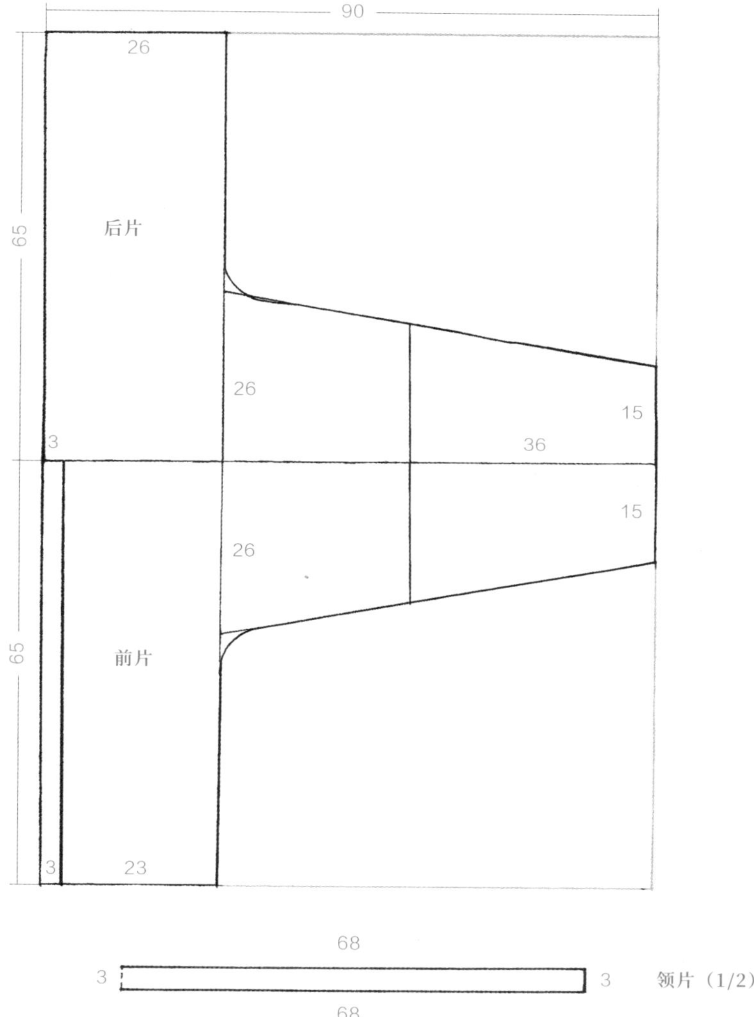

绢绵衣：前后片（左右片相同）、领片

 二十一、绢衣

绢衣

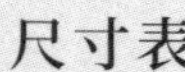

尺寸表

衣长	通袖长	袖口宽	侧开缝长
55	168	13	20

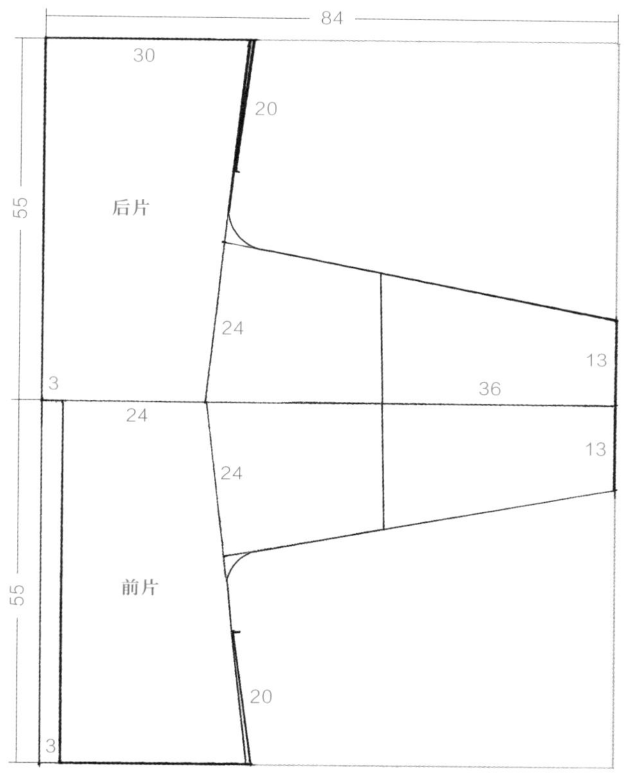

3 6 3
3 3 后领片
12

绢衣：前后片（左右片相同）、后领片

二十二、六瓣小花纹罗衫

六瓣小花纹罗衫

尺寸表

衣长	通袖长	袖口宽	侧开缝长
90	179	13	38.5

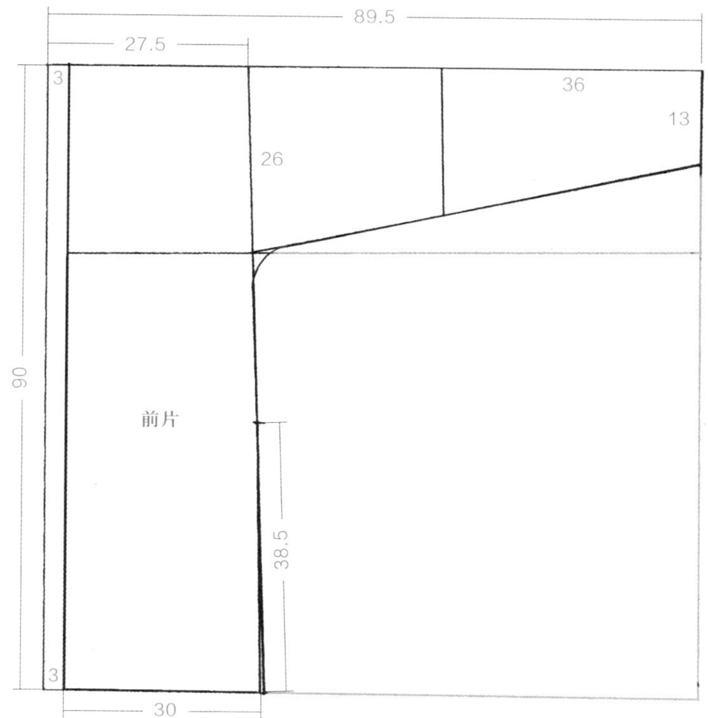

六瓣小花纹罗衫：前片

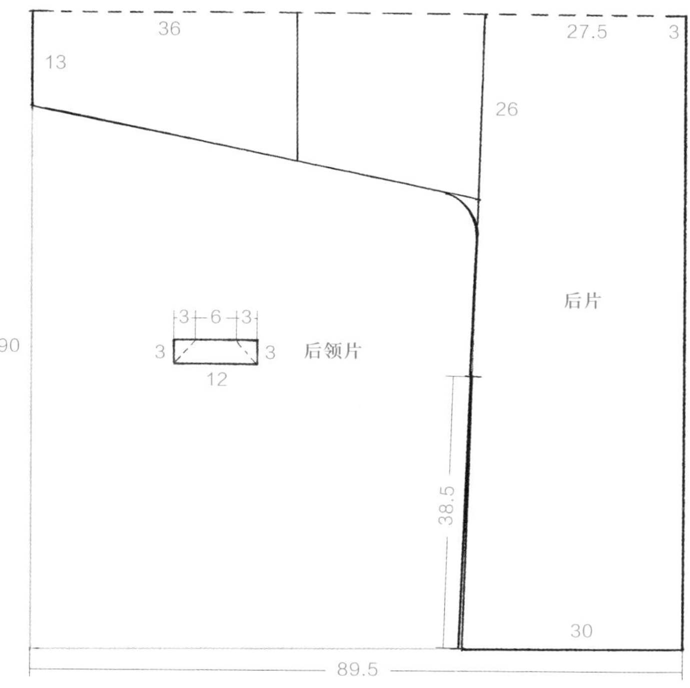

六瓣小花纹罗衫：后片、后领片

二十三、裳（男装）

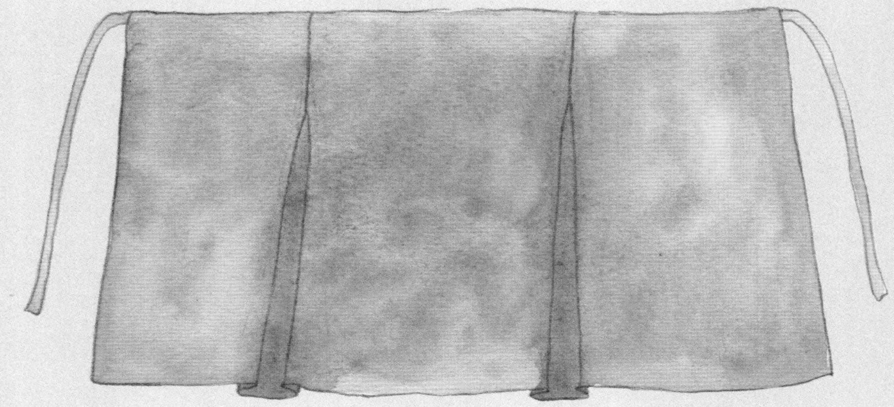

裳（男装，单裳）

裳（男装，绵裳）

单裳尺寸表

裳长	裳腰长	下摆宽	褶裥宽	裙带宽	裙带长
51	116	132	8	3	51

绵裳尺寸表

裳长	裳腰长	下摆宽	裙带宽	裙带长	褶裥宽
55	128	136	3	55	4

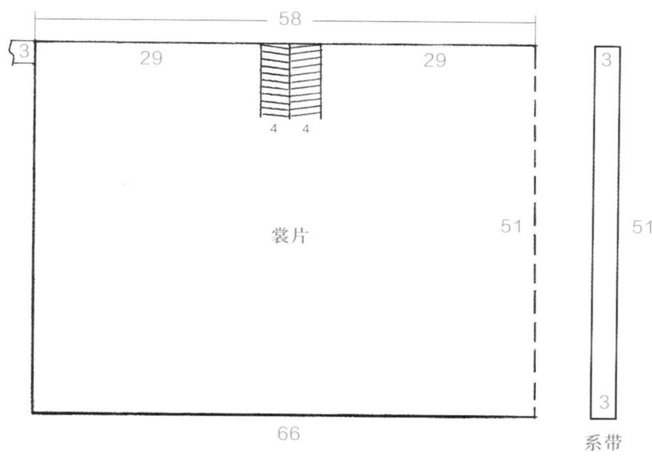

裳（男装）：单裳裳片、系带

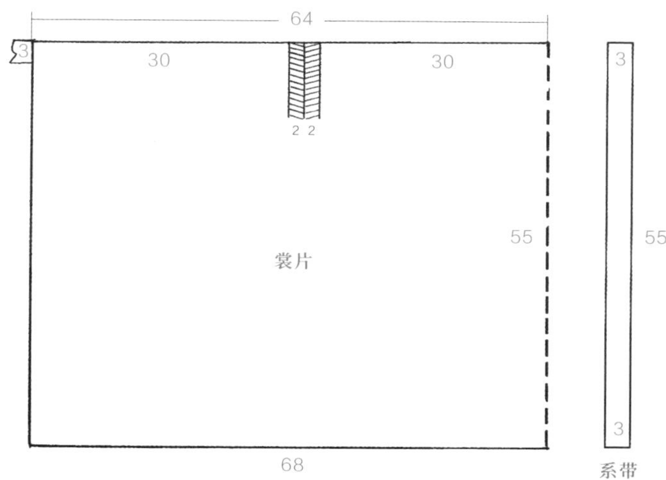

裳（男装）：绵裳裳片、系带

二十四、素纱衫

素纱衫

尺寸表

衣长	通袖长	袖口宽	缘宽	侧开缝长
80	145	14	7.8	37.5

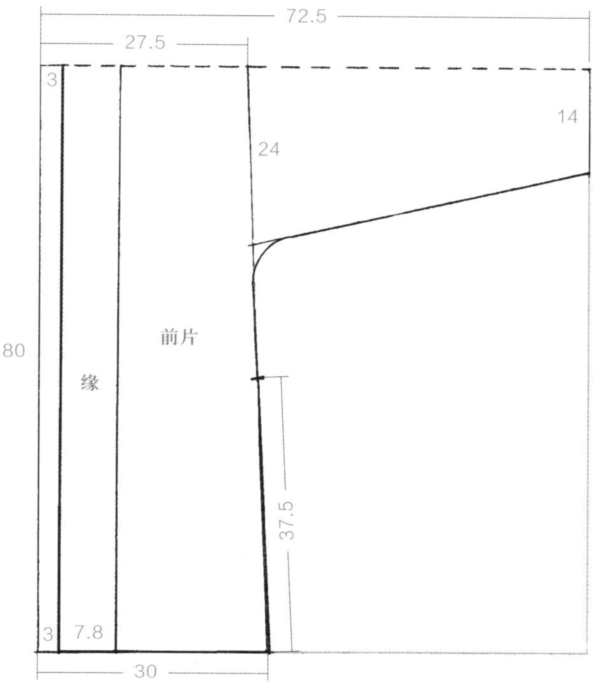

素纱衫：前片

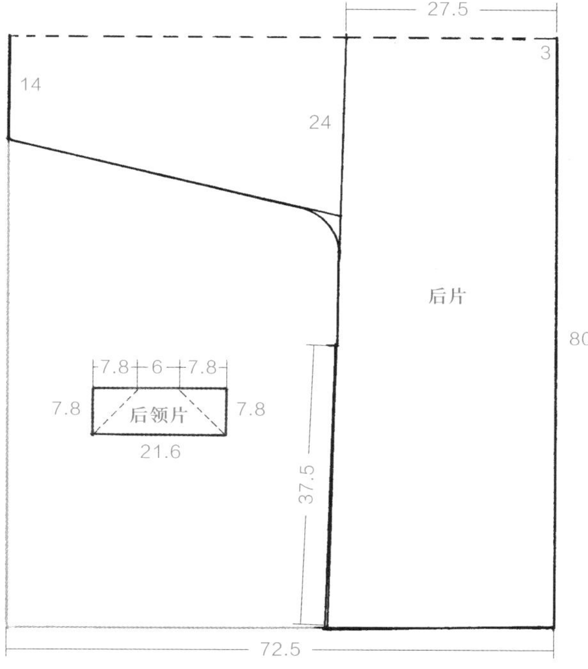

素纱衫：后片、后领片

二十五、星地折花绫裙

星地折花绫裙

尺寸表

裙长	裙腰宽	裙腰高	下摆宽
92	99	14	118

注：除裙腰外，整条裙由两幅拼接而成，拼缝在中线上。

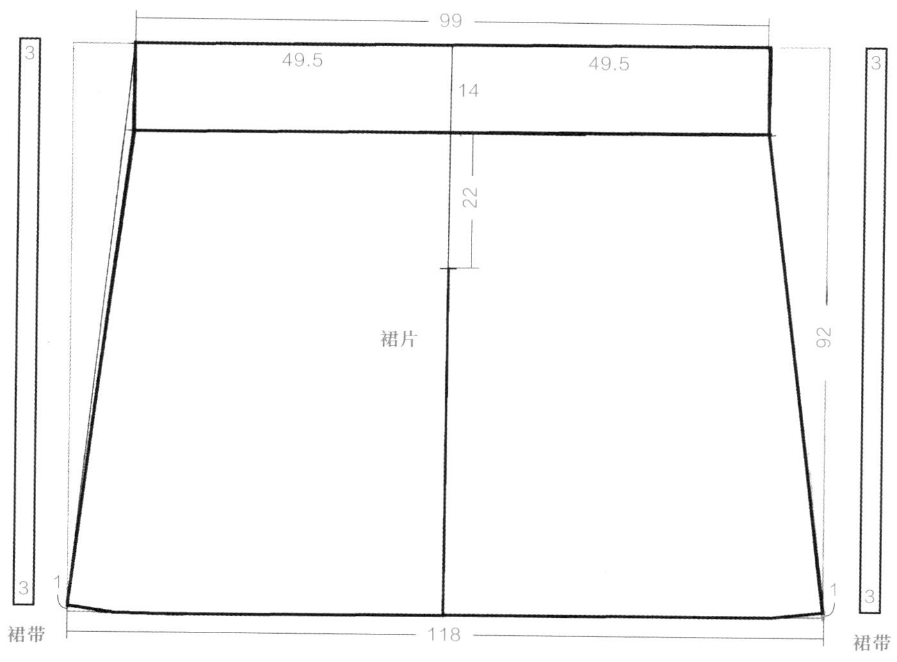

星地折花绫裙：裙片、裙带

二十六、素绢对襟短襦（男装）

素绢对襟短襦（男装）

尺寸表

衣长	通袖长	袖口宽
80	196	45

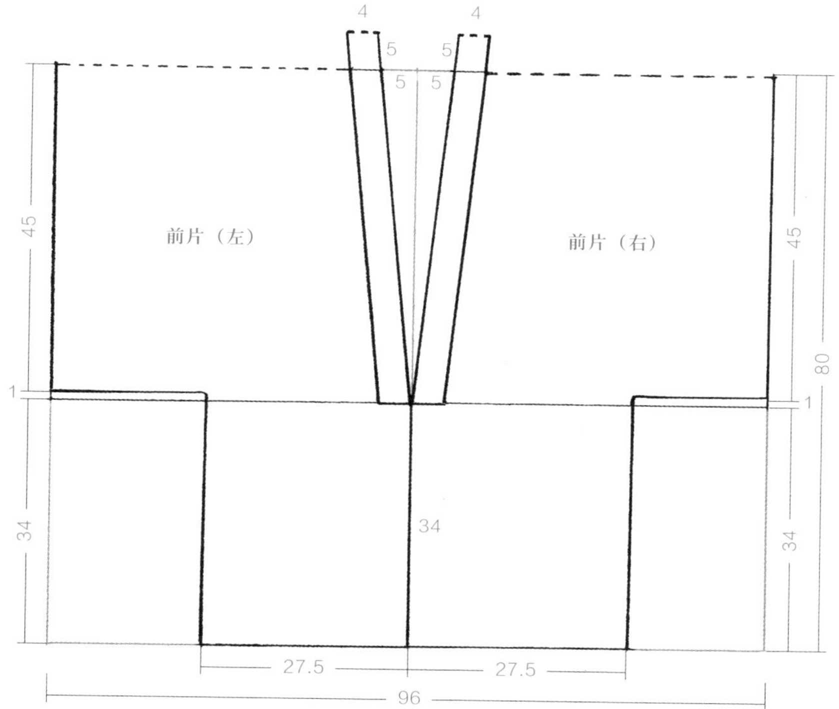

素绢对襟短襦（男装）：前片

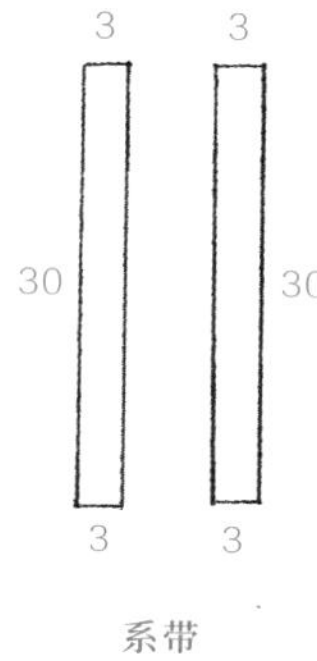

素绢对襟短襦（男装）：系带

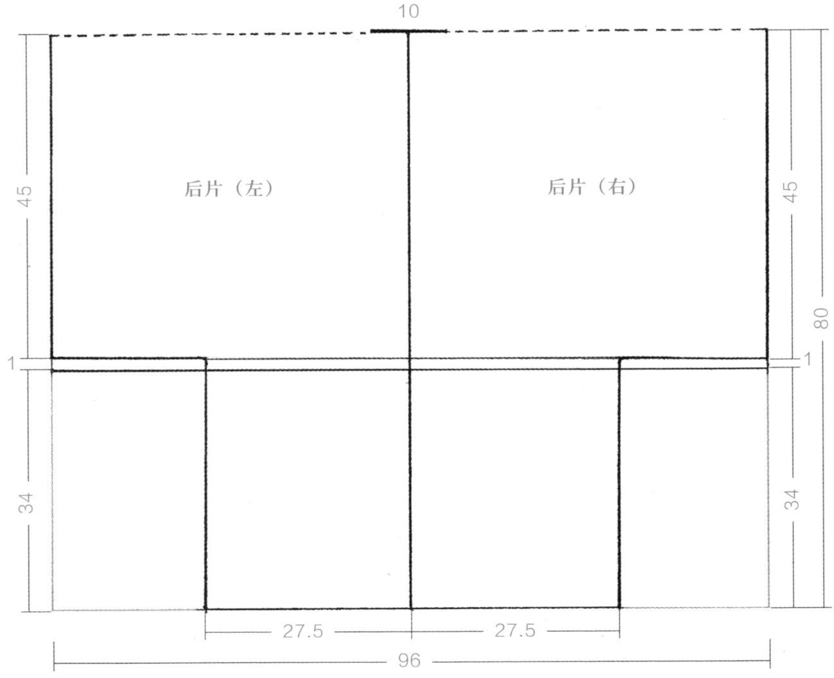

素绢对襟短襦（男装）：后片

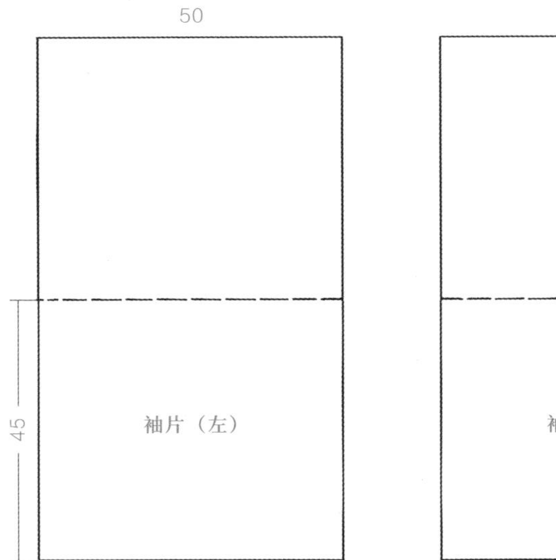

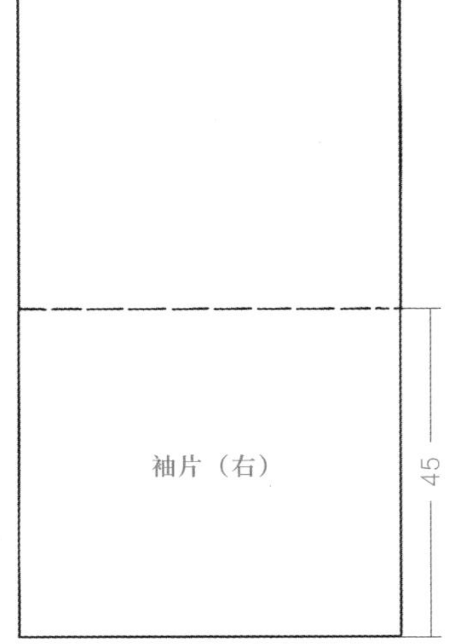

素绢对襟短襦（男装）：袖片

二十七、素罗镶边大袖褙子

素罗镶边大袖褙子

尺寸表

衣长	后衣长	通袖长	袖口宽	腰宽	下摆前宽	下摆后宽	领缘高	印金边宽	彩绘边宽
120	121	182	69	55	60	62	5.6	1.8	1.8

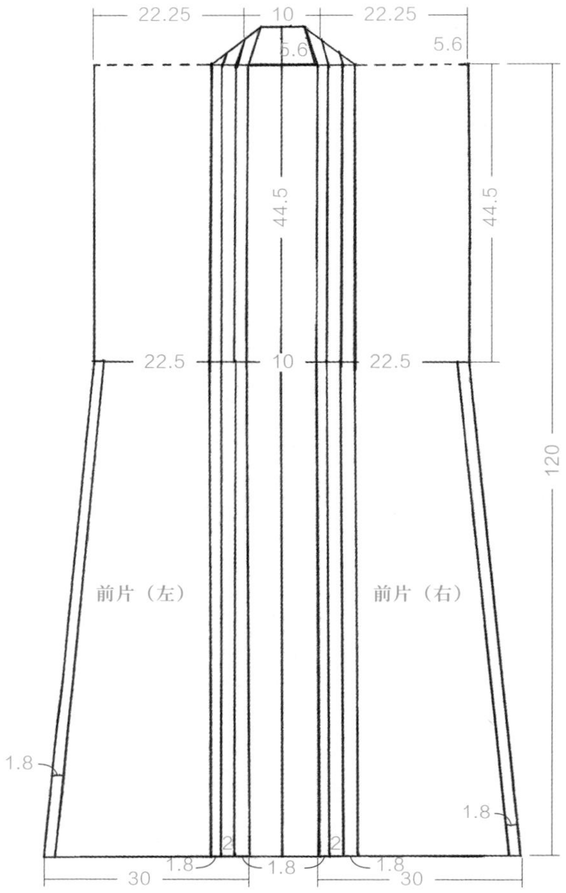

素罗镶边大袖褙子：前片

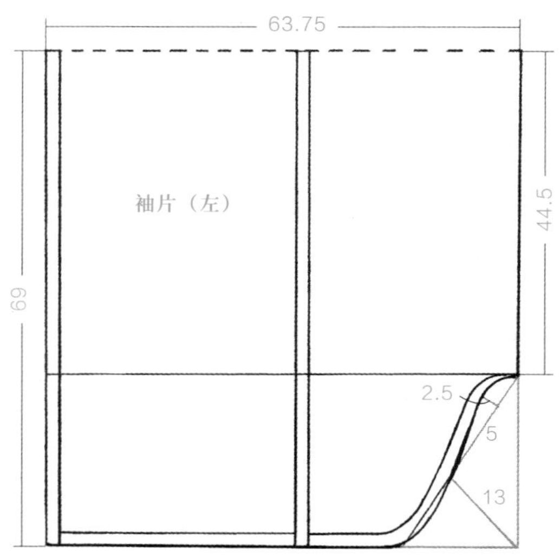

素罗镶边大袖褙子：袖片（左）

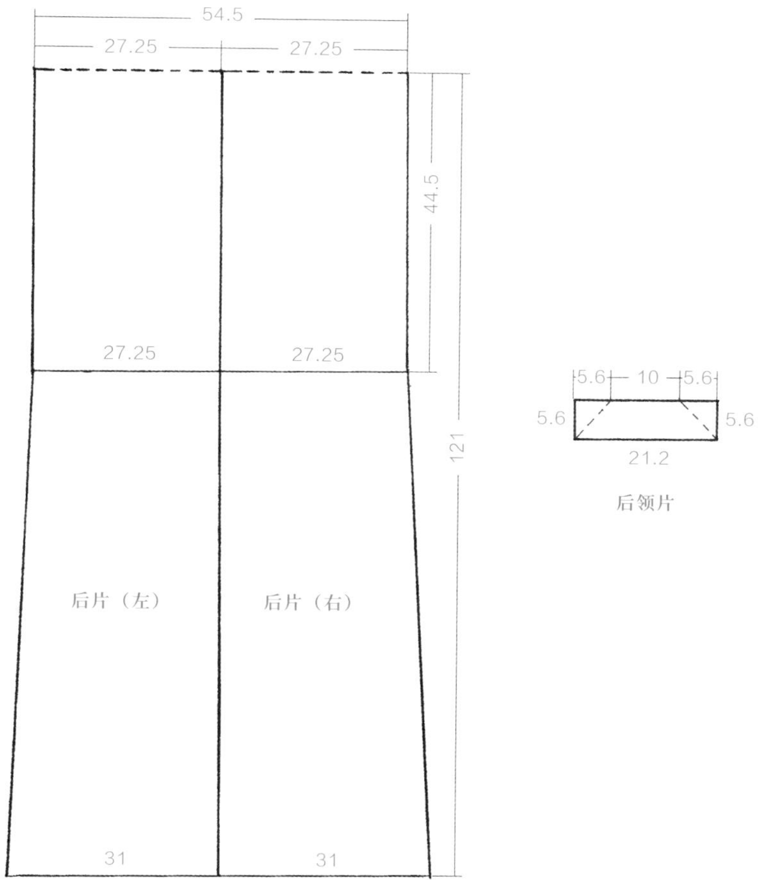

素罗镶边大袖褙子：后片、后领片

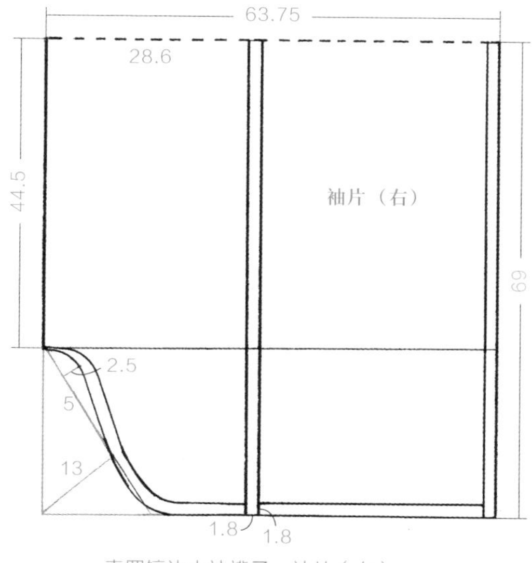

素罗镶边大袖褙子：袖片（右）

二十八、柿蒂菱纹绢抹胸

柿蒂菱纹绢抹胸

尺寸表

衣长	衣宽	带长
50	116	51

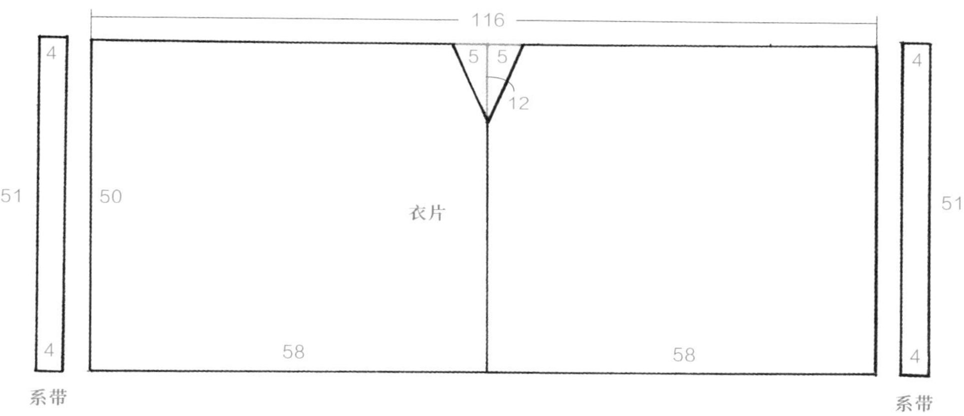

柿蒂菱纹绢抹胸：衣片、系带

二十九、花罗合裆裤

花罗合裆裤

尺寸表

裤长	腰高	裤腰长	前带长	后带长
71	11.5	72	59	73.5

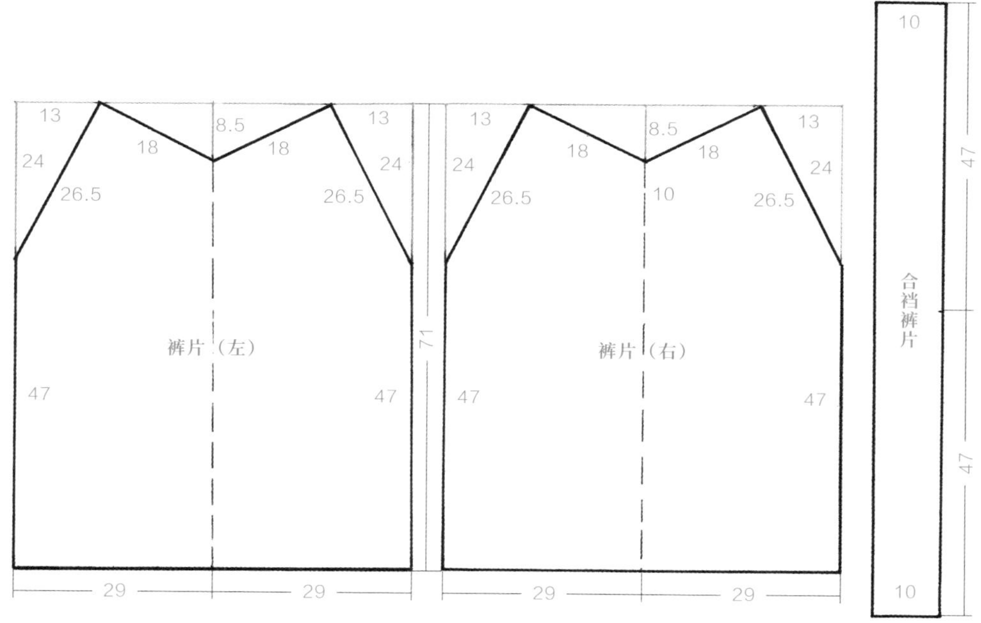

花罗合裆裤：裤片

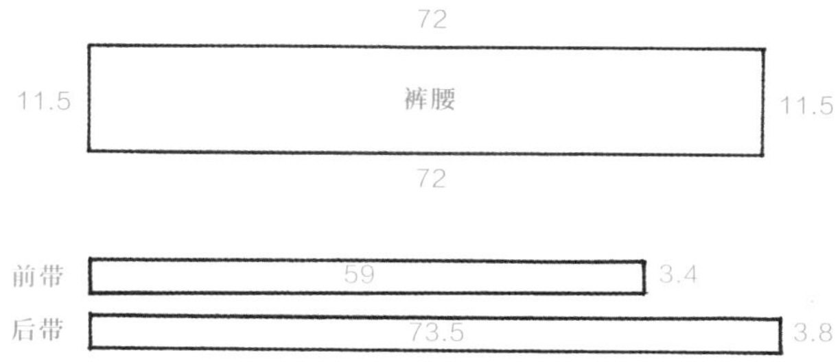

花罗合裆裤：裤腰、裤带

三十、对襟宽袖花纱短衫（男装）

对襟宽袖花纱短衫（男装）

尺寸表

衣长	通袖长	袖口宽
86	186	40

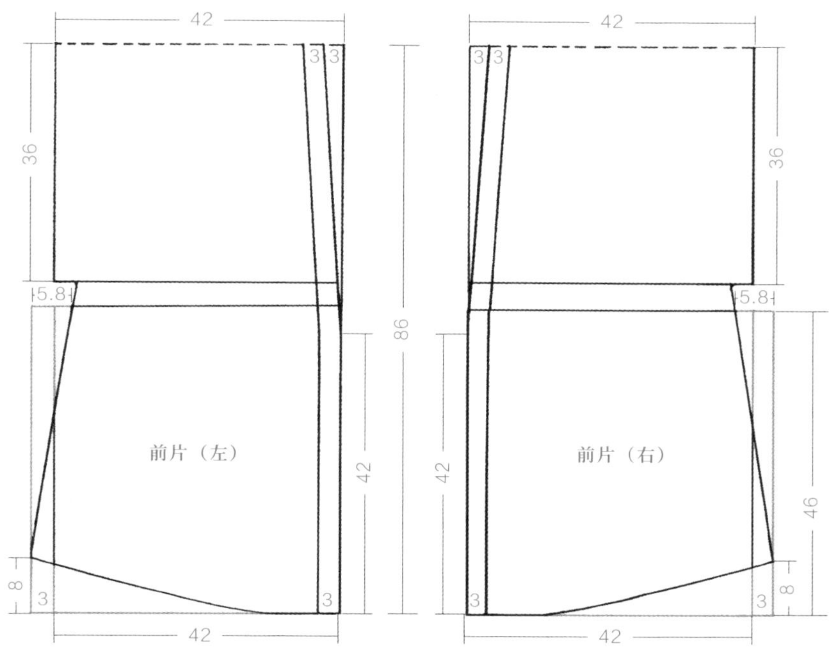

对襟宽袖花纱短衫（男装）：前片

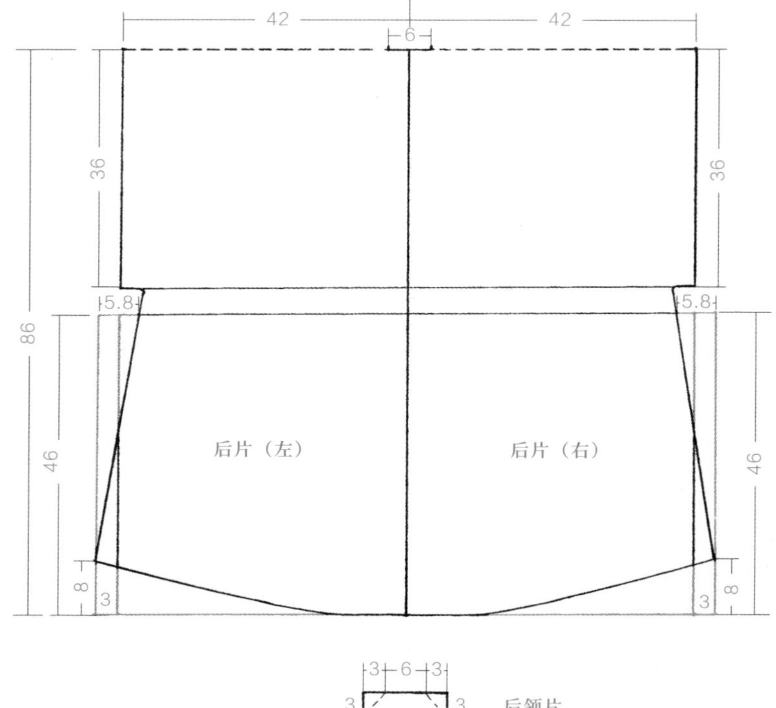

对襟宽袖花纱短衫（男装）：后片、后领片

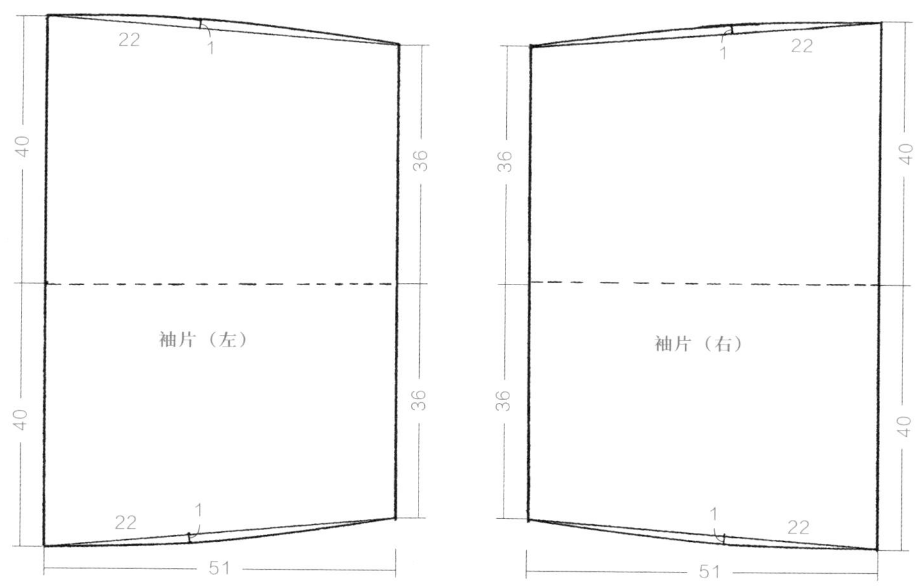

对襟宽袖花纱短衫（男装）：袖片

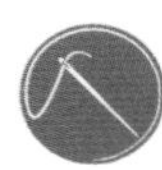

三十一、半臂（男装）

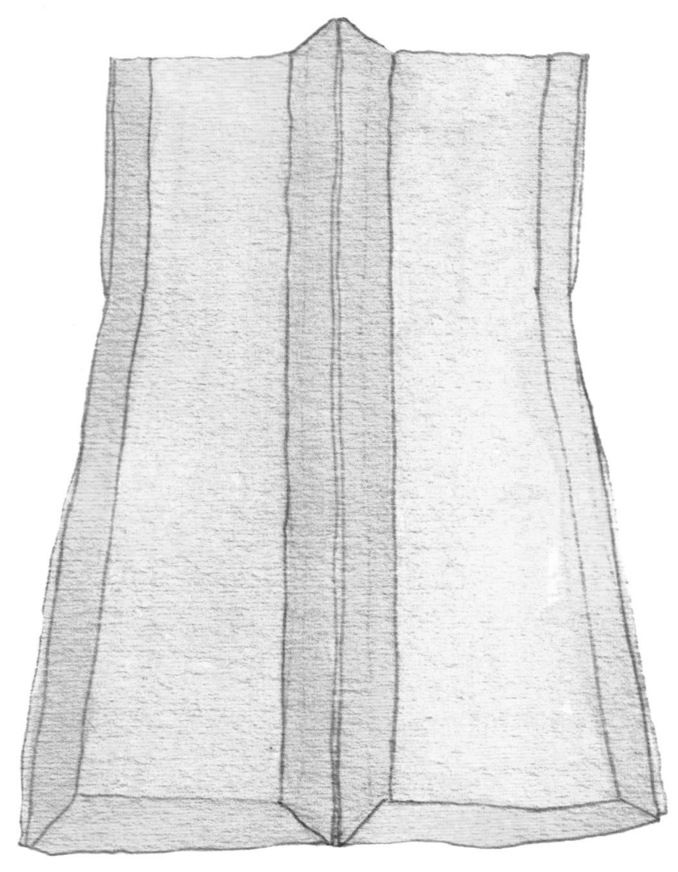

半臂（男装）

尺寸表

衣长	肩宽	领宽	下摆宽	缘边宽
120	60	4.5	80	4.5

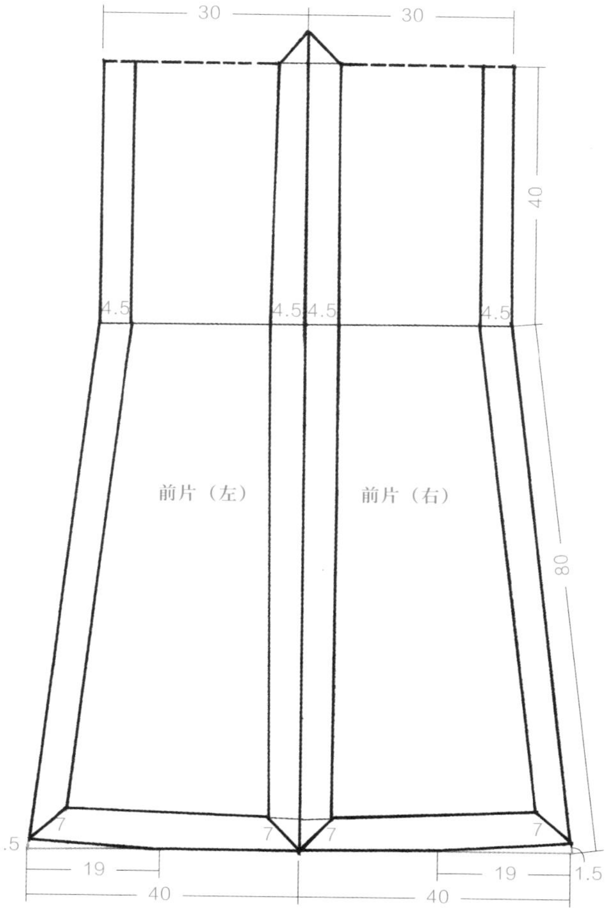

半臂（男装）：前片

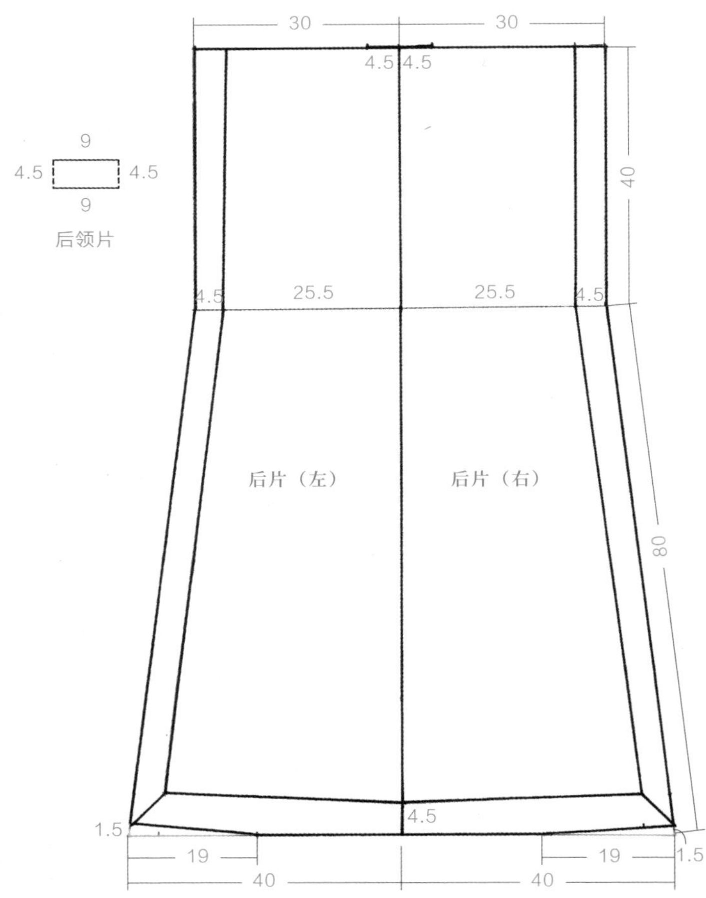
30
30
4.5
4.5
9
4.5
4.5
9
后领片
40
4.5
25.5
25.5
4.5
后片（左）
后片（右）
80
1.5
4.5
19
19
1.5
40
40

半臂（男装）：后片

三十二、氅衣

氅衣

尺寸表

衣长	通袖长	领宽	袖口宽	缘边宽
130	204.16	5	51.04	5

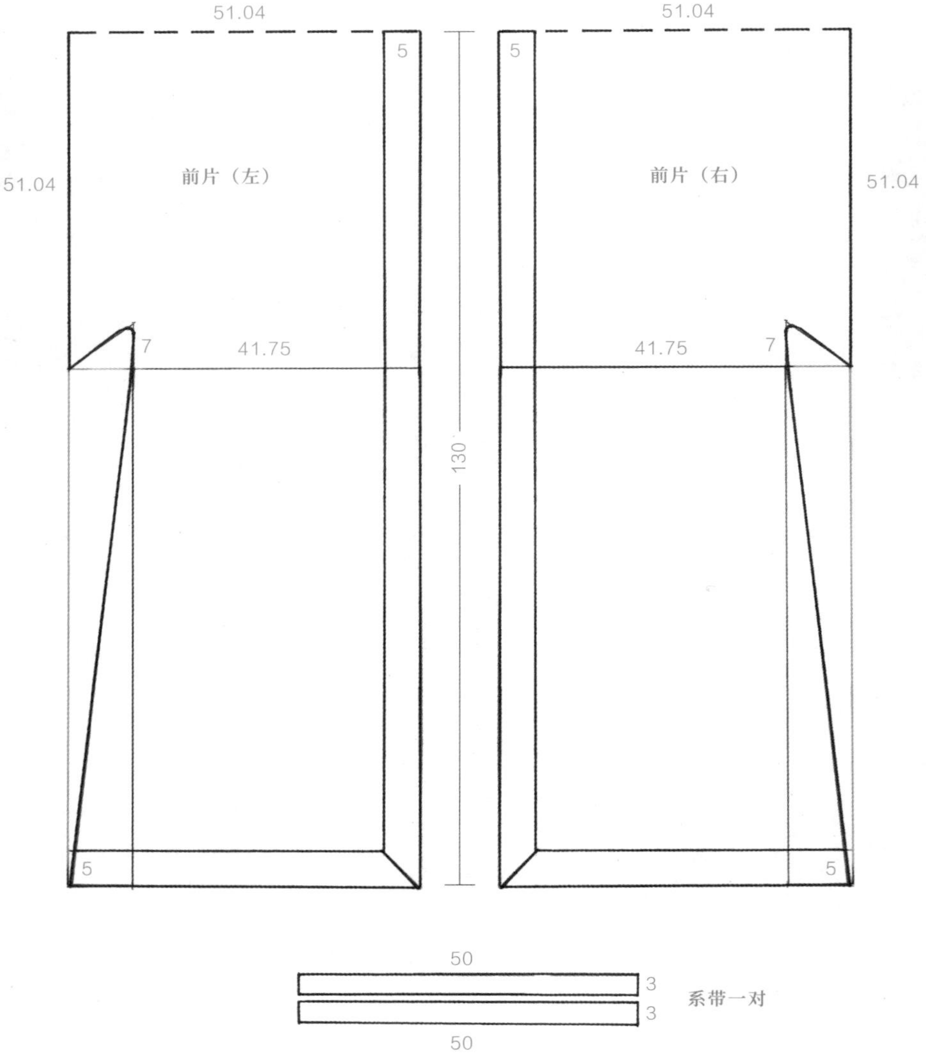

51.04
51.04
5
5
51.04
前片（左）
前片（右）
51.04
7
41.75
41.75
7
130
5
5

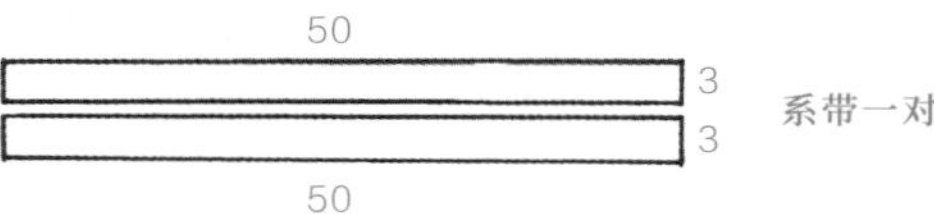

氅衣：前片（左、右）、系带

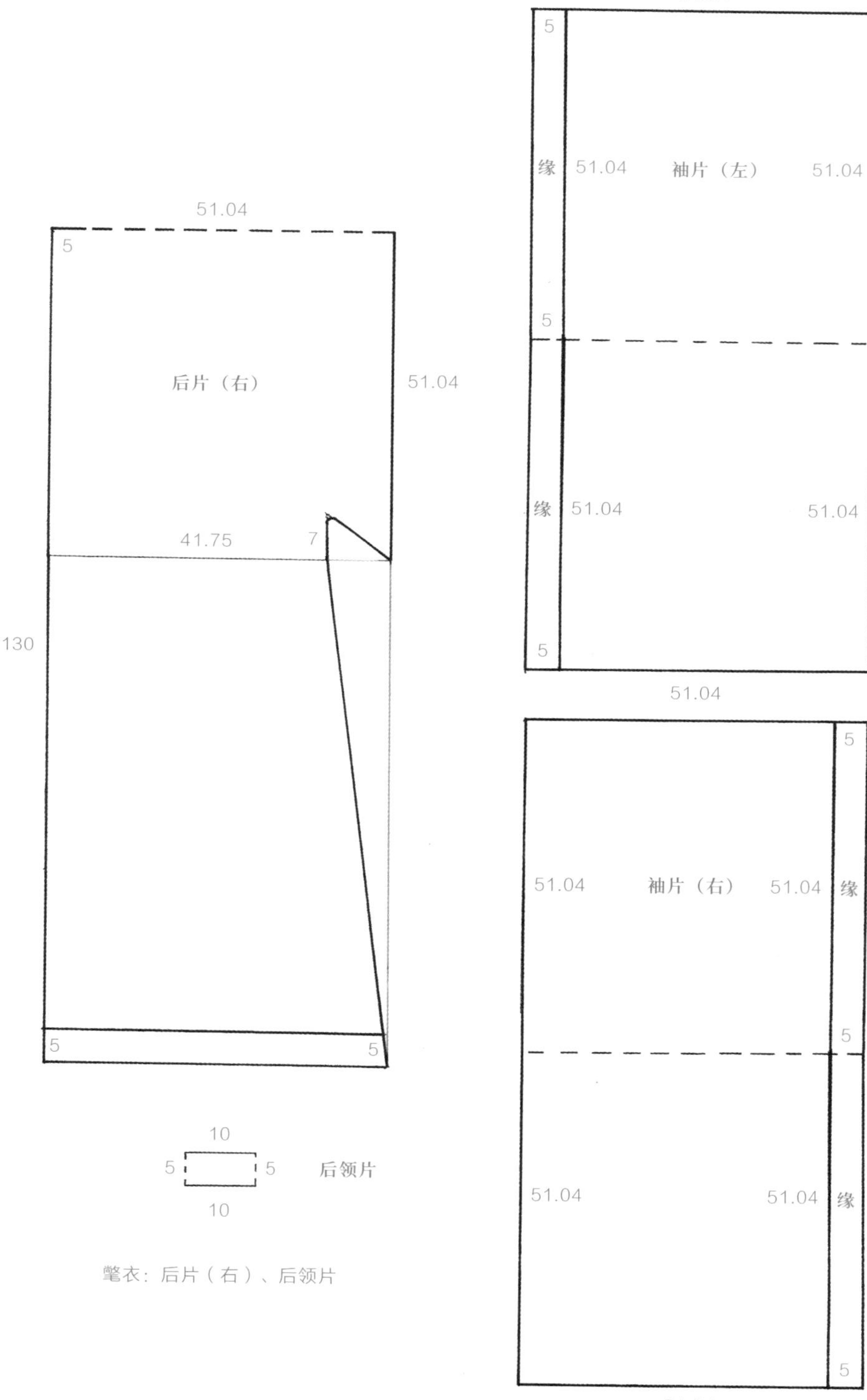

鞶衣：后片（右）、后领片

鞶衣：袖片

三十三、褙子（男装）

褙子（男装）

尺寸表

衣长	通袖长	领宽	袖口宽
130	204.16	5	51.04

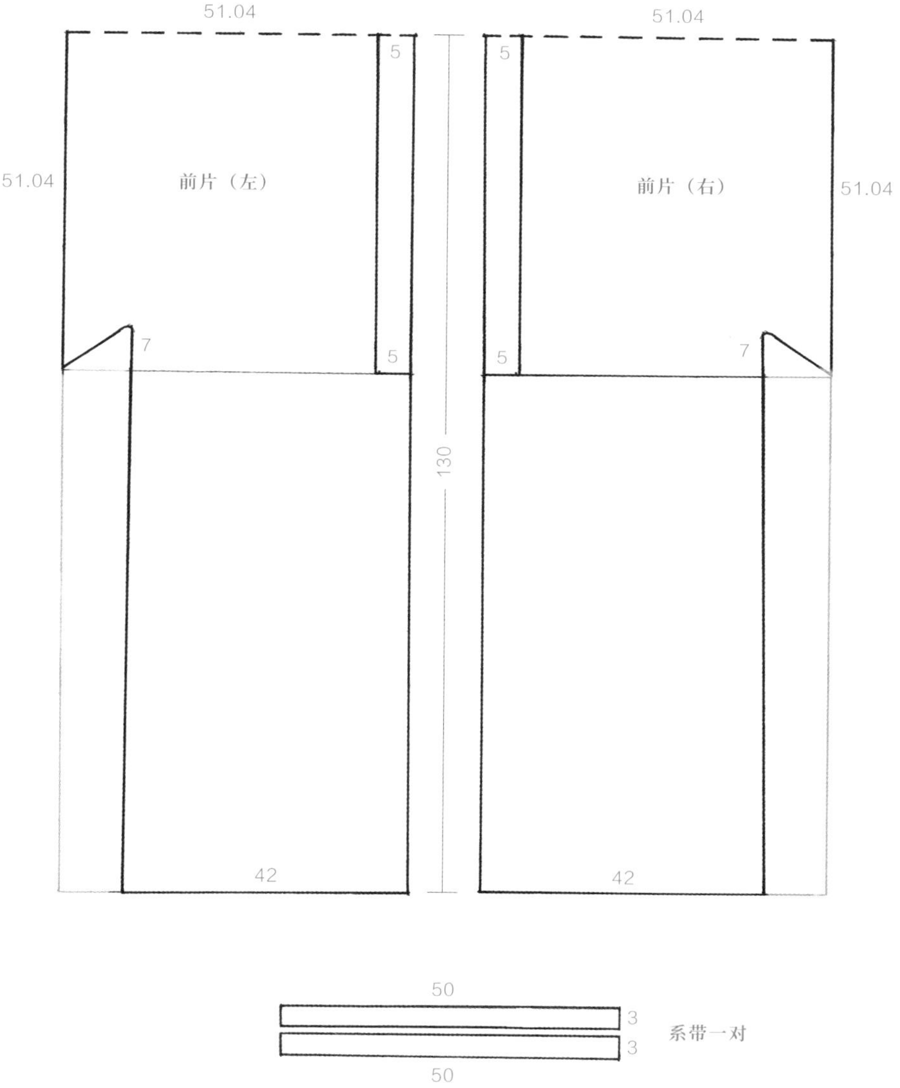

51.04　51.04

51.04　前片（左）　5　5　7　130　5　5　前片（右）　7　51.04

42　42

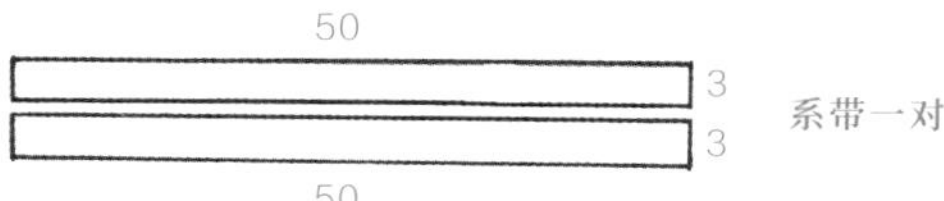

褙子（男装）：前片（左、右）、系带

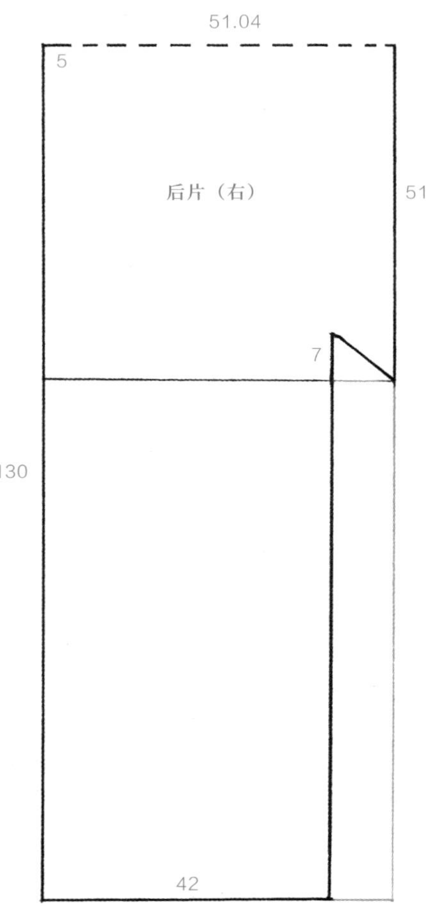

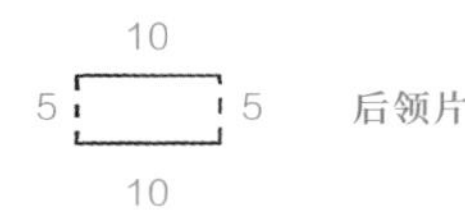

褙子（男装）：后片（右）、后领片

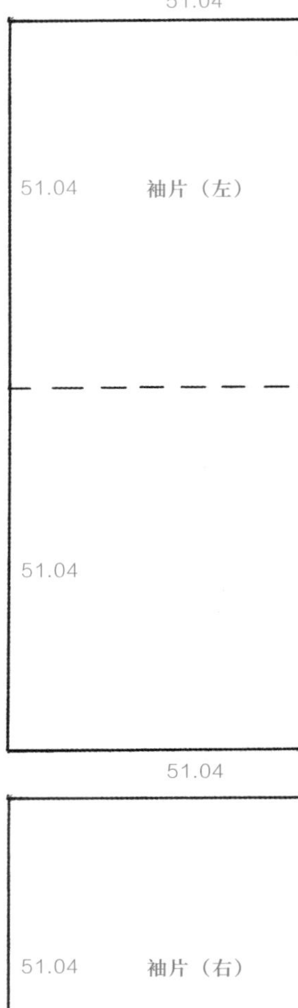

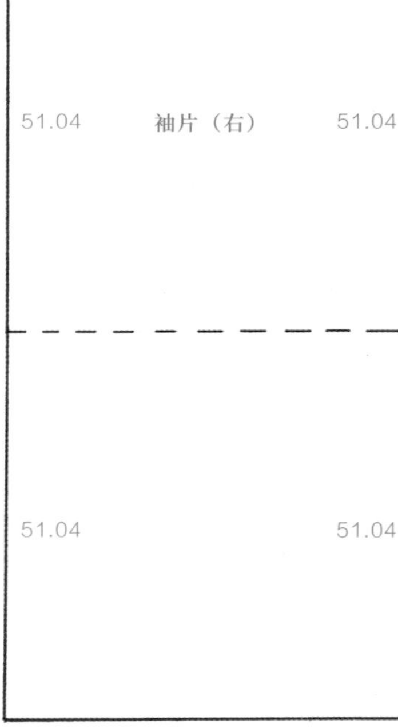

褙子（男装）：袖片

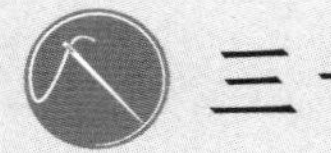

三十四、襕衫

襕衫

尺寸表

衣长	通袖长	领宽	袖口宽	缘边宽	下摆缘宽
128	204.16	3	51.04	3	6

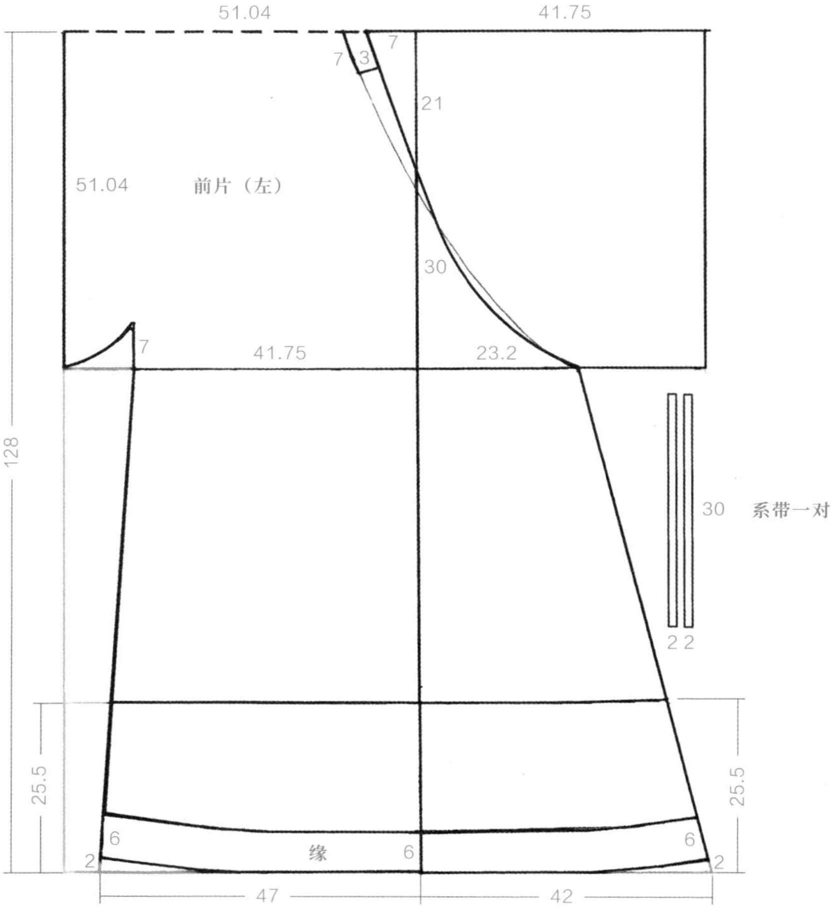

51.04
41.75
7
7
3
21
51.04
前片（左）
30
7
41.75
23.2
128
30
系带一对
2 2
25.5
25.5
6
6
2
缘
6
2
47
42

襕衫：前片（左）、系带

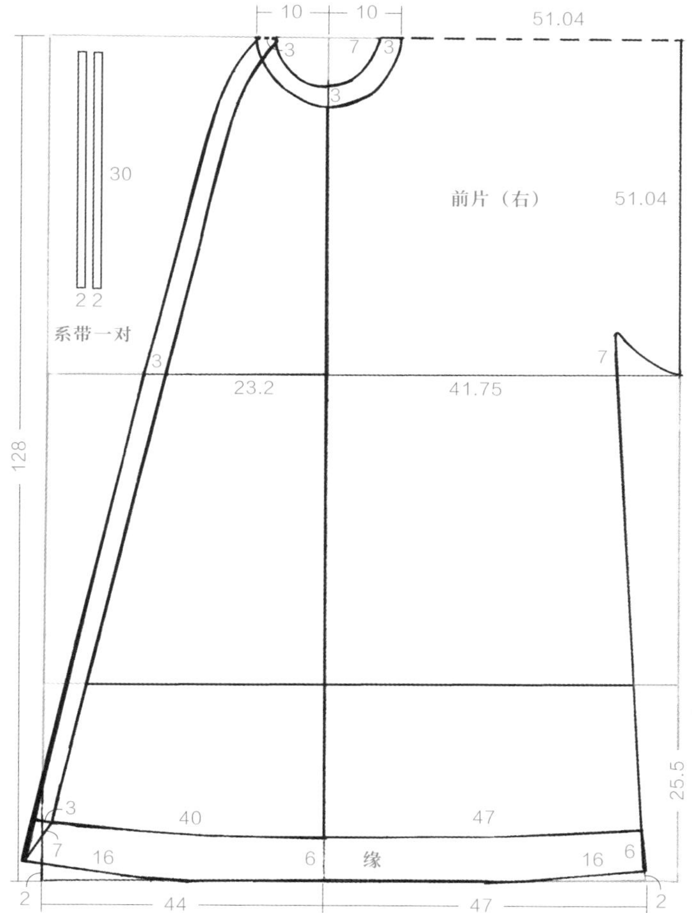

10
10
51.04
3
7
3
3
30
前片（右）
51.04
2 2
系带一对
3
7
23.2
41.75
128
25.5
3
40
47
7
16
6
缘
16
6
2
44
47
2

襕衫：前片（右）

51.04
2 7 3
3
后片（右） 51.04
7
41.75
128
25.5
6 缘 6
16 2
47

襕衫：后片（右）

襕衫：袖片

三十五、朱子深衣（直领款）

朱子深衣（直领款）

尺寸表

衣长	通袖长	领宽	袖口宽	下摆缘宽
125.28	204.16	4.64	27.84	3.5

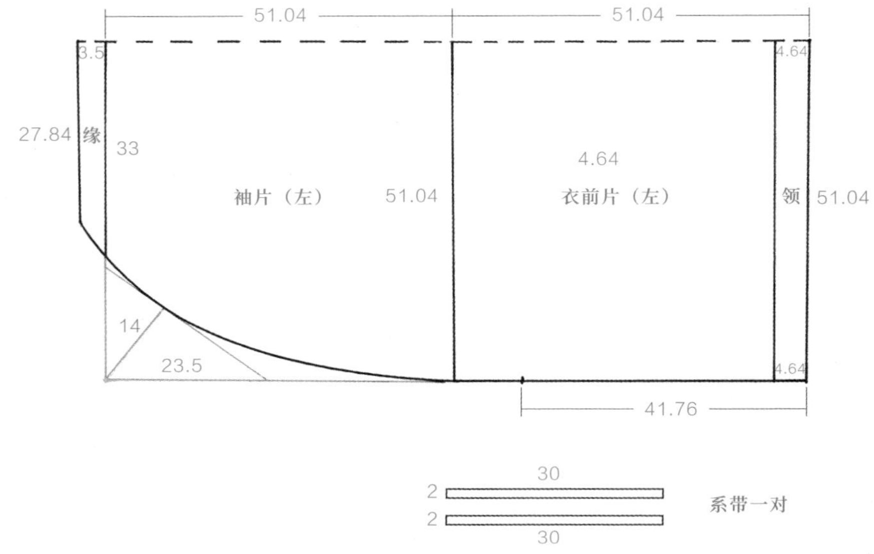

朱子深衣（直领款）：衣前片（左）、系带

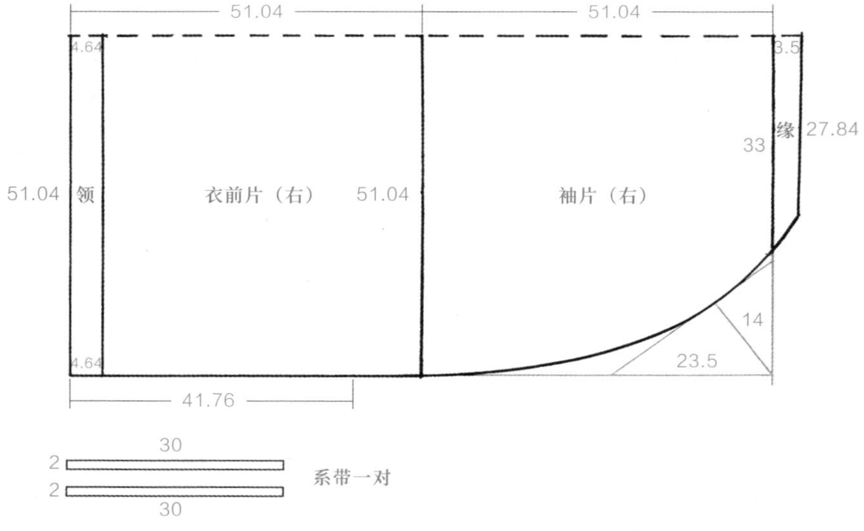

朱子深衣（直领款）：衣前片（右）、系带

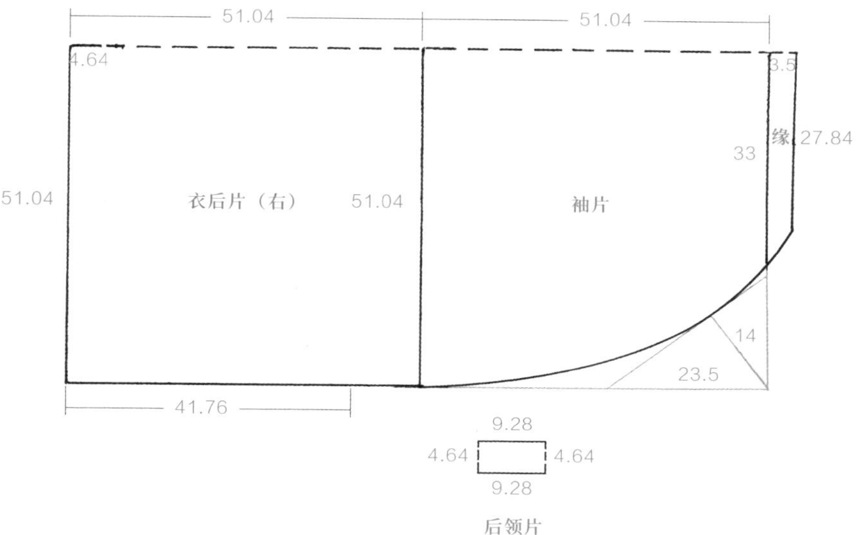

朱子深衣（直领款）：衣后片、后领片

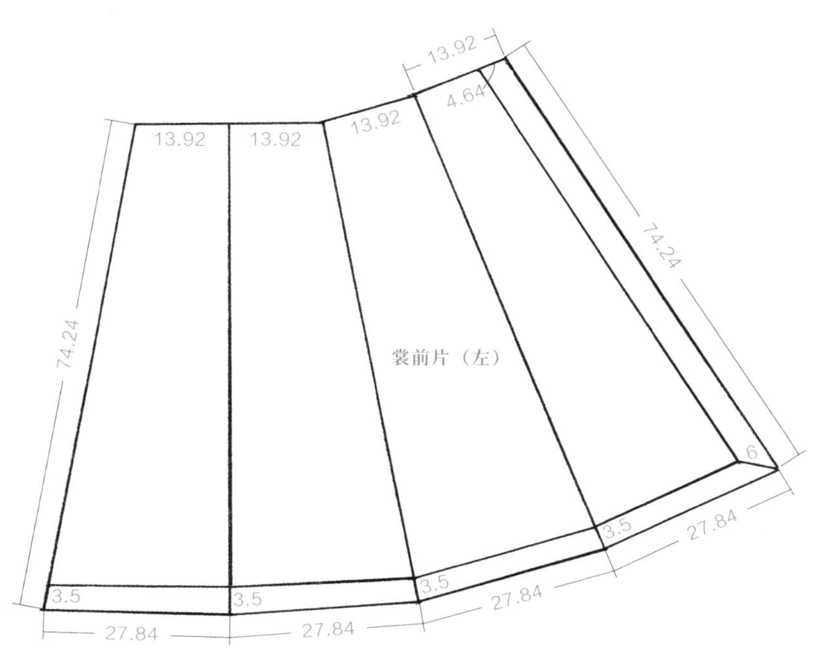

朱子深衣（直领款）：裳前片（左）

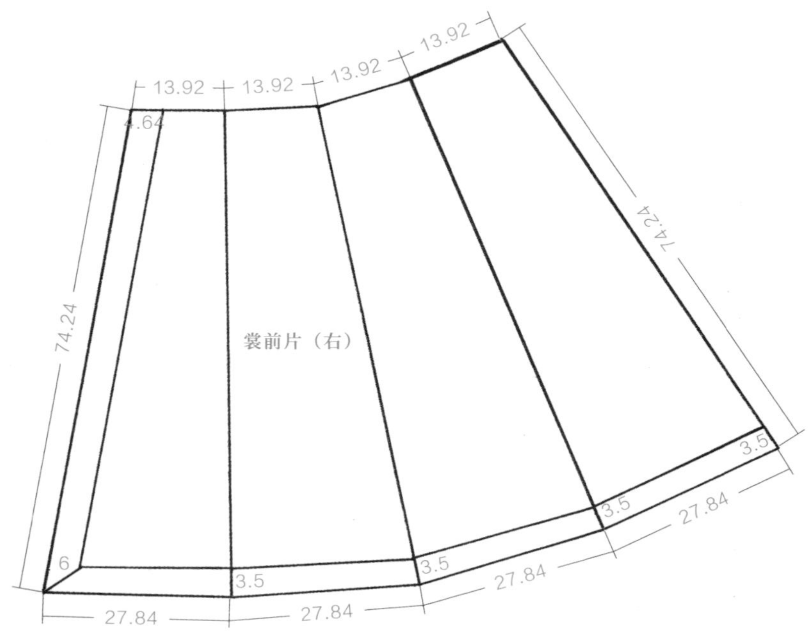

朱子深衣（直领款）：裳前片（右）

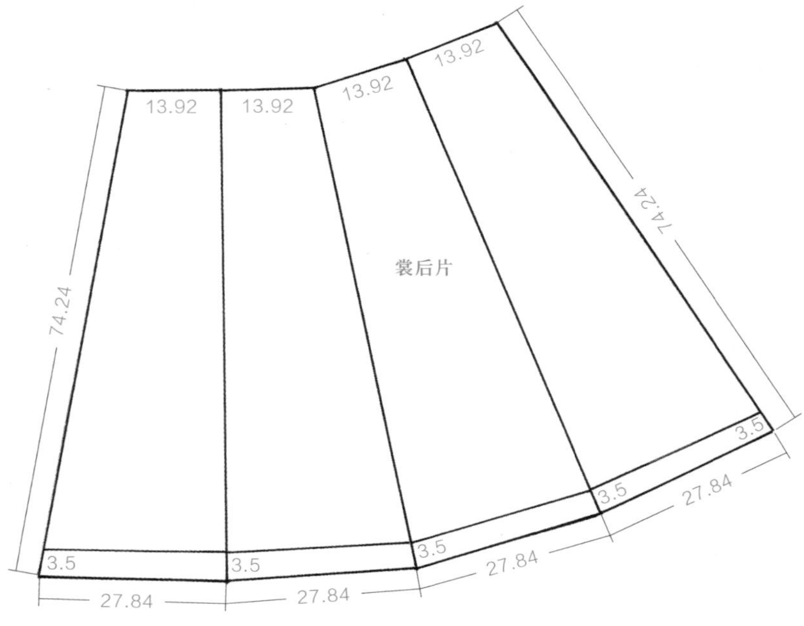

朱子深衣（直领款）：裳后片

三十六、朱子深衣（交领款）

朱子深衣（交领款）

尺寸表

衣长	通袖长	领宽	袖口宽	下摆缘宽
125.28	204.16	4.64	27.84	3.5

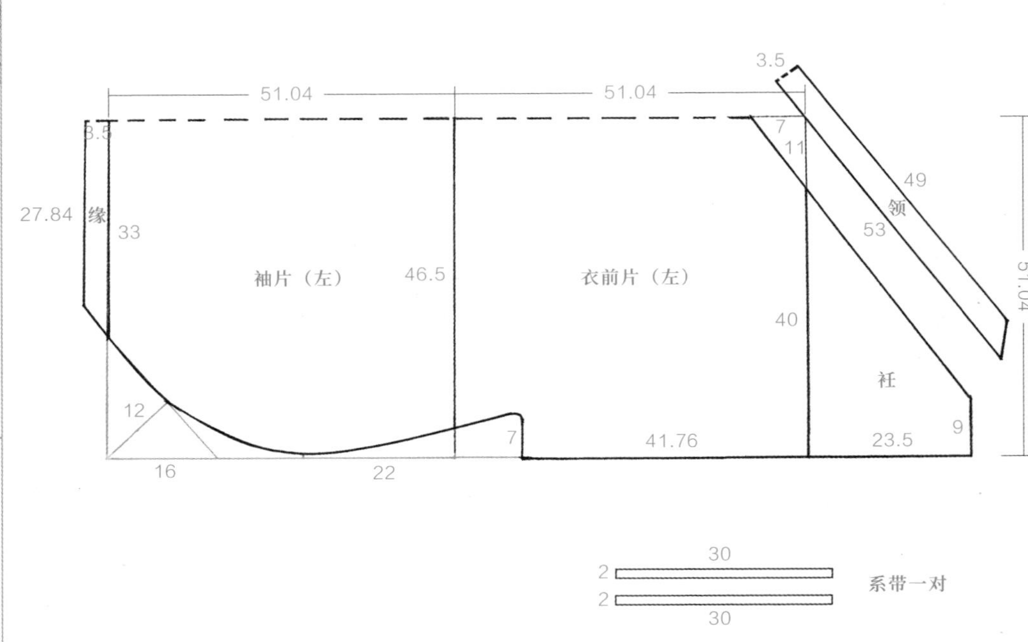

朱子深衣（交领款）：衣前片（左）、系带

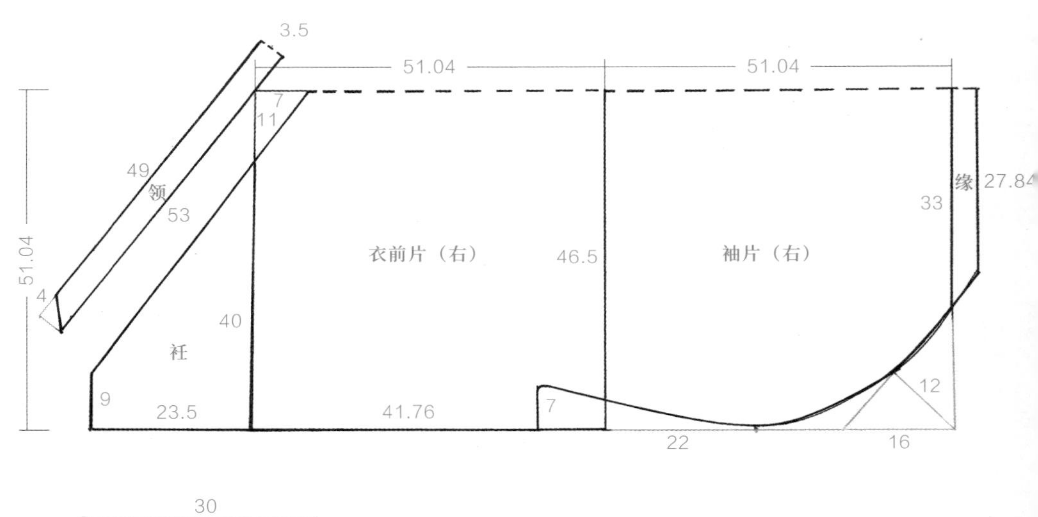

朱子深衣（交领款）：衣前片（右）、系带

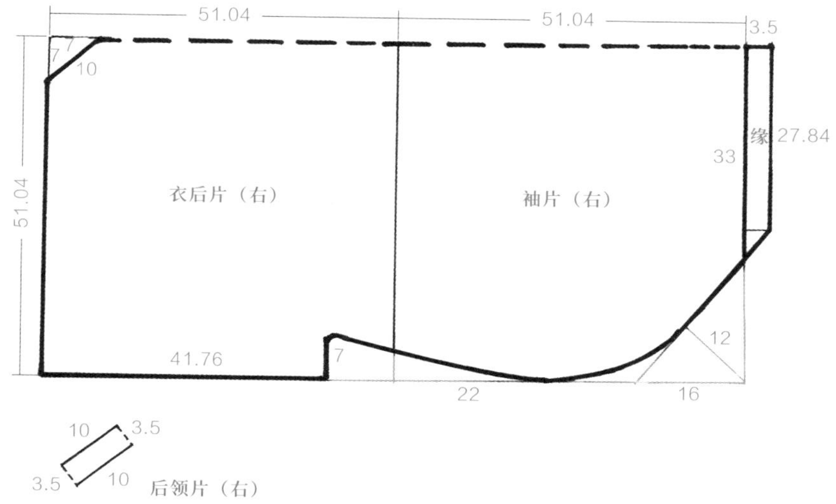

朱子深衣（交领款）：衣后片、后领片

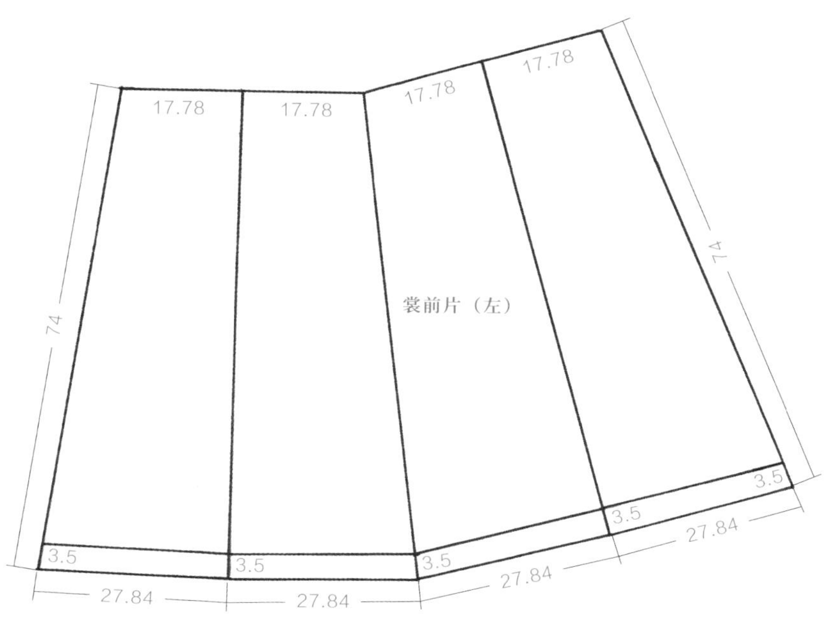

朱子深衣（交领款）：裳前片（左）

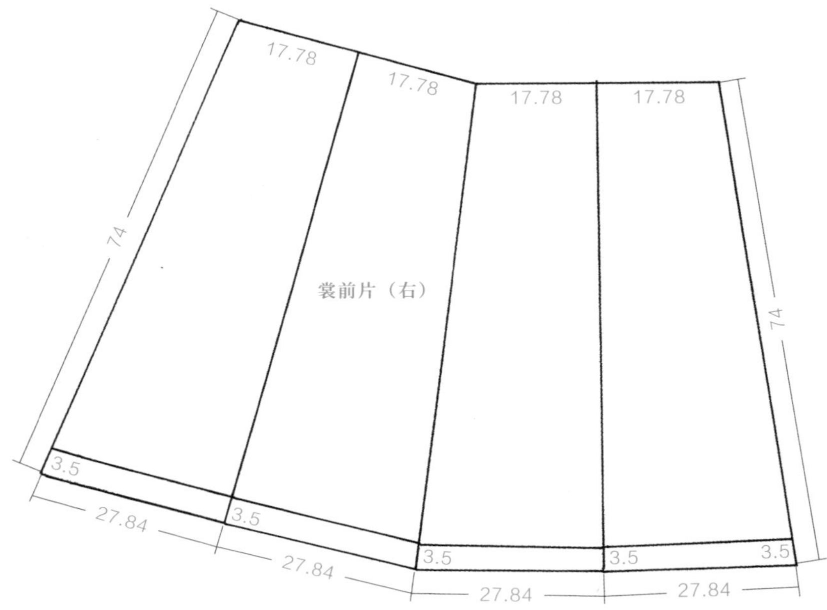

朱子深衣（交领款）：裳前片（右）

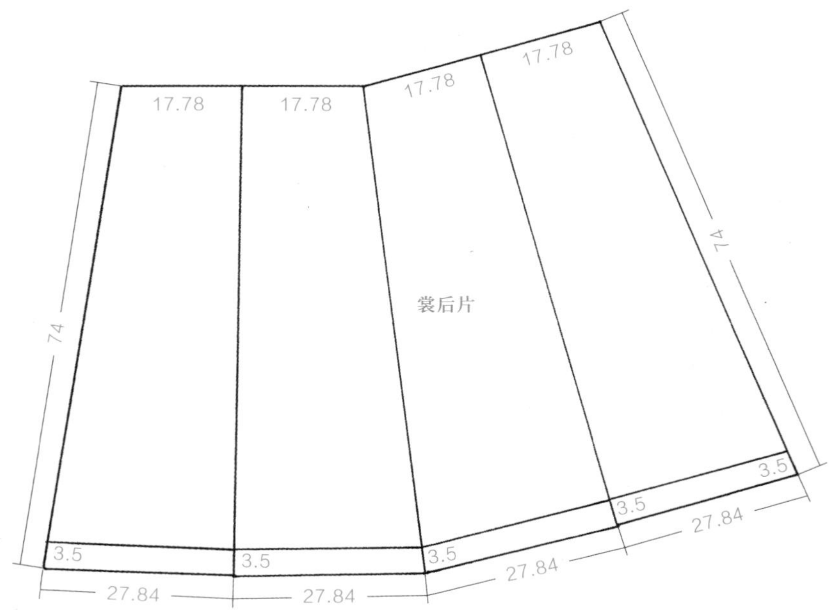

朱子深衣（交领款）：裳后片

第六章 明朝篇

- 纳纱绣斗牛纹对襟褂
- 暗条纹白罗长衫
- 暗云朵纹青罗单衣
- 暗云纹白罗长衫
- 暗云纹蓝罗曳撒袍
- 八宝璎珞云肩纹织金妆花缎女上衣
- 白罗银狮补短衣
- 白色罗中单
- 白色素绢镶青缘褙子
- 本色葛袍
- 茶色罗织金蟒袍
- 赤罗朝服
- 赤罗裳
- 葱绿地妆花纱蟒裙
- 大衫
- 大袖褶裙袍
- 斗牛补青罗袍
- 褐麻短衫
- 红色湖绸斗牛服
- 红纱飞鱼袍
- 黄罗短衫
- 金地缂丝四爪蟒便服袍
- 金麒麟补蓝绵袍

……

一、纳纱绣斗牛纹对襟褂

纳纱绣斗牛纹对襟褂

尺寸表

衣长	通袖长	袖口宽
122	168	18

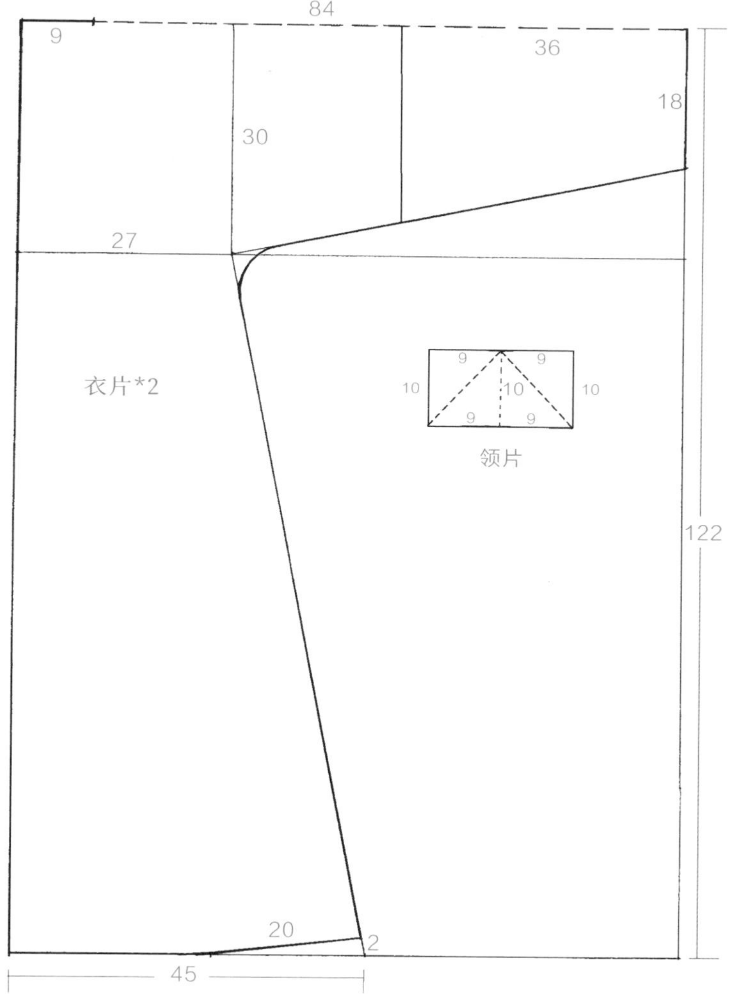

纳纱绣斗牛纹对襟褂：衣片、领片

二、暗条纹白罗长衫

暗条纹白罗长衫

尺寸表

衣长	通袖长	腰宽	袖口宽	领宽
139	237	55	61.6	14

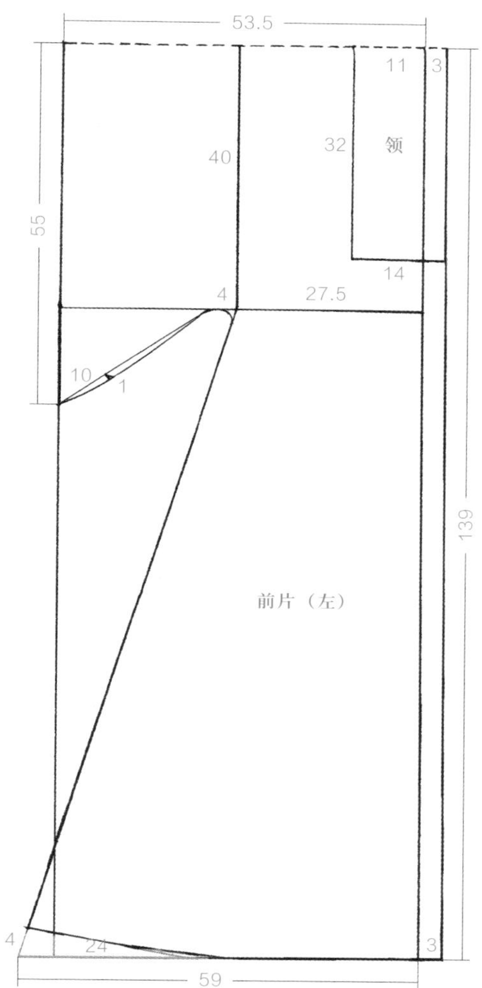

暗条纹白罗长衫：前片（左）

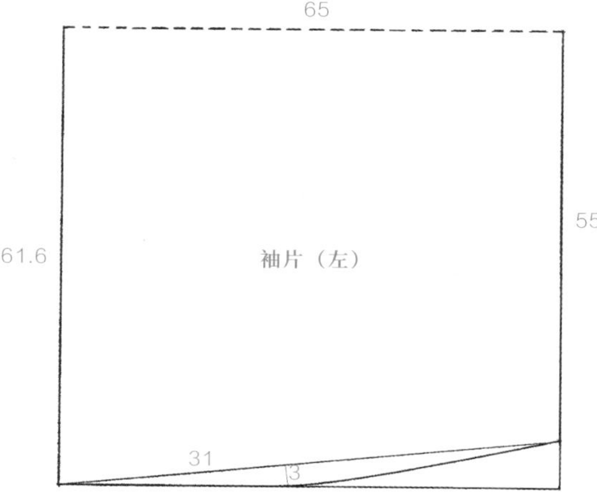

暗条纹白罗长衫：袖片（左）

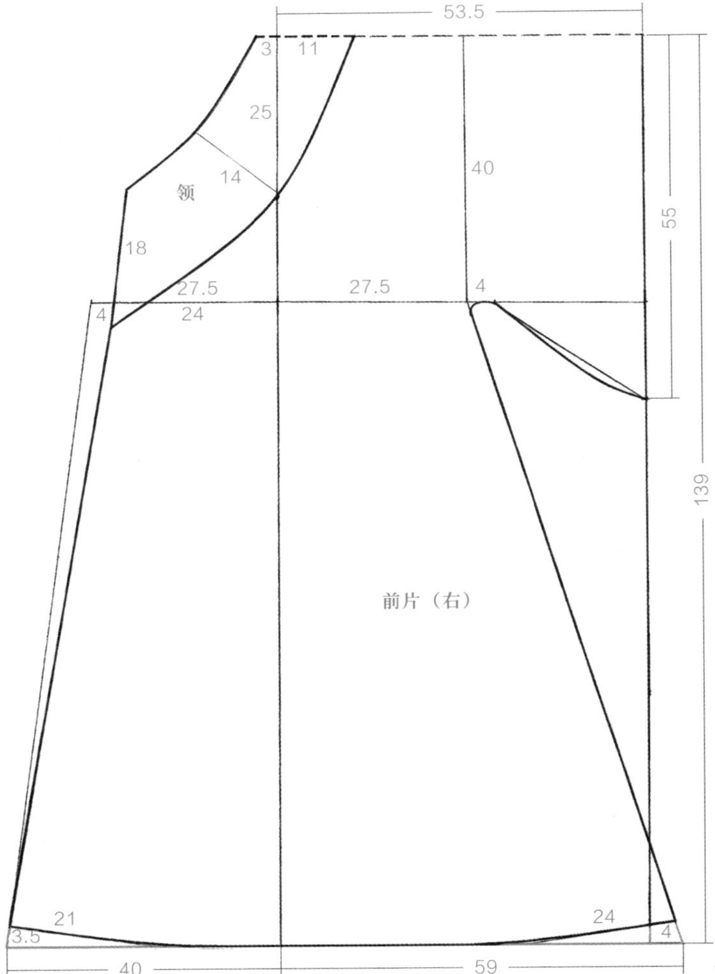

暗条纹白罗长衫：前片（右）

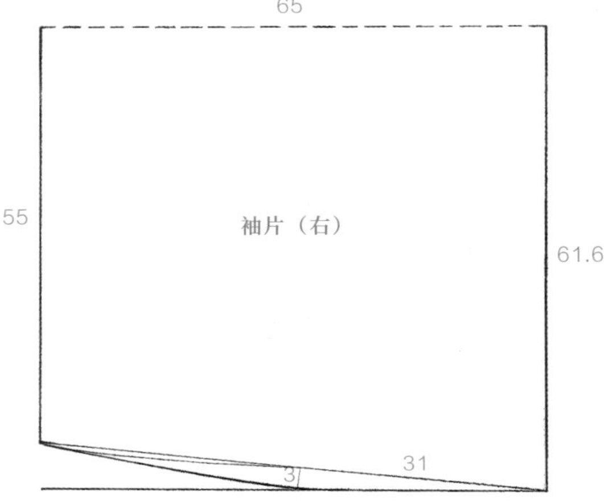

暗条纹白罗长衫：袖片（右）

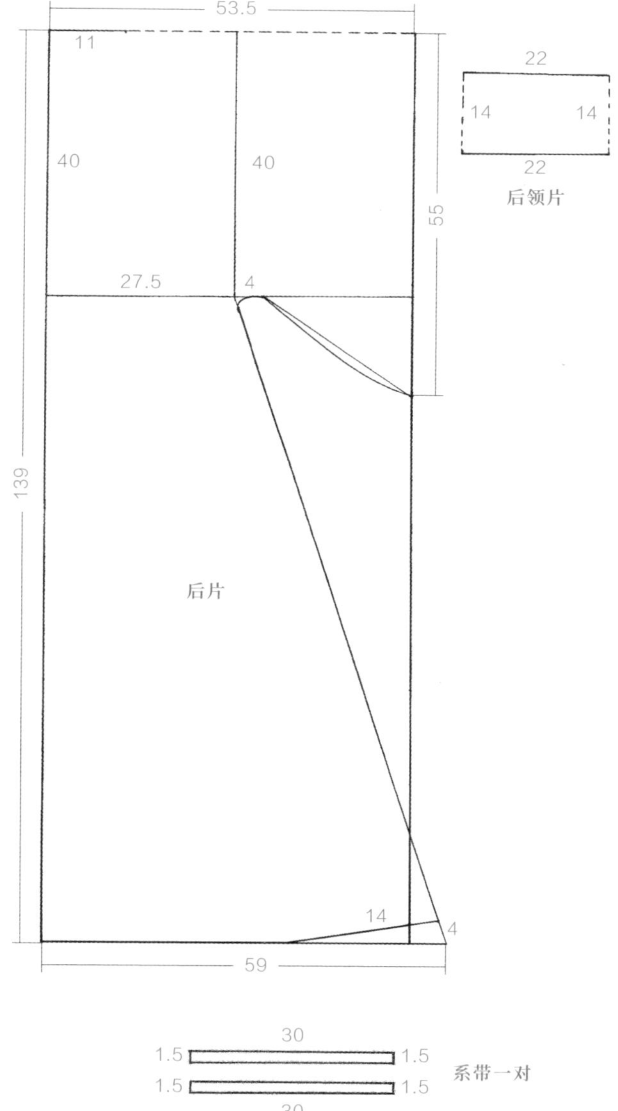

暗条纹白罗长衫：前片（右）、后领片、系带

三、暗云朵纹青罗单衣

暗云朵纹青罗单衣

尺寸表

衣长	腰宽	通袖长	袖口宽	领宽
124.5	58	247.5	55.5	4.5

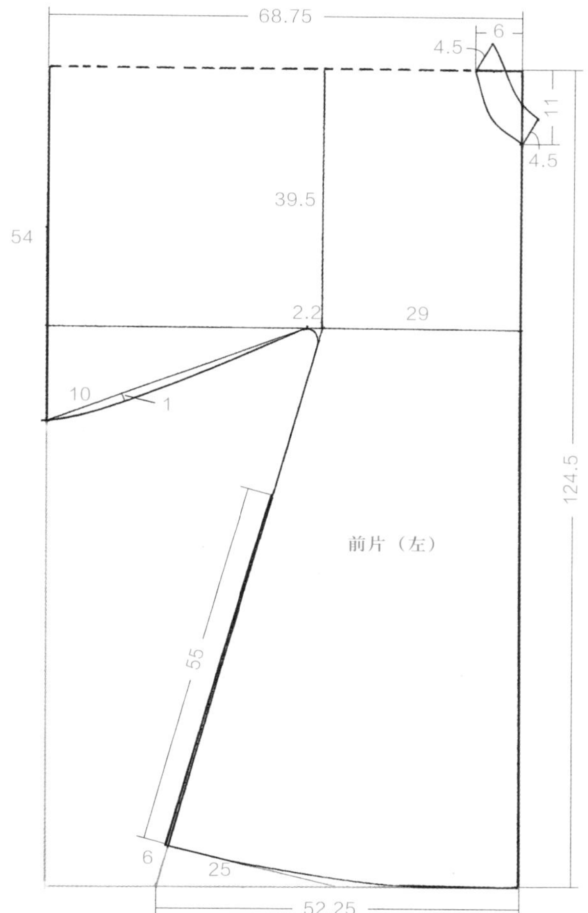

暗云朵纹青罗单衣：前片（左）

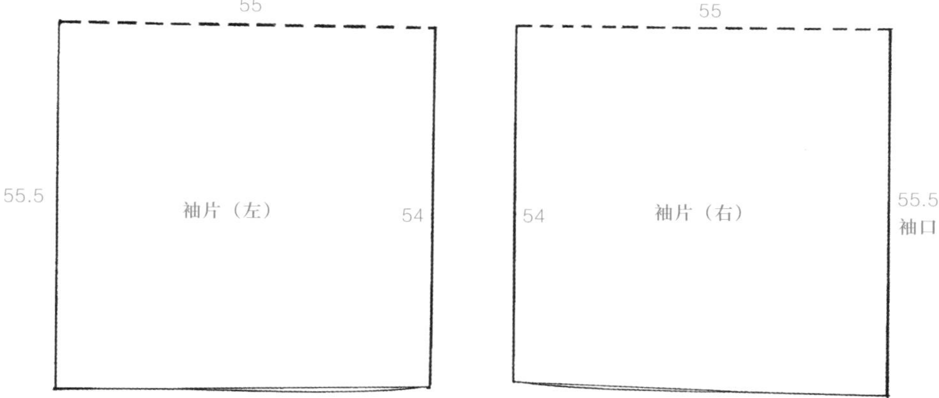

暗云朵纹青罗单衣：袖片

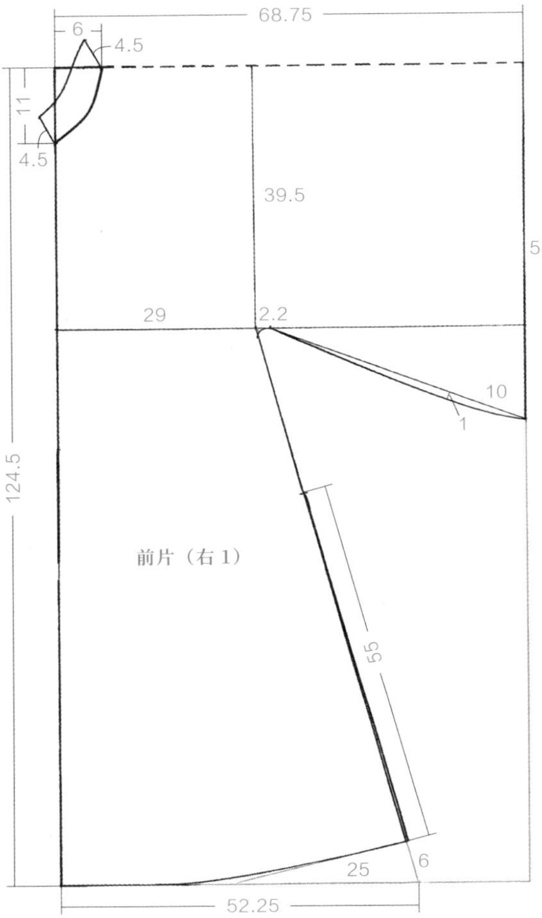

68.75
6
4.5
11
4.5
39.5
54
124.5
29
2.2
10
1
前片（右 1）
55
25
6
52.25

暗云朵纹青罗单衣：前片（右 1）

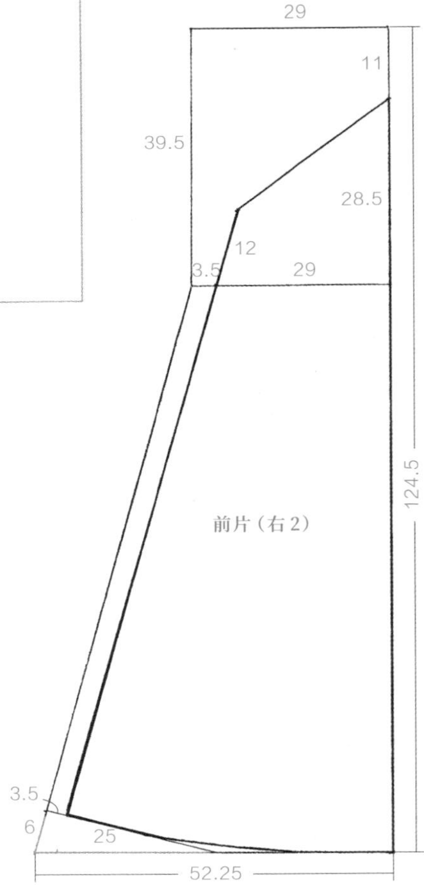

29
11
39.5
28.5
12
3.5
29
124.5
前片（右 2）
3.5
6
25
52.25

暗云朵纹青罗单衣：前片（右 2）

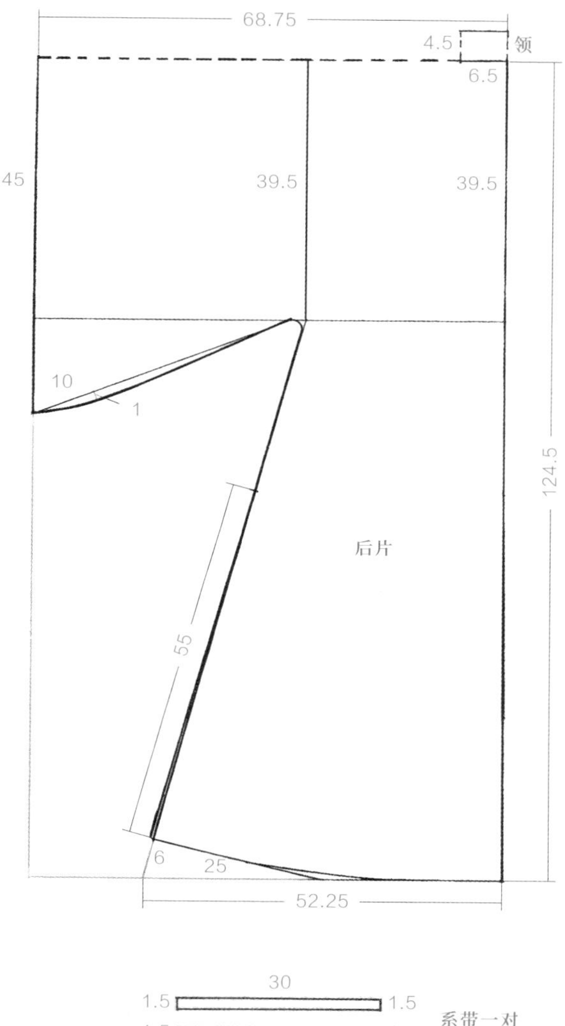

暗云朵纹青罗单衣：后片、系带

四、暗云纹白罗长衫

暗云纹白罗长衫

尺寸表

衣长	通袖长	腰宽	袖宽	袖口宽	领宽	袖缘宽
128.8	226.2	62.8	92	28	5	5

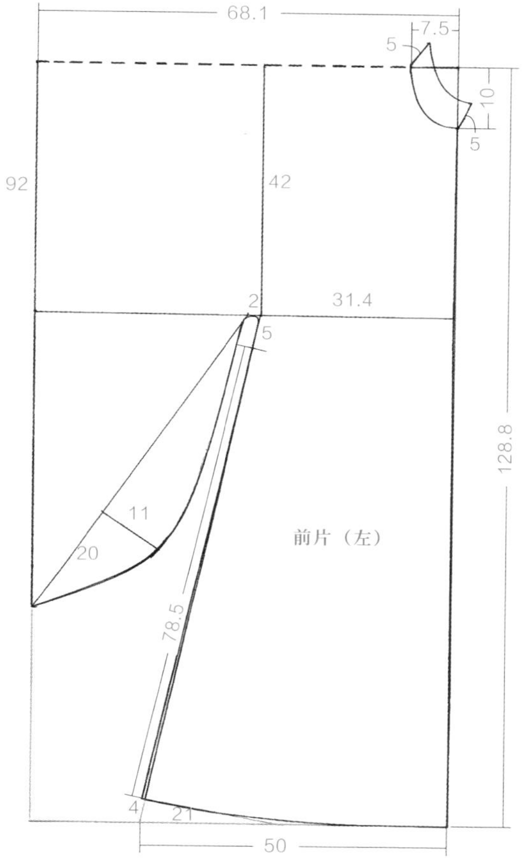

暗云纹白罗长衫：前片（左）

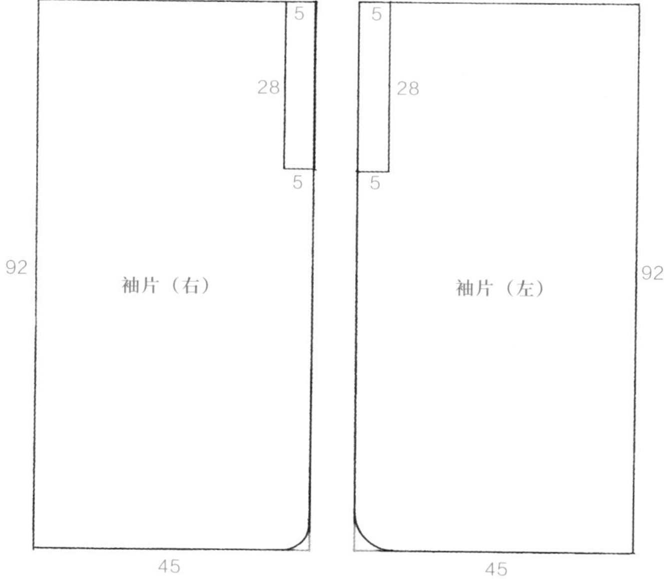

暗云纹白罗长衫：袖片

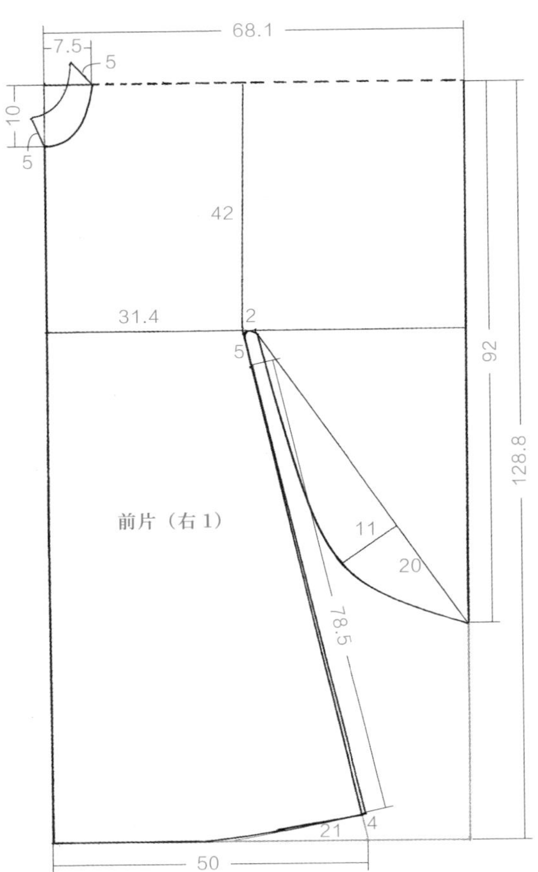

暗云纹白罗长衫：前片（右 1）

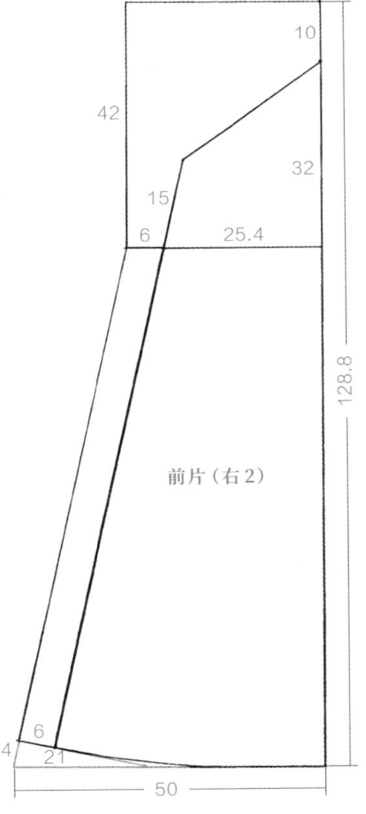

暗云纹白罗长衫：前片（右 2）

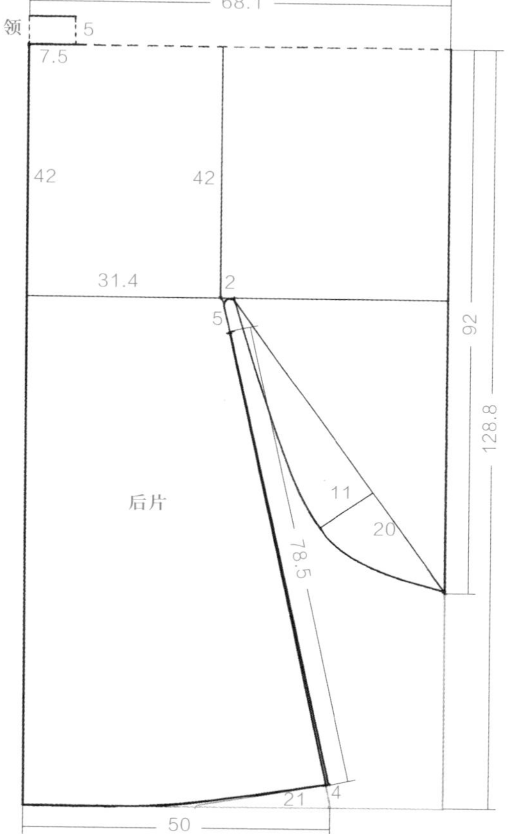

暗云纹白罗长衫：后片

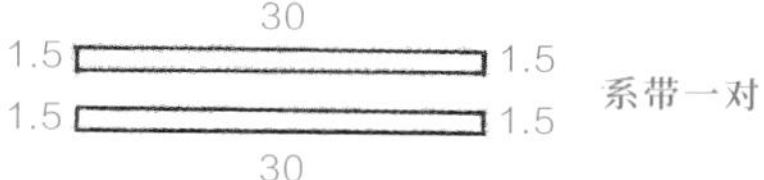

暗云纹白罗长衫：系带

五、暗云纹蓝罗曳撒袍

暗云纹蓝罗曳撒袍

尺寸表

衣长	腰围	通袖长	袖宽	袖口宽
133.5	53	245.5	55.2	18

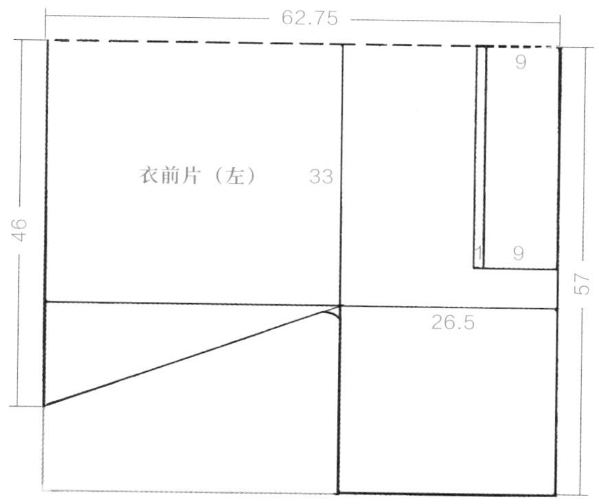

暗云纹蓝罗曳撒袍：衣前片（左）

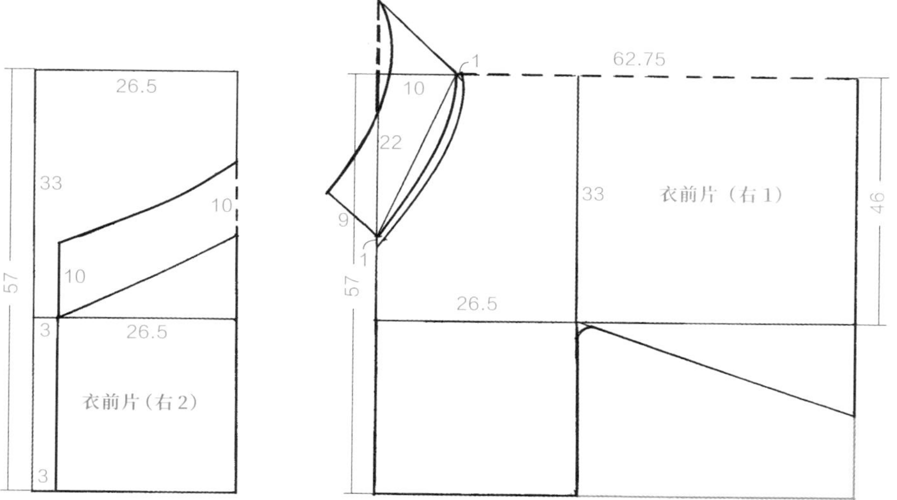

暗云纹蓝罗曳撒袍：衣前片（右）

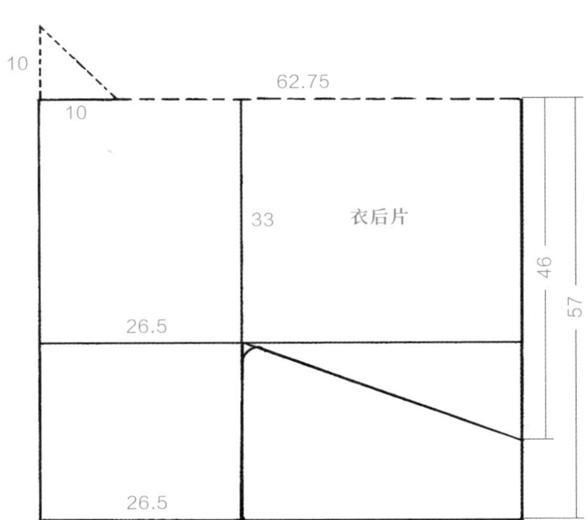

暗云纹蓝罗曳撒袍：衣后片

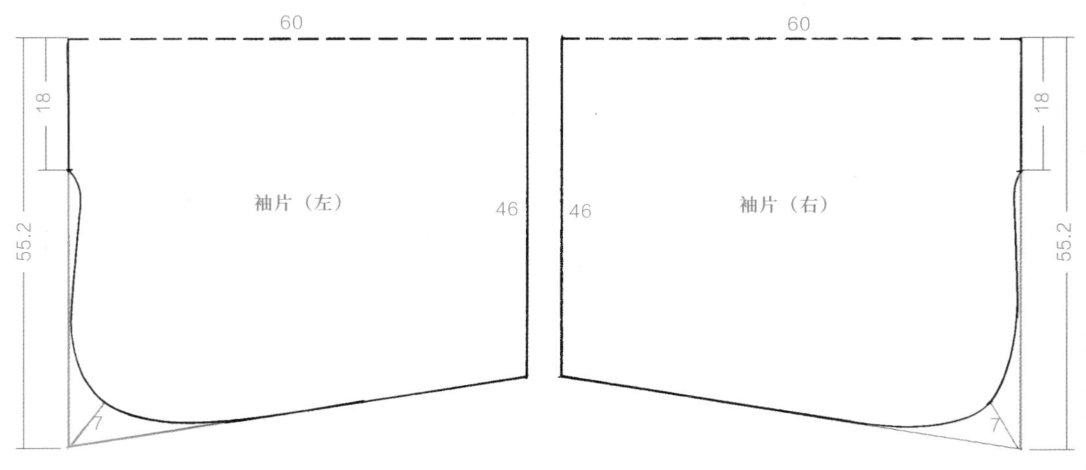

暗云纹蓝罗曳撒袍：袖片

30
1.5 1.5
1.5 1.5
30
系带一对（需做两对）

暗云纹蓝罗曳撒袍：系带

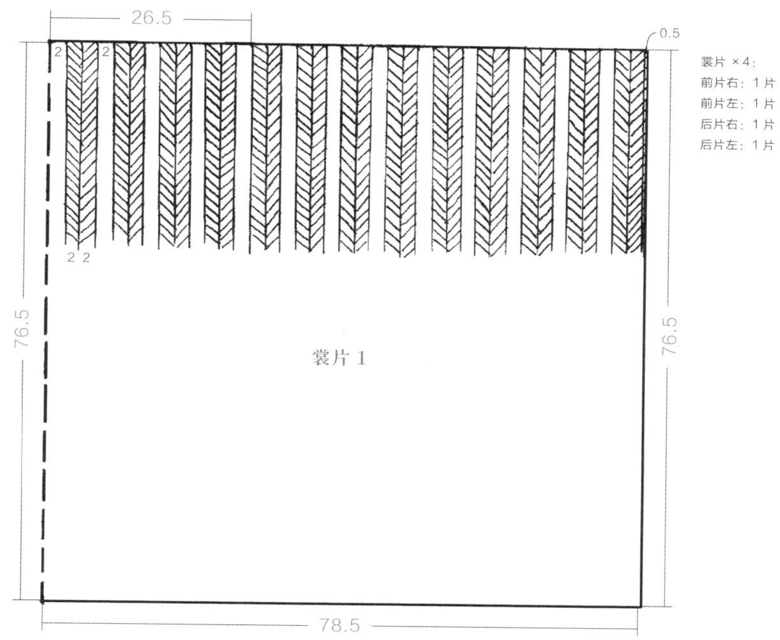

暗云纹蓝罗曳撒袍：裳片 1

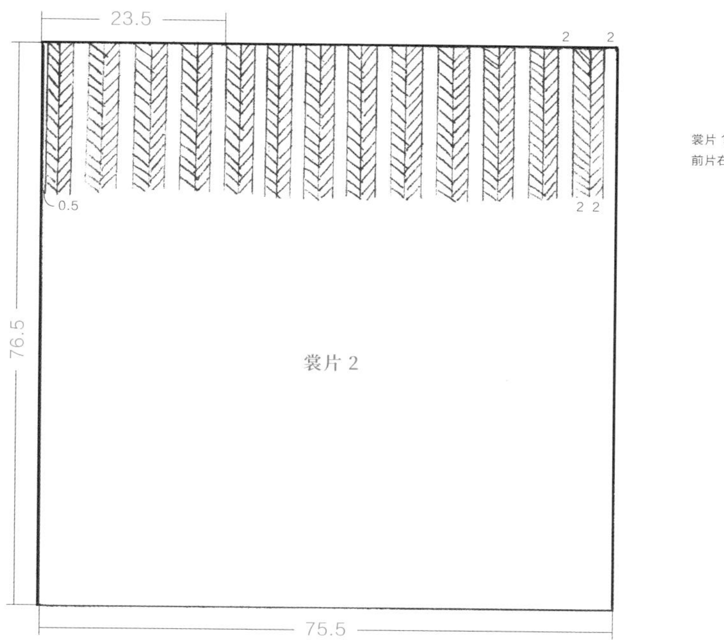

暗云纹蓝罗曳撒袍：裳片 2

六、八宝璎珞云肩纹织金妆花缎女上衣

八宝璎珞云肩纹织金妆花缎女上衣

尺寸表

衣长	通袖长	袖口宽	侧开缝长
62	210	17	16

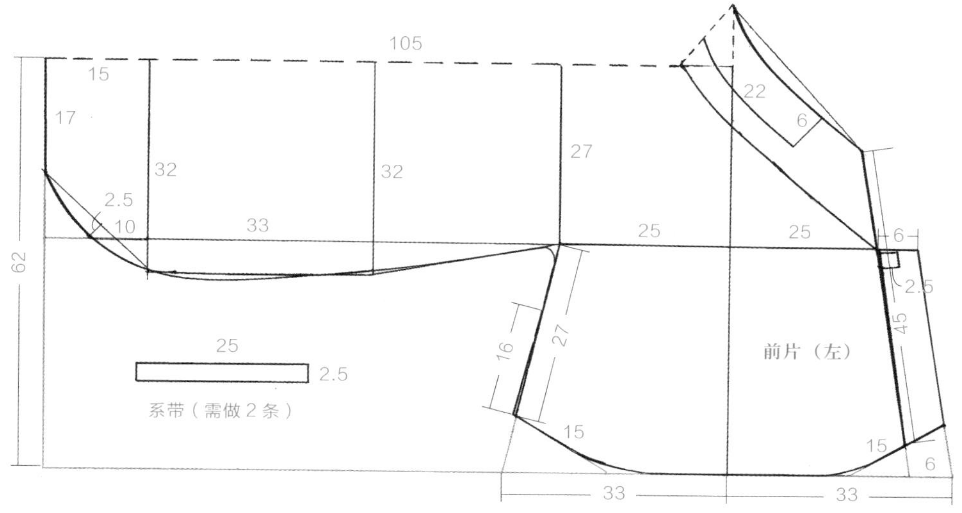

八宝璎珞云肩纹织金妆花缎女上衣：前片（左）、系带

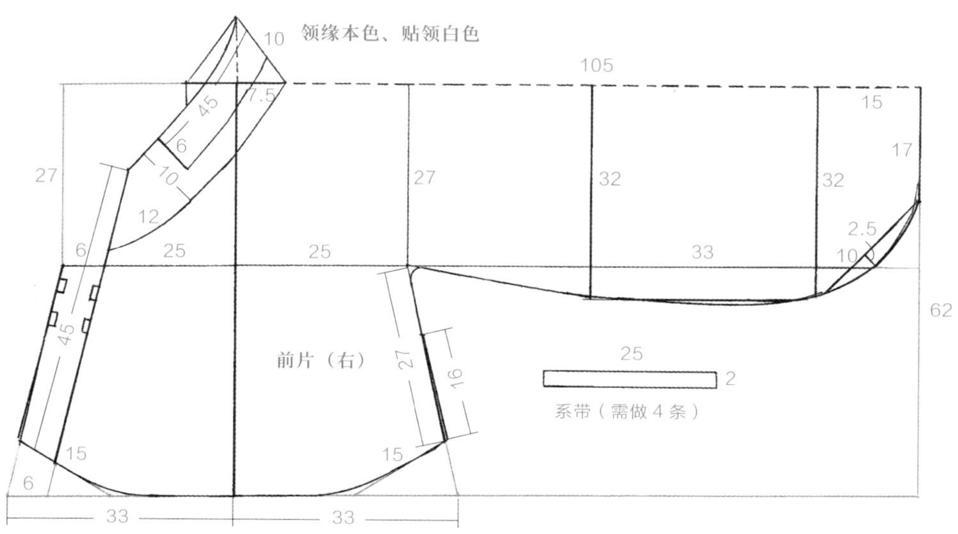

八宝璎珞云肩纹织金妆花缎女上衣：前片（右）、系带

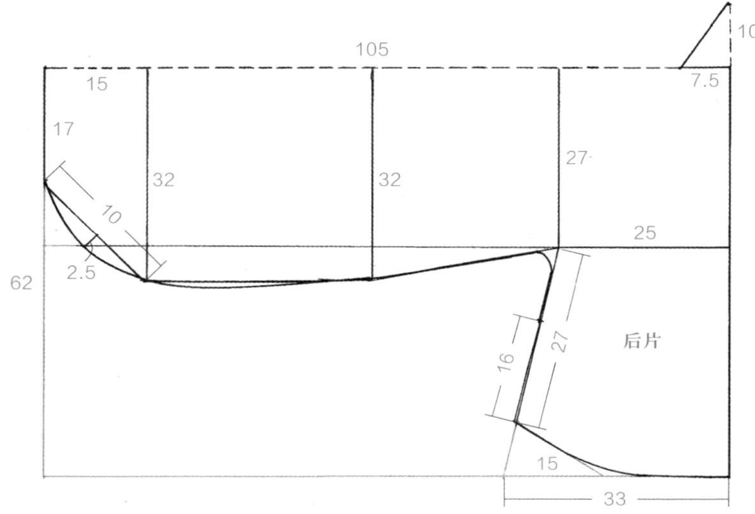

八宝璎珞云肩纹织金妆花缎女上衣：后片

七、白罗银狮补短衣

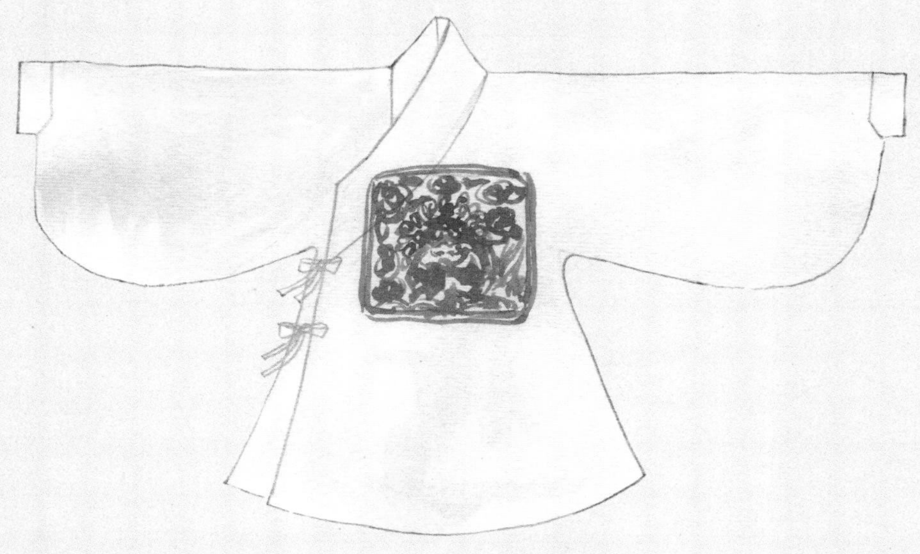

白罗银狮补短衣

尺寸表

衣长	腰宽	通袖长	袖宽	袖口宽
68	61	232.5	40	14

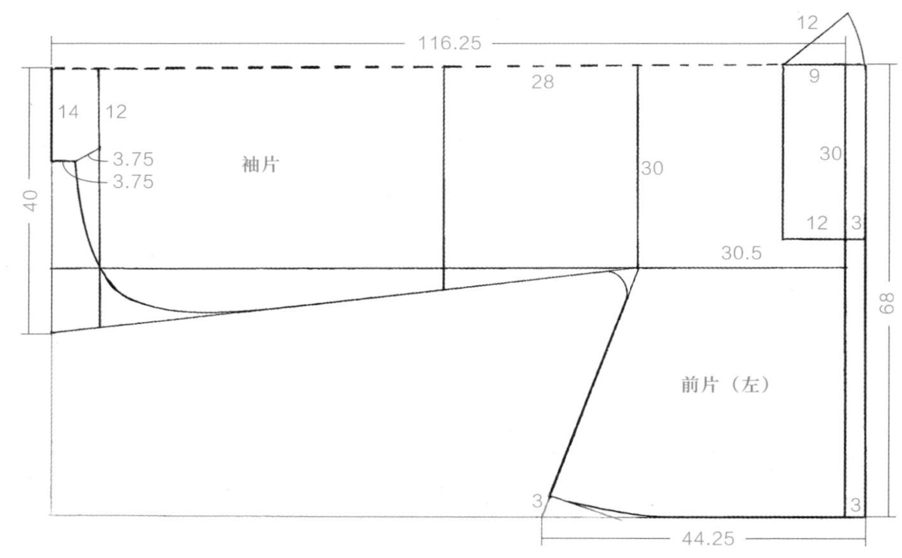

白罗银狮补短衣：前片（左）

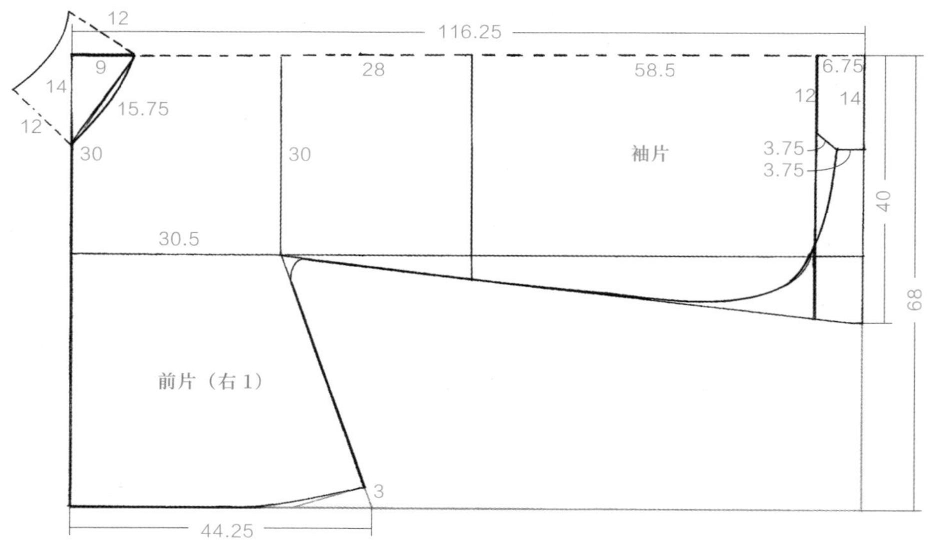

白罗银狮补短衣：前片（右 1）

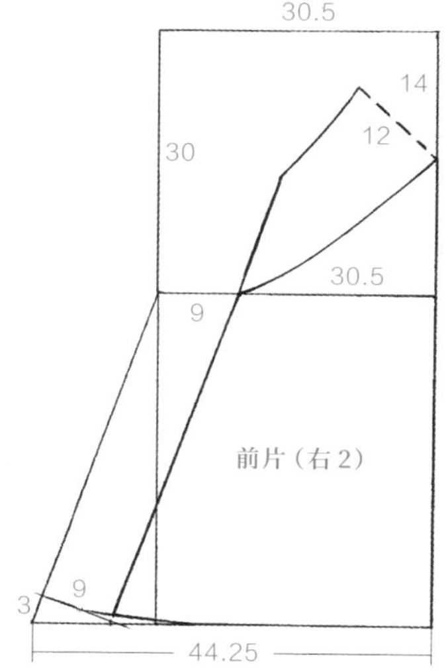

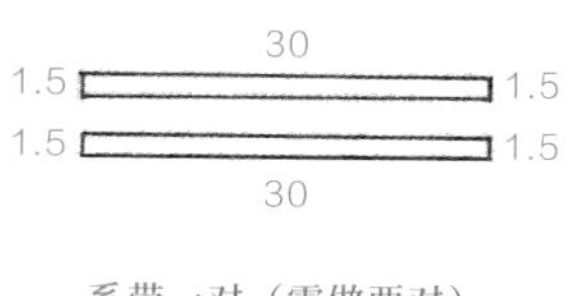

白罗银狮补短衣：前片（右 2）、系带

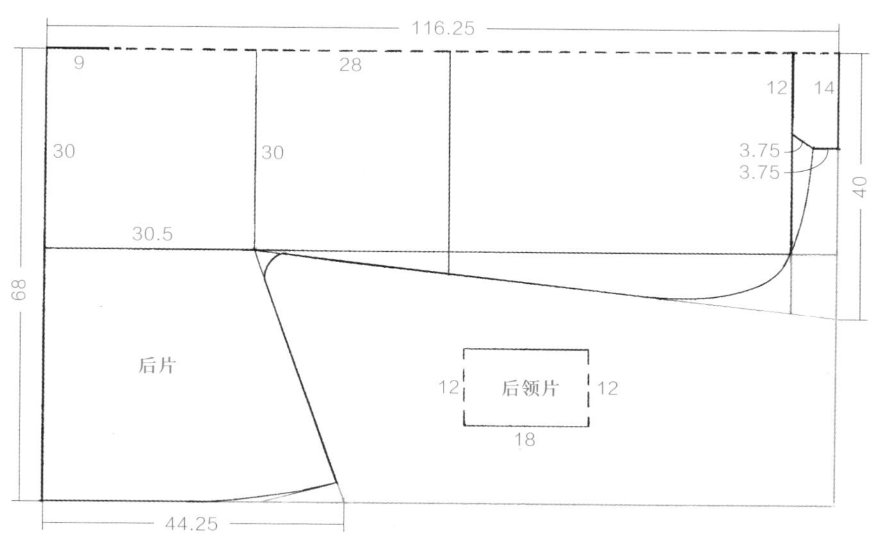

白罗银狮补短衣：后片、后领片

八、白色罗中单

白色罗中单

尺寸表

衣长	通袖长	袖口宽	腰宽	衣、袖缘宽	领缘宽
118	254	69	65	15.5	12.5

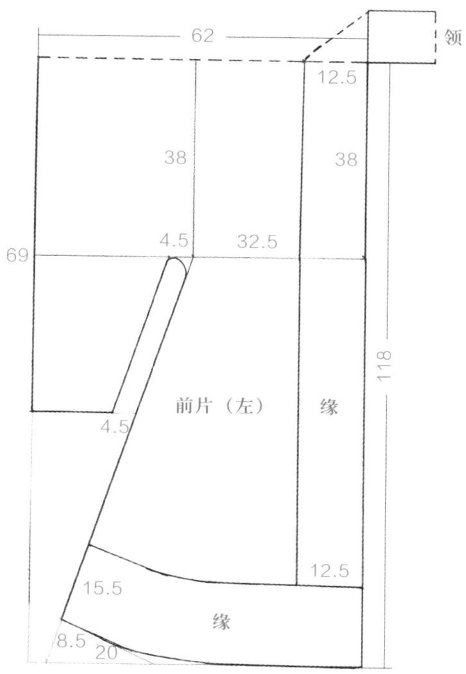

白色罗中单：前片（左）

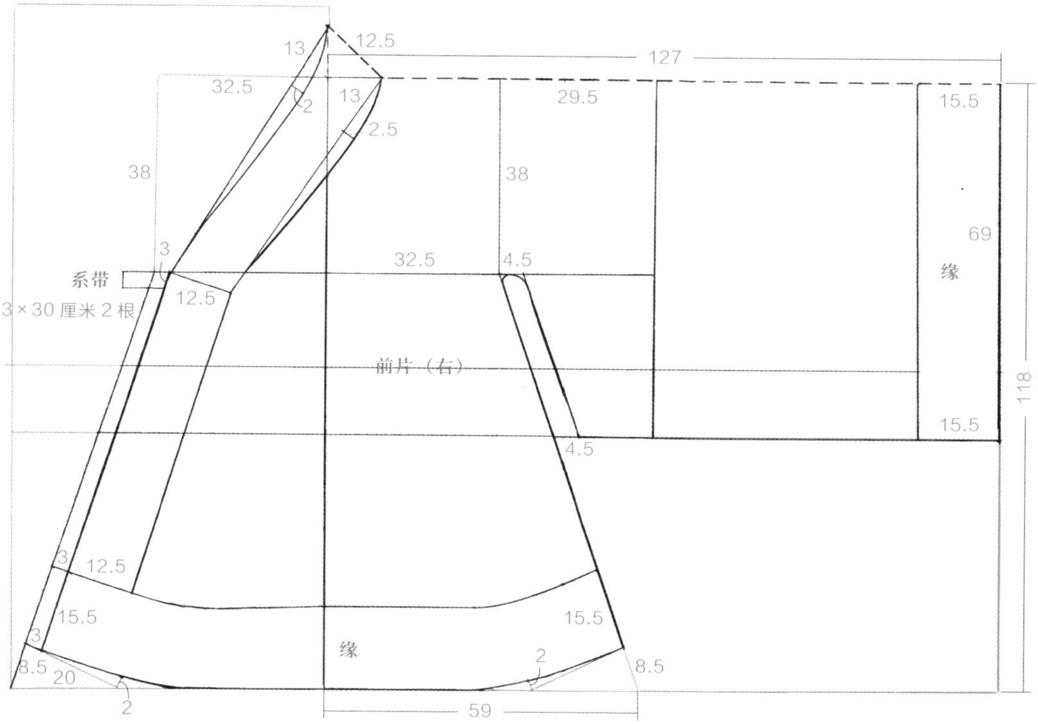

白色罗中单：前片（右）

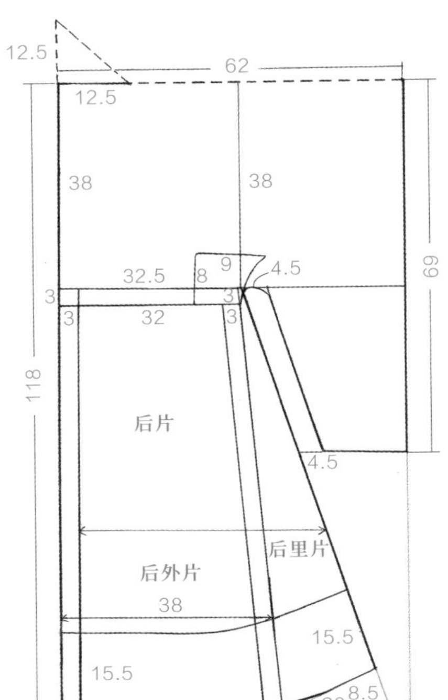

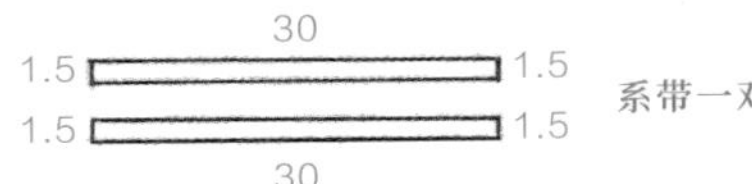

白色罗中单：后片、系带

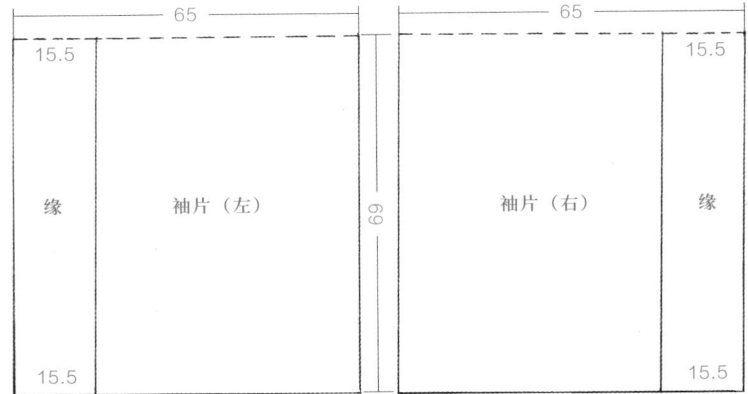

白色罗中单：袖片

九、白色素绢镶青缘褙子

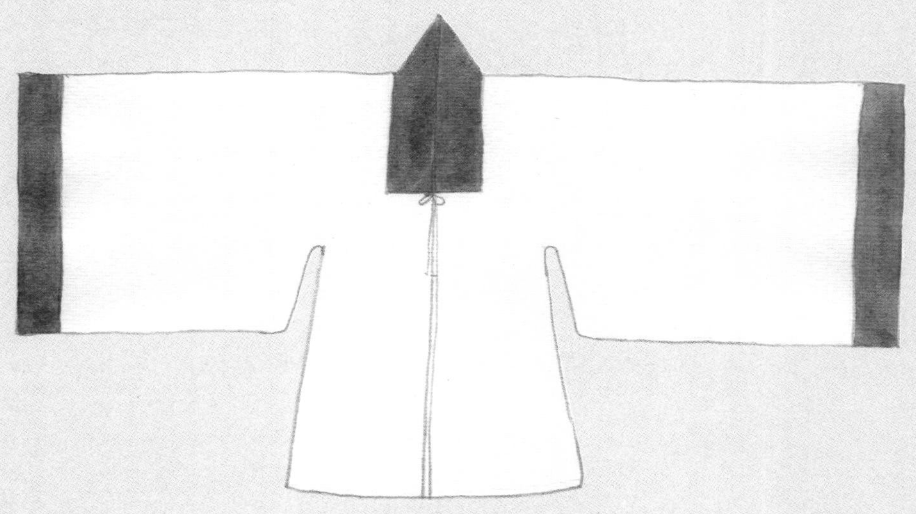

白色素绢镶青缘褙子

尺寸表

衣长	腰宽	通袖长	袖口宽	下摆宽
106.5	63	251	75	80

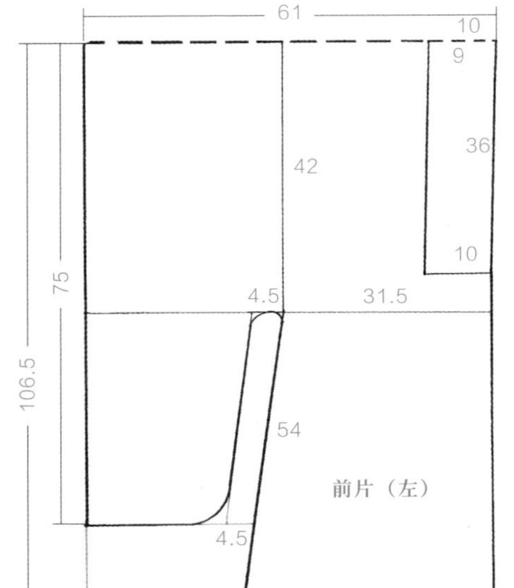

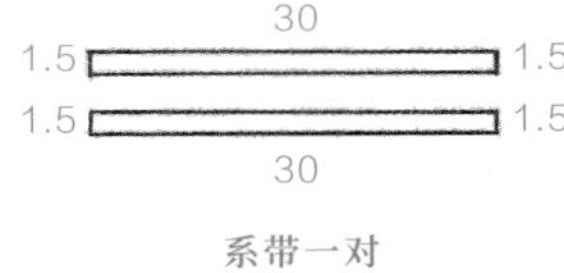

白色素绢镶青缘褙子：前片（左）、系带

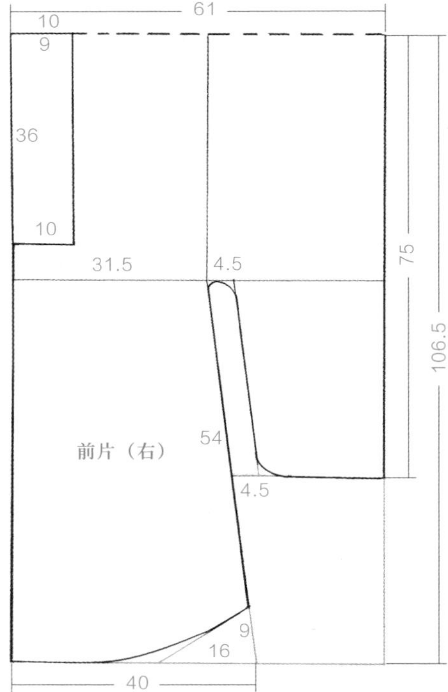

白色素绢镶青缘褙子：前片（右）

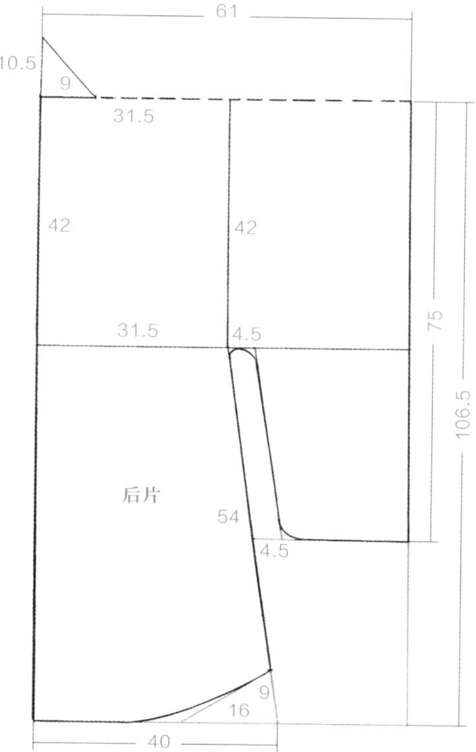

白色素绢镶青缘褙子：后片

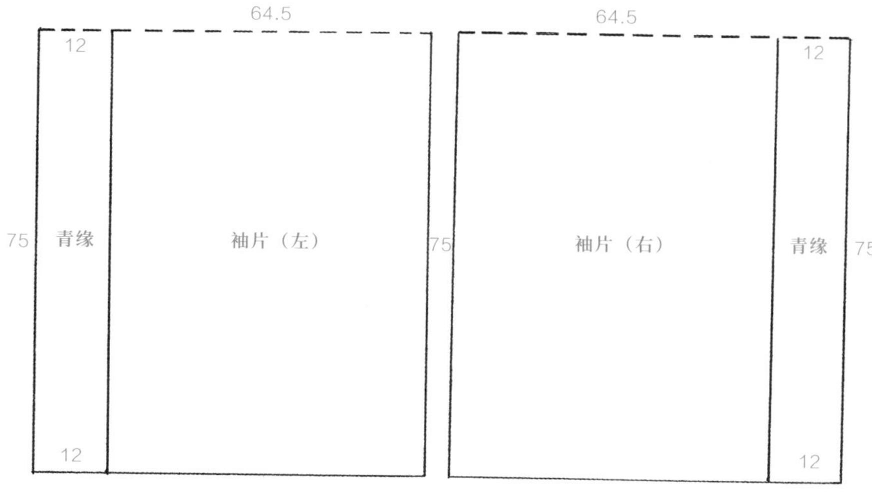

白色素绢镶青缘褙子：袖片

十、本色葛袍

本色葛袍

尺寸表

衣长	通袖长	袖口宽	腰宽	下摆宽
138.5	237	61	57	110

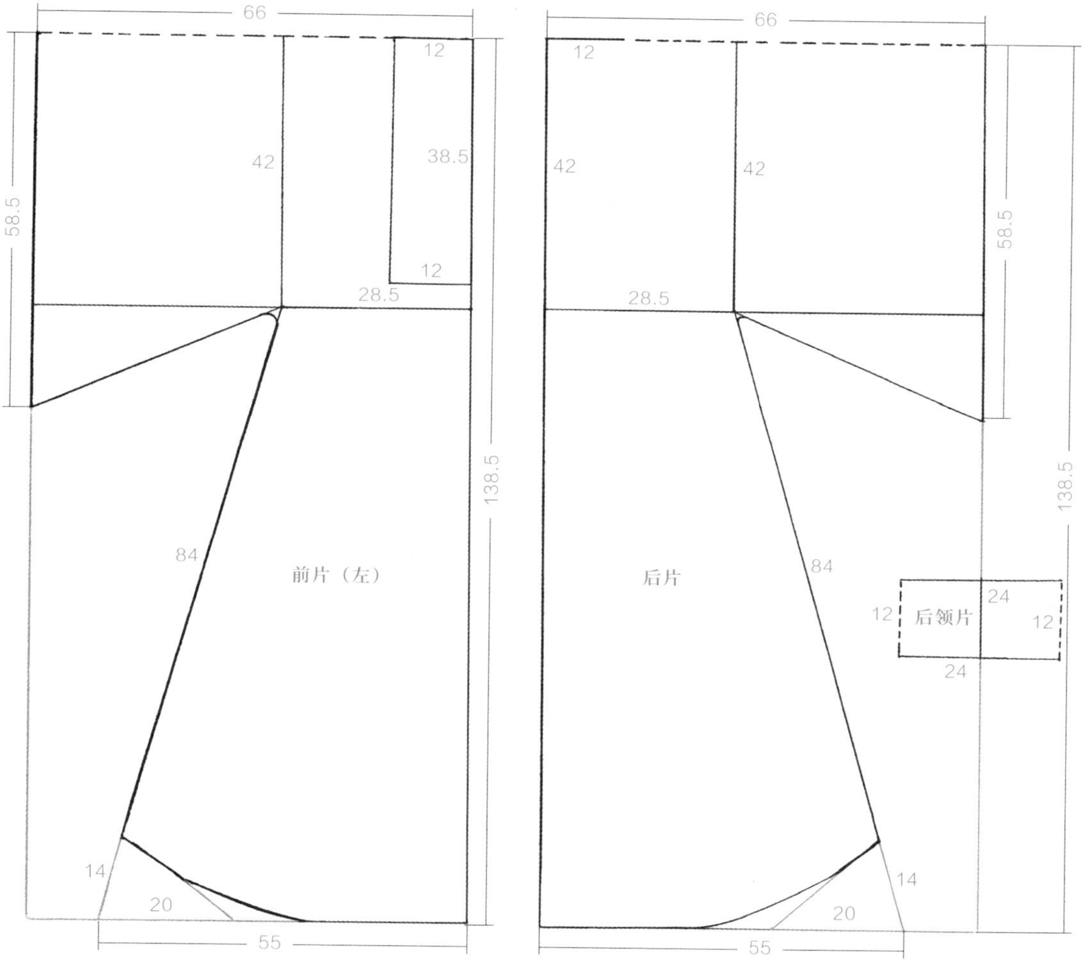

前片（左）

后片

后领片

本色葛袍：前片（左）、后片、后领片

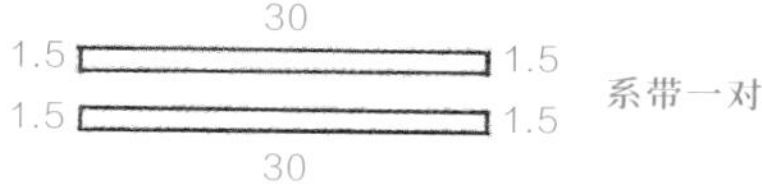

本色葛袍：系带

52.5
52.5
61
袖片（左）
58.5
袖片（右）
61

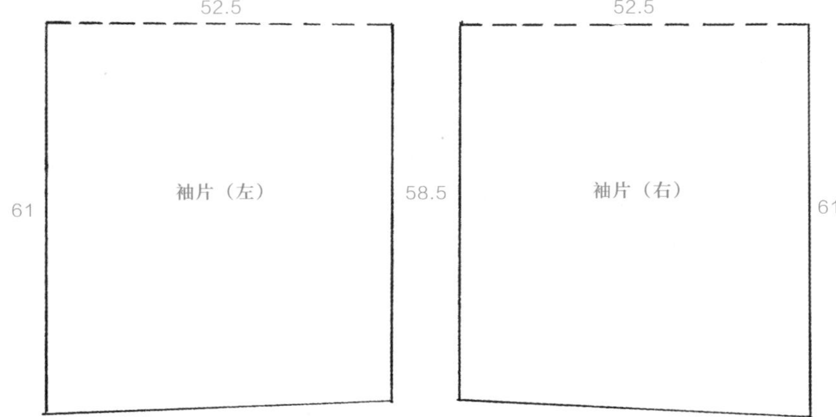

本色葛袍：袖片

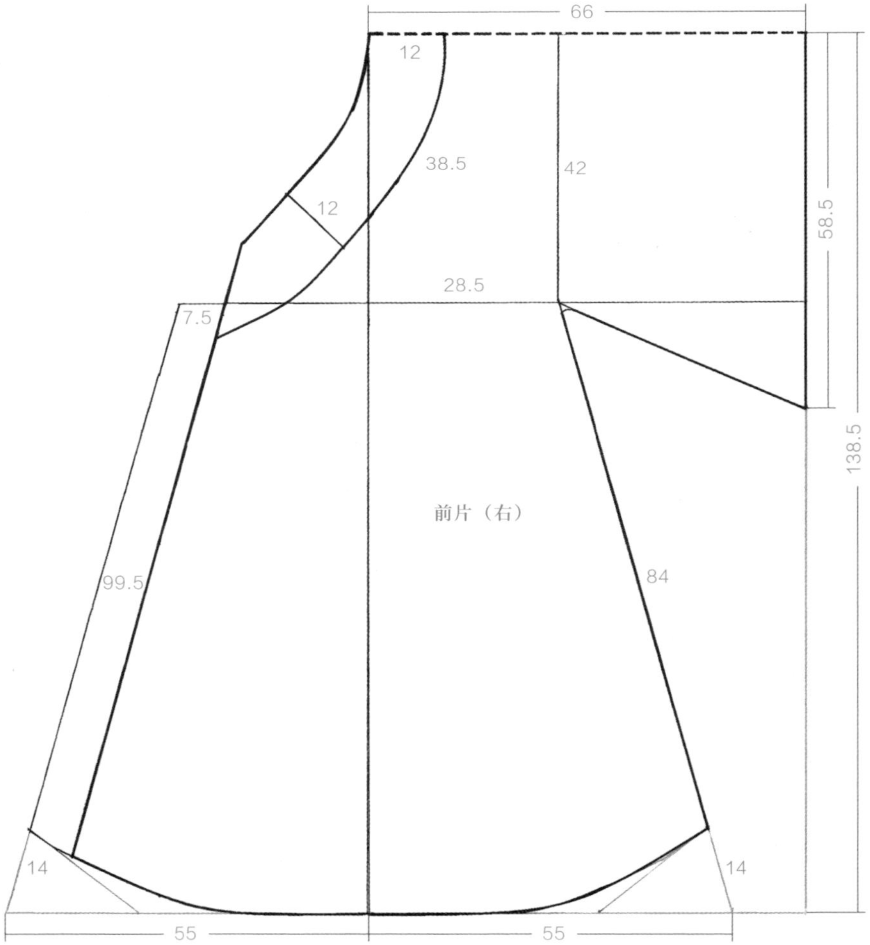

66
12
38.5
42
12
58.5
28.5
7.5
138.5
前片（右）
99.5
84
14
14
55
55

本色葛袍：前片（右）

十一、茶色罗织金蟒袍

茶色罗织金蟒袍

尺寸表

衣长	腰宽	通袖长	袖口宽
134	58	250	67

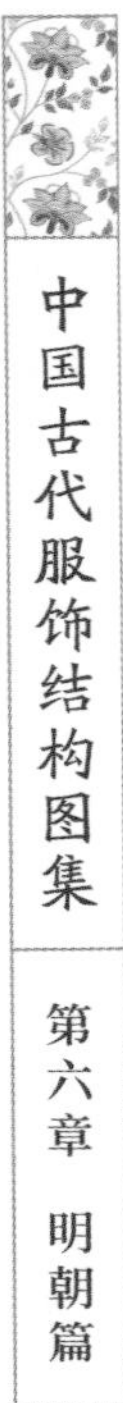

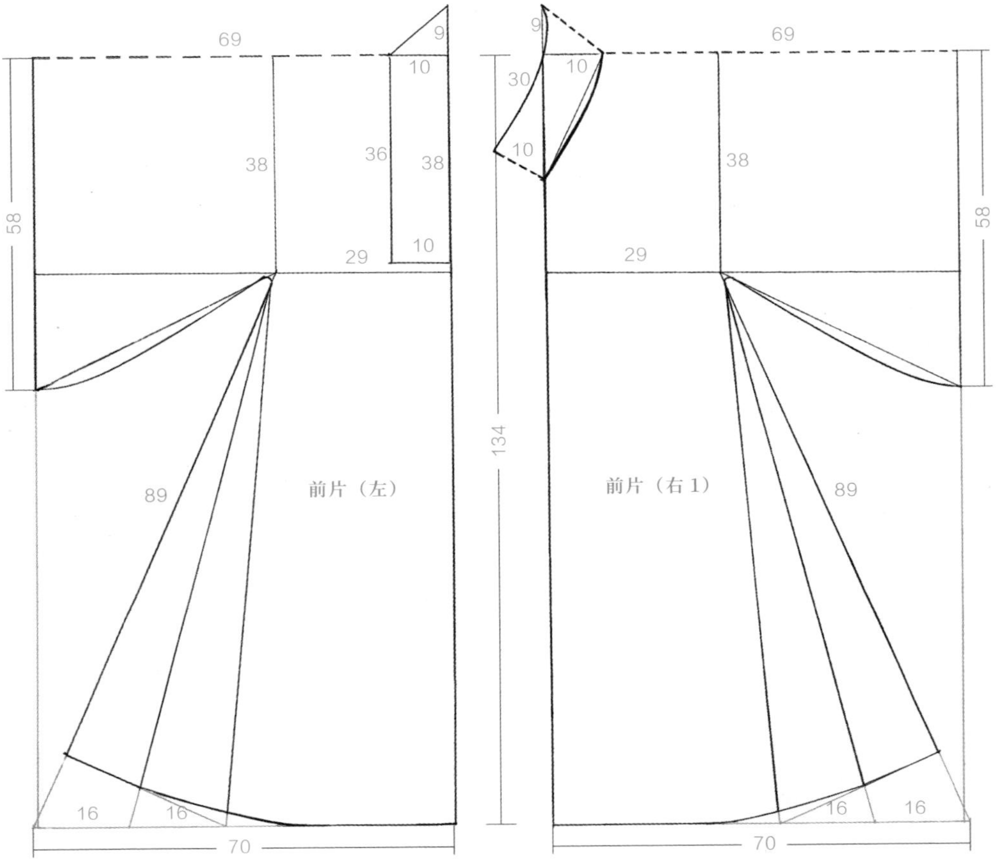

前片（左）

前片（右 1）

茶色罗织金蟒袍：前片（左）、前片（右 1）

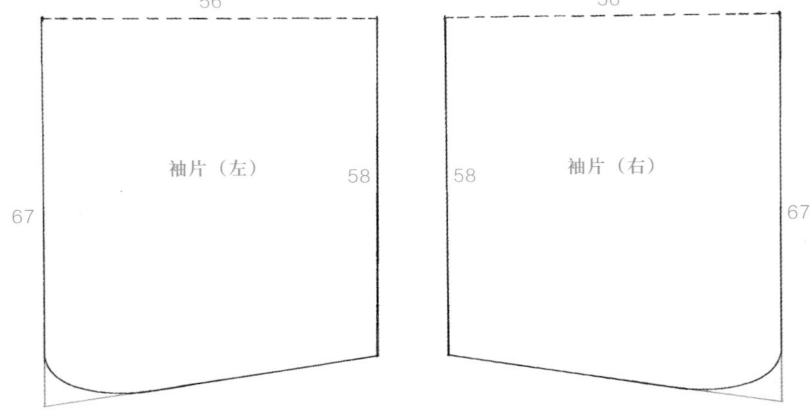

茶色罗织金蟒袍：袖片

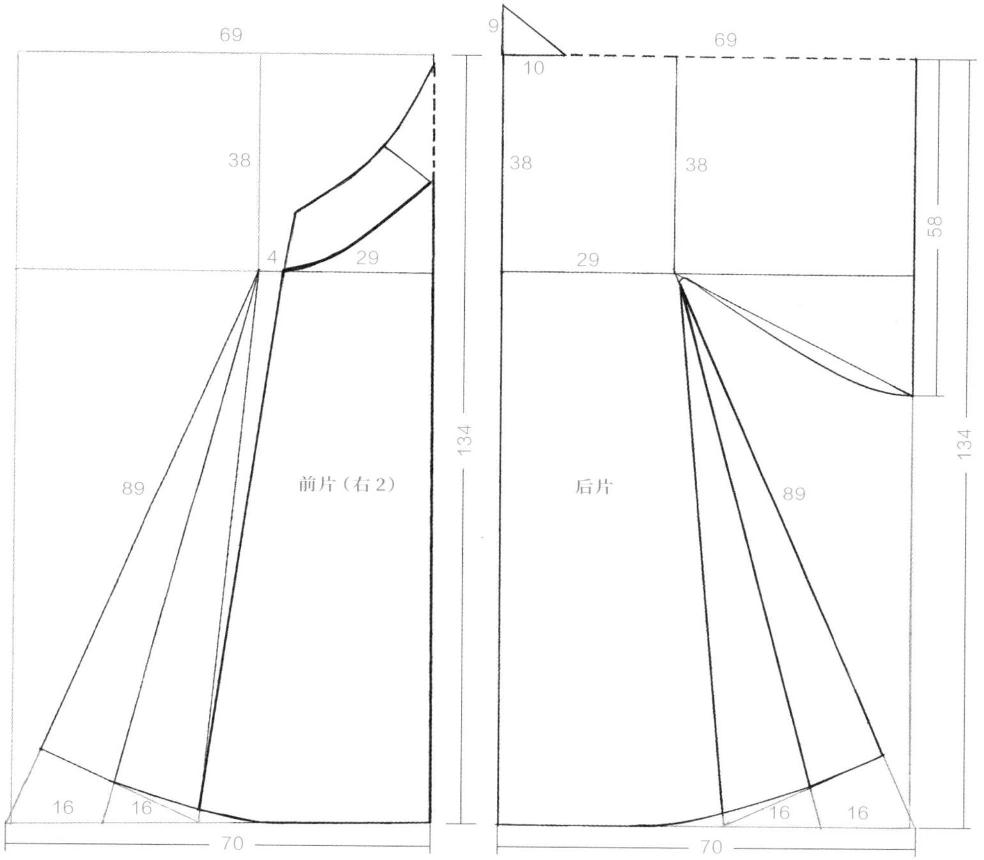

69
38
4
29
89
16
16
70
134
前片（右2）
9
10
69
38
38
29
58
134
后片
89
16
16
70

茶色罗织金蟒袍：前片（右2）、后片

30
1.5
1.5
1.5
1.5
30
系带一对

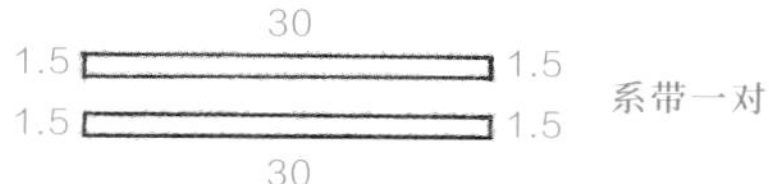

茶色罗织金蟒袍：系带

十二、赤罗朝服

赤罗朝服

尺寸表

衣长	通袖长	腰宽	领宽	袖宽	袖缘宽	领缘宽
118	248.4	64.8	13	73	15	13

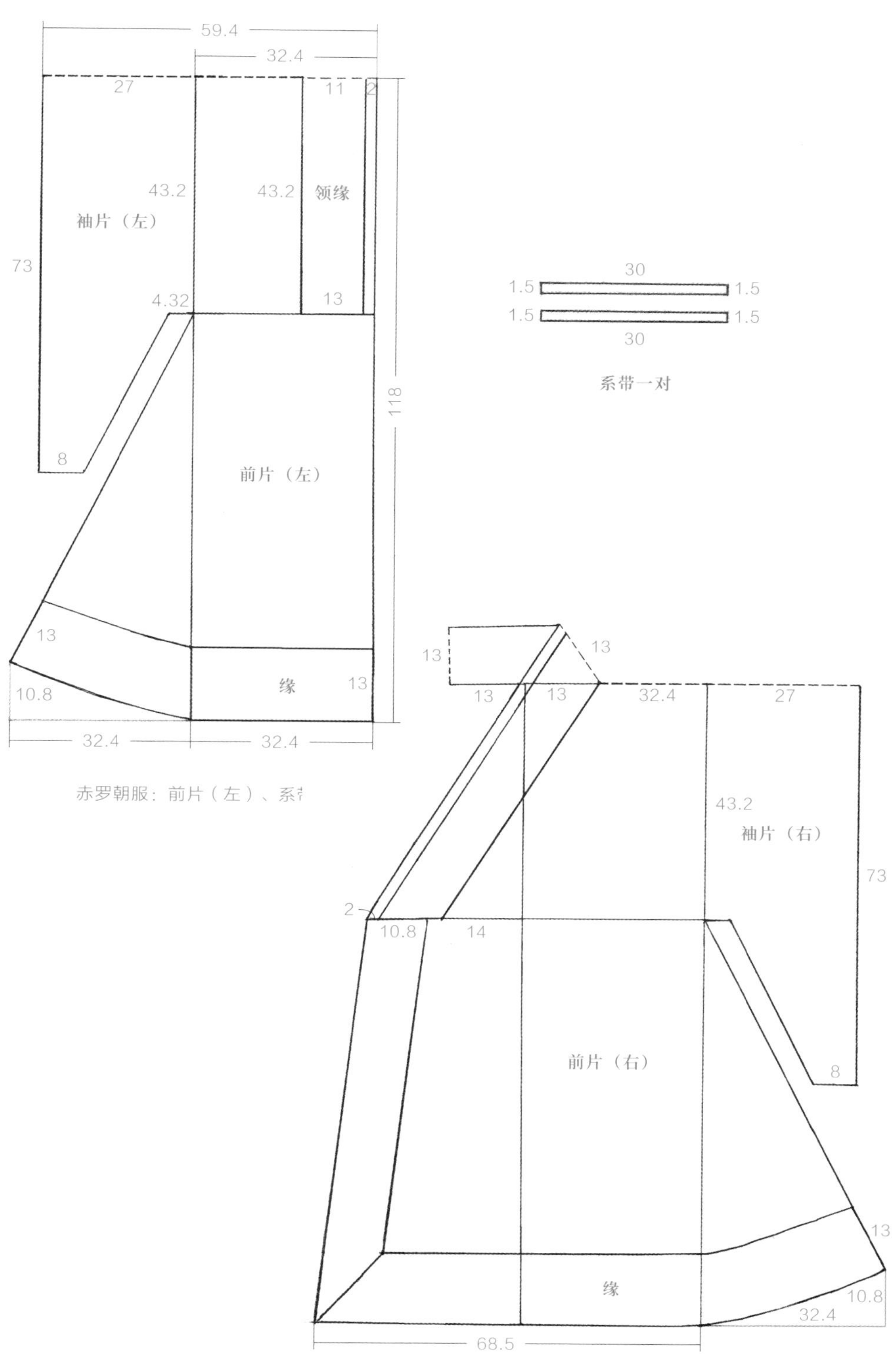

赤罗朝服：前片（左）、系

赤罗朝服：前片（右）

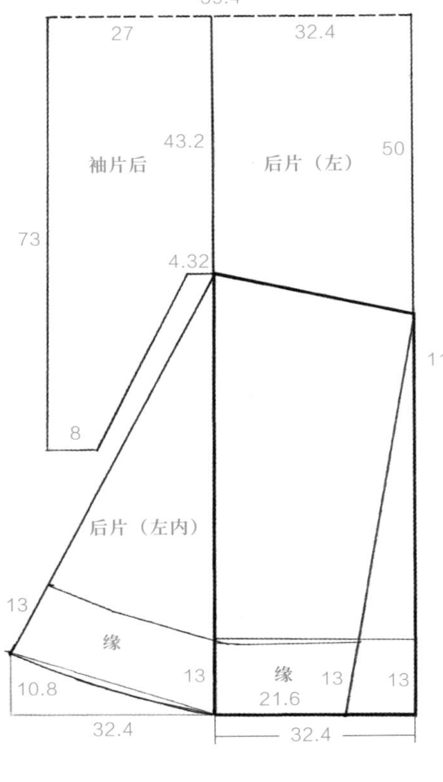

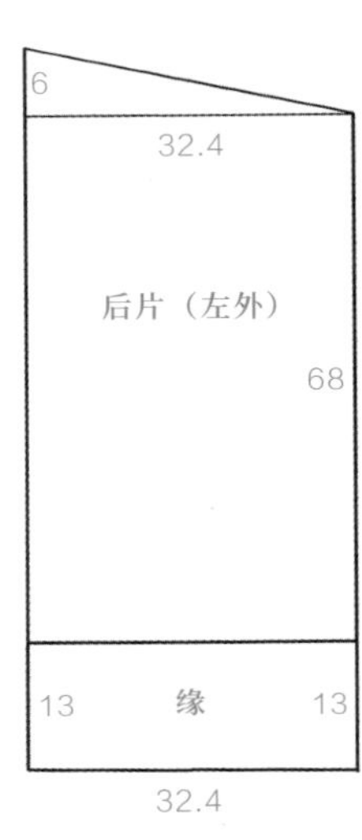

赤罗朝服：后片（左内、左外）

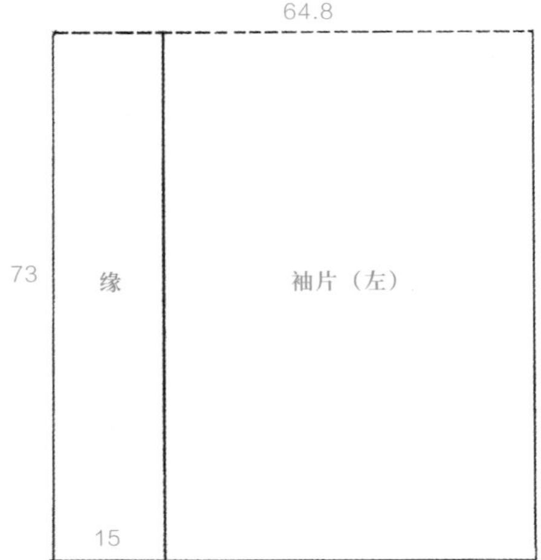

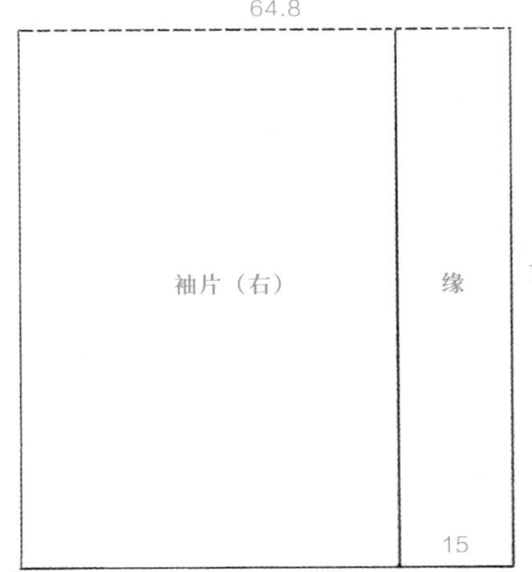

赤罗朝服：袖片

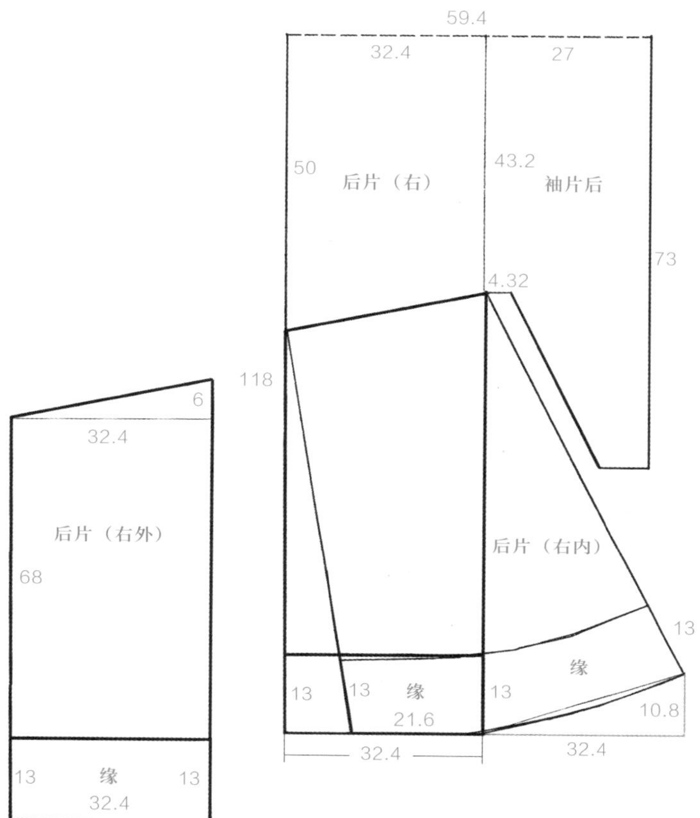
59.4
32.4
27
50
后片（右）
43.2
袖片后
73
4.32
118
6
32.4
后片（右外）
68
后片（右内）
13
缘
13
13
缘
21.6
13
10.8
32.4
32.4
13
缘
13
32.4

赤罗朝服：后片（右内、右外）

中国古代服饰结构图集

第六章 明朝篇

十三、赤罗裳

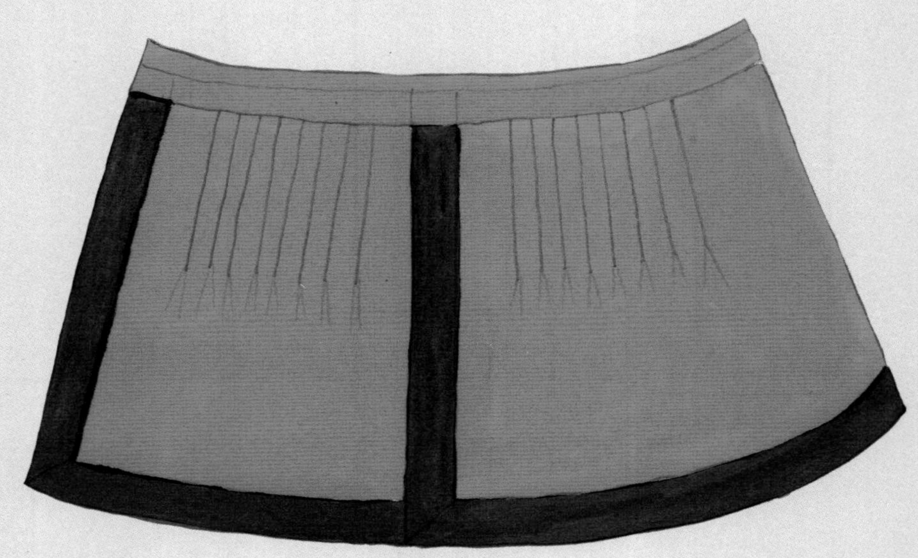

赤罗裳

尺寸表

裙长	腰围	缘宽
89	129	13

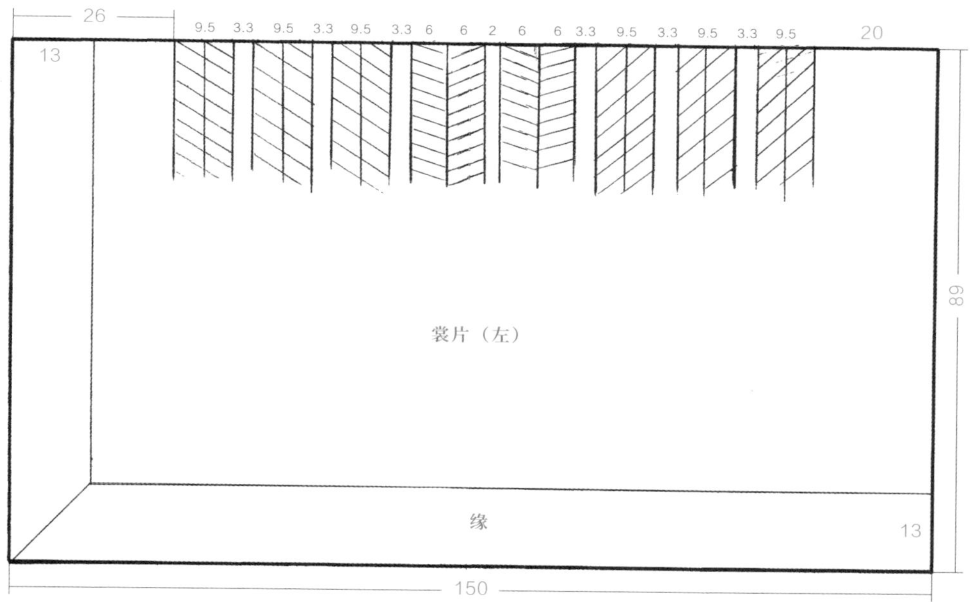

赤罗裳：裳片（左）

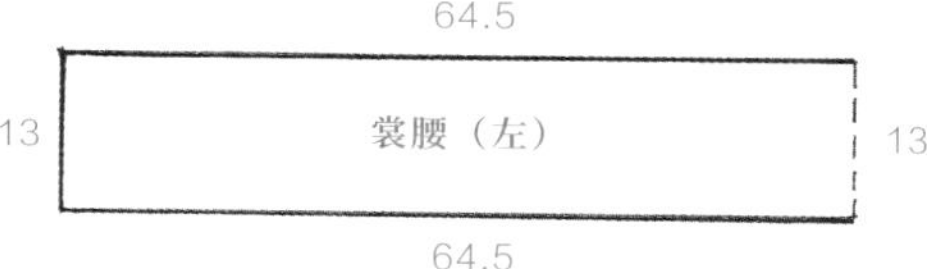

赤罗裳：裳腰（左）

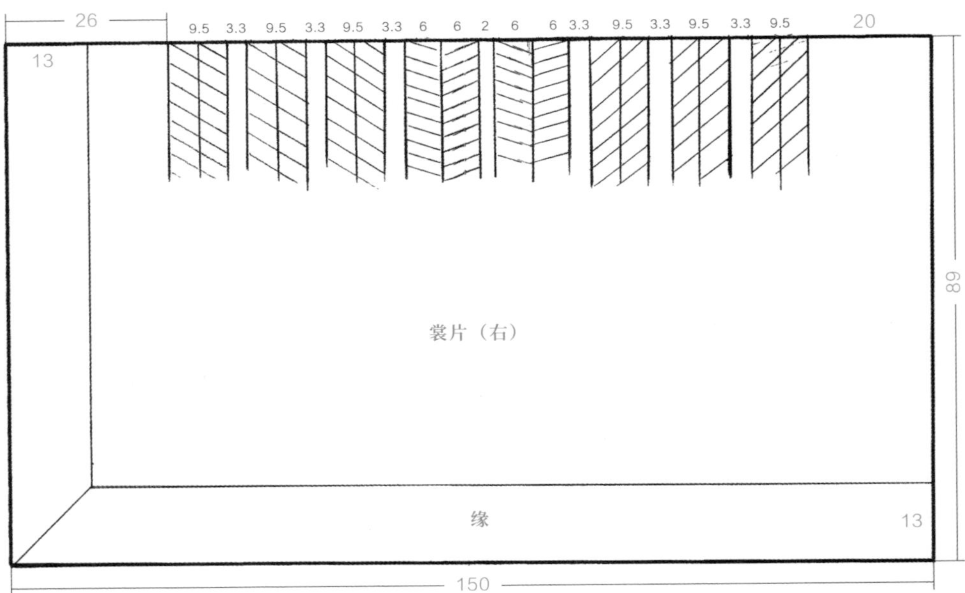

赤罗裳：裳片（右）

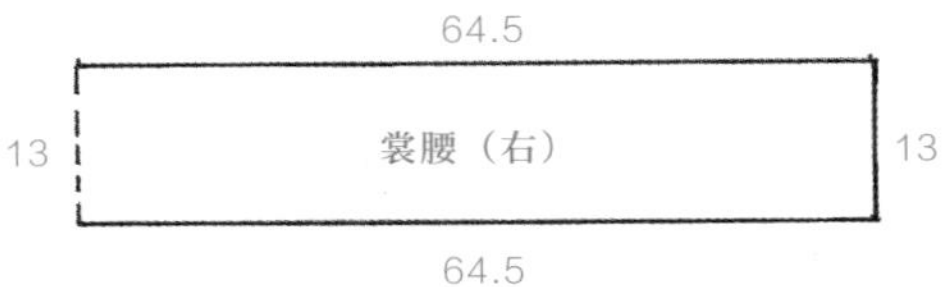

赤罗裳：裳腰（右）

十四、葱绿地妆花纱蟒裙

葱绿地妆花纱蟒裙

尺寸表

裙长	腰围	腰高	下摆宽
85	105	11.5	191

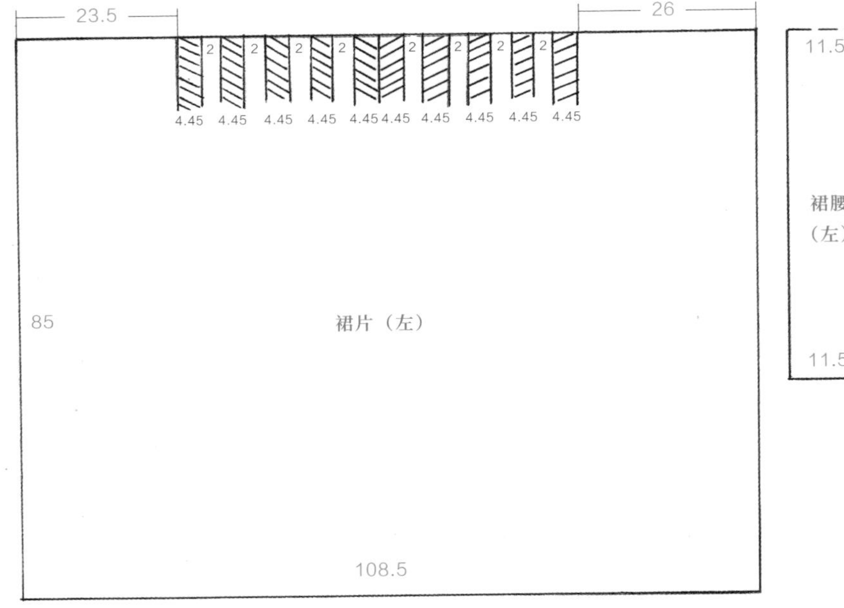

葱绿地妆花纱蟒裙：裙片（左）、裙腰（左）

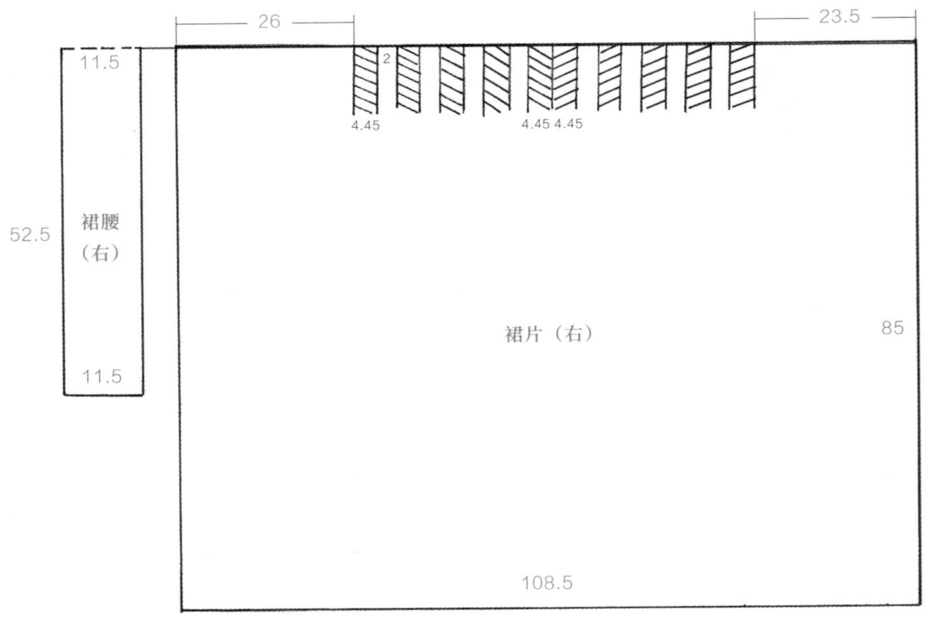

葱绿地妆花纱蟒裙：裙片（右）、裙腰（右）

十五、大衫

大衫

尺寸表

衣长	通袖长	下摆宽	袖口宽
138	240	204	91

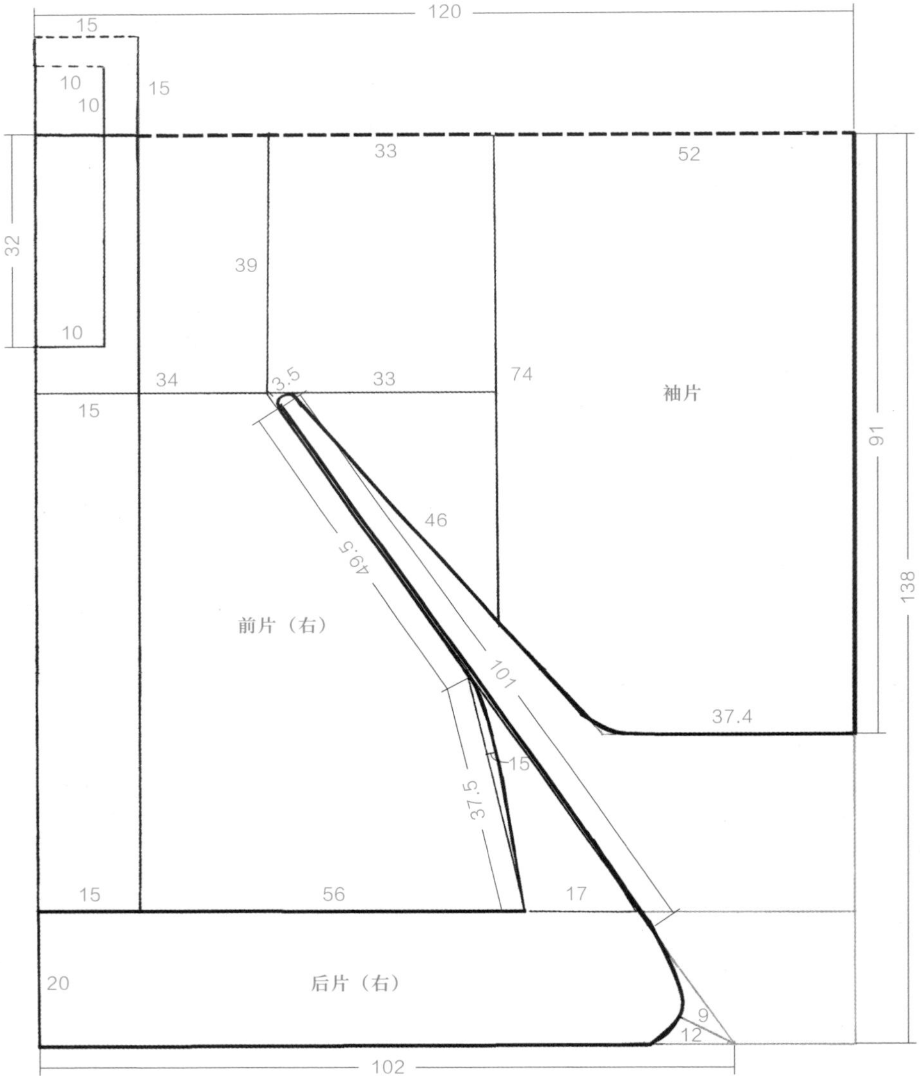
120
15
10
10
15
32
33
52
39
10
34
3.5
33
74
15
袖片
91
46
49.5
138
前片（右）
101
37.4
15
37.5
15
56
17
20
后片（右）
9
12
102

大衫：前片和后片（右）

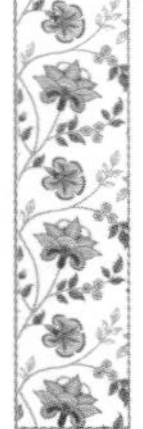

十六、大袖褶裙袍

大袖褶裙袍

尺寸表

衣长	通袖长	胸围	袖口
141	266	120	17

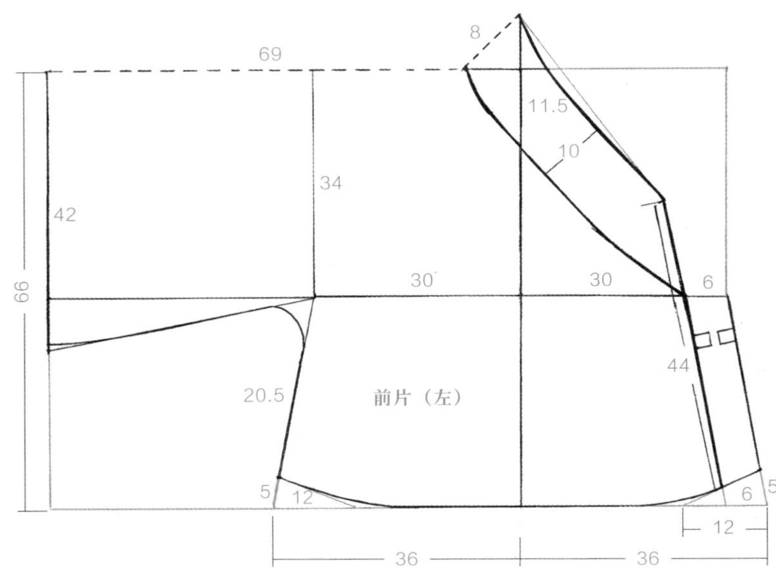

大袖褶裙袍：前片（左）

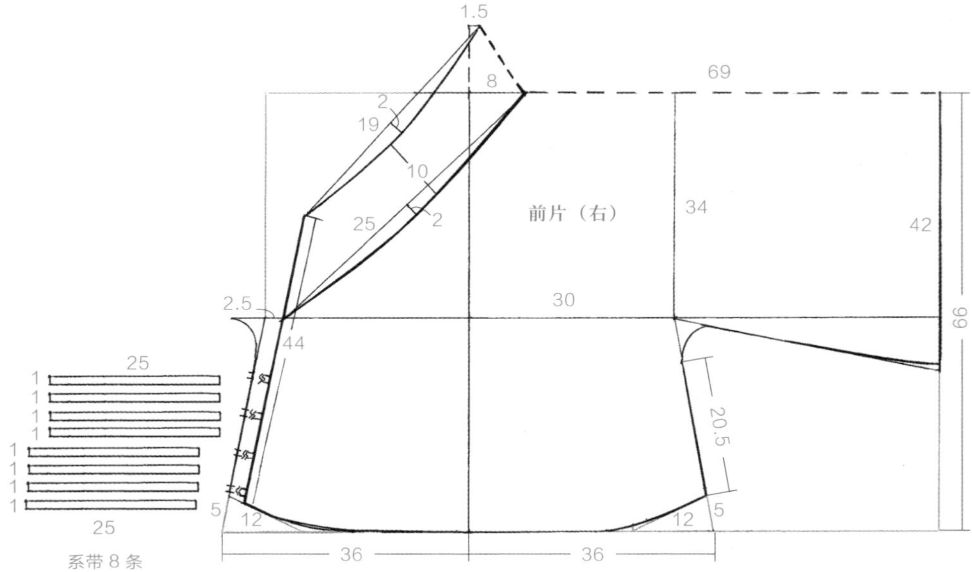

大袖褶裙袍：前片（右）、系带

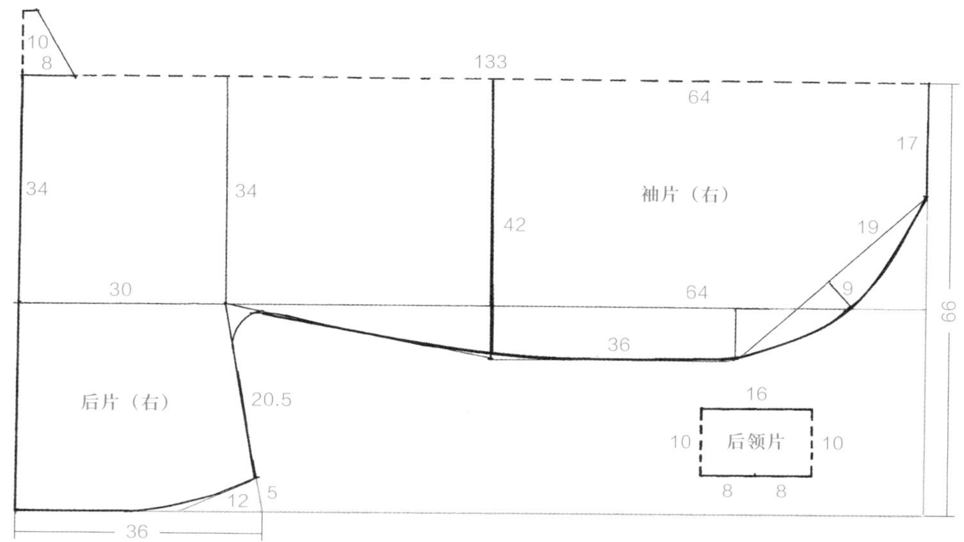

大袖褶裙袍：后片（右）、后领片

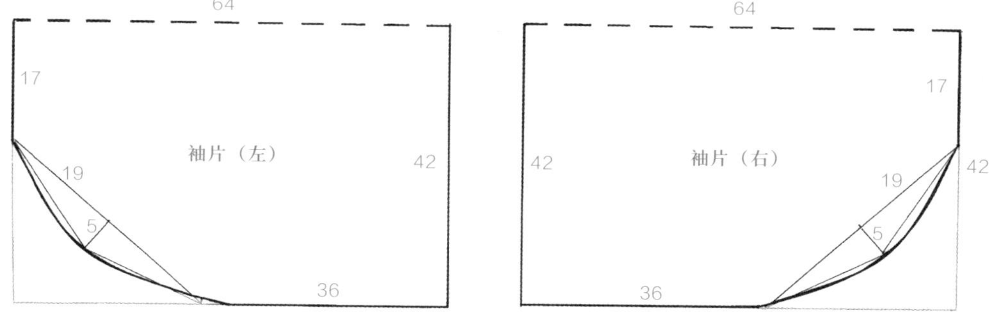

大袖褶裙袍：袖片

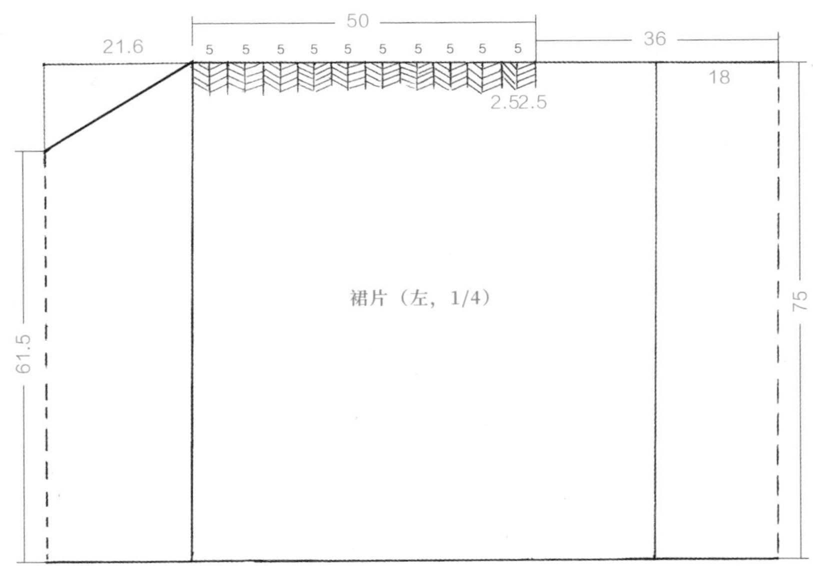

大袖褶裙袍：裙片（左）

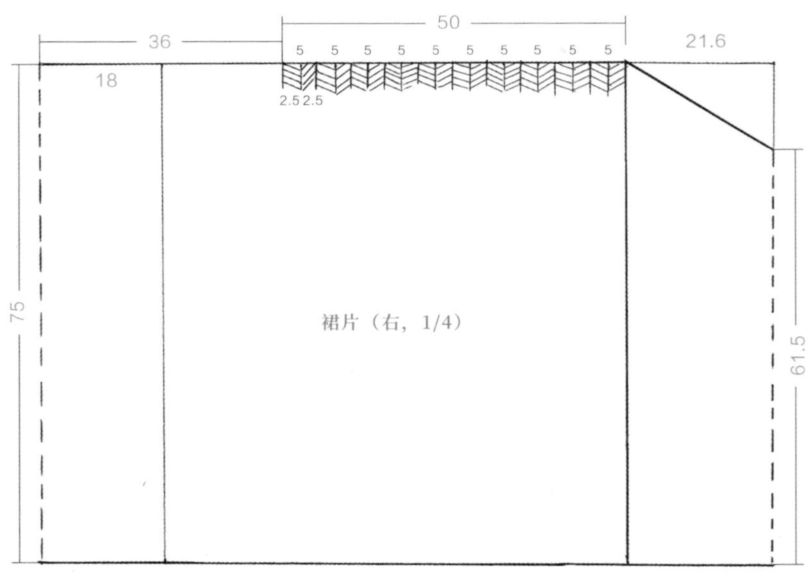

大袖褶裙袍：裙片（右）

十七、斗牛补青罗袍

斗牛补青罗袍

尺寸表

衣长	腰宽	通袖长	袖宽	袖口宽
137	55	243	38	22

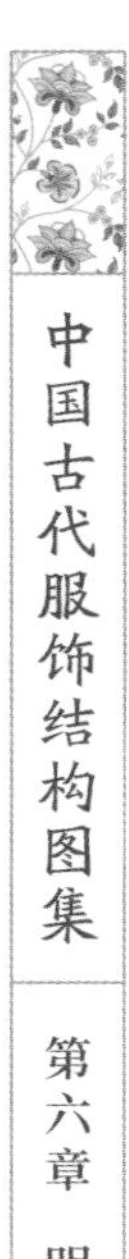

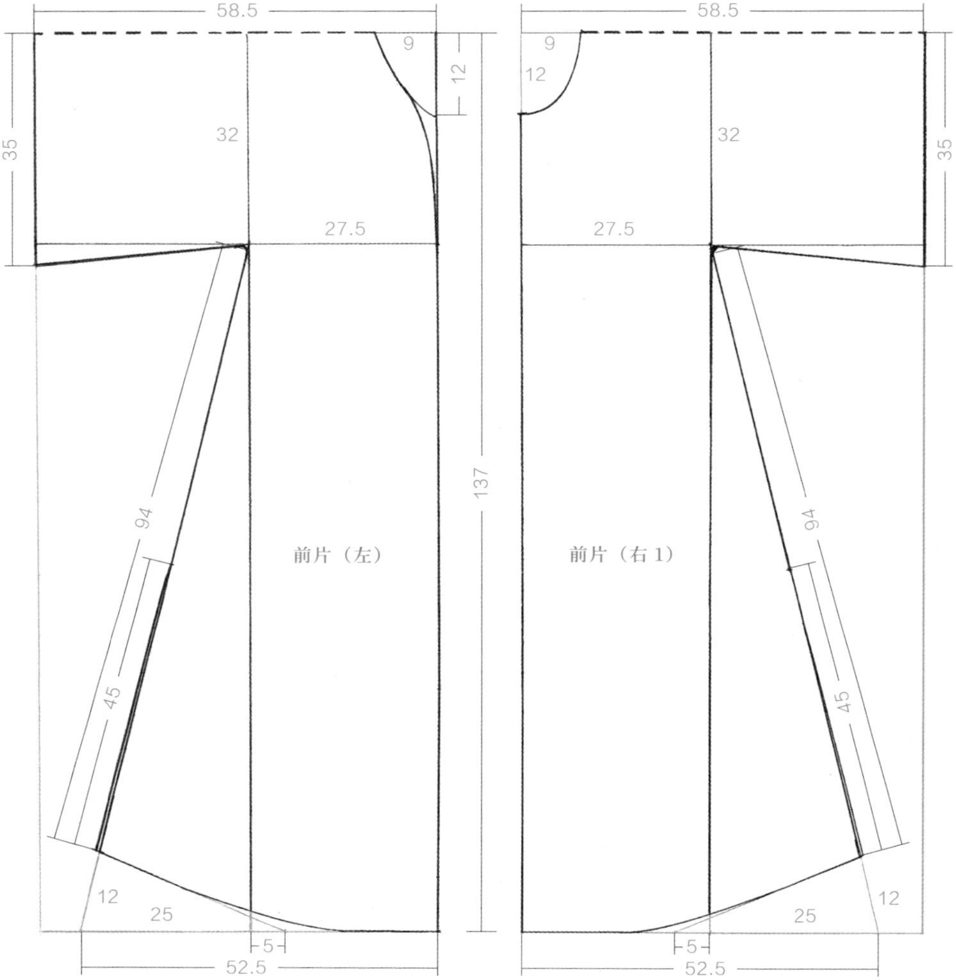

58.5
58.5
9
9
12
12
35
35
32
32
27.5
27.5
137
前片（左）
前片（右 1）
94
94
45
45
12
12
25
25
5
5
52.5
52.5

斗牛补青罗袍：前片（左、右 1）

63
63
22
22
38
38
35
袖片（左）
袖片（右）
4
4

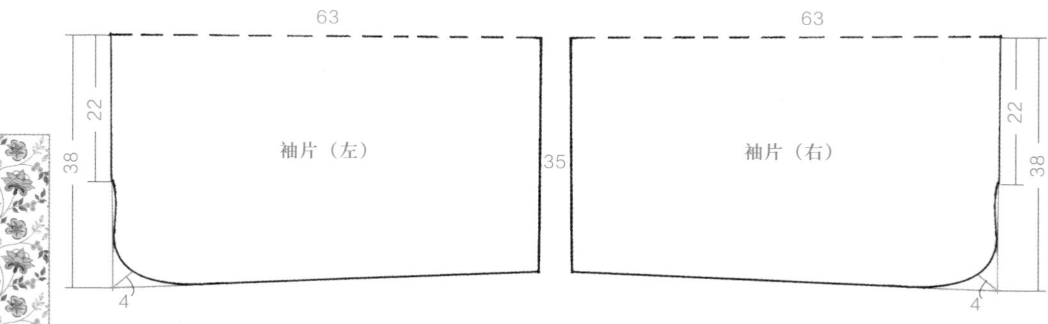

斗牛补青罗袍：袖片

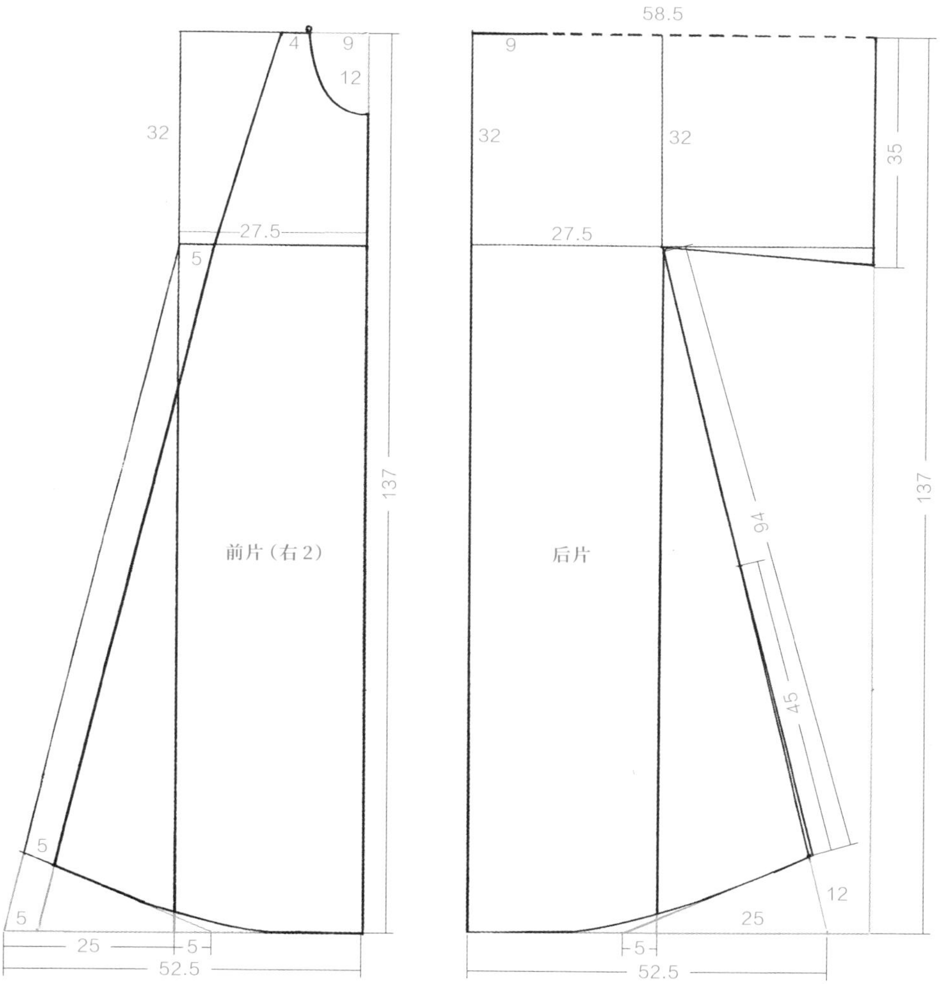

前片（右2）

后片

斗牛补青罗袍：前片（右2）、后片

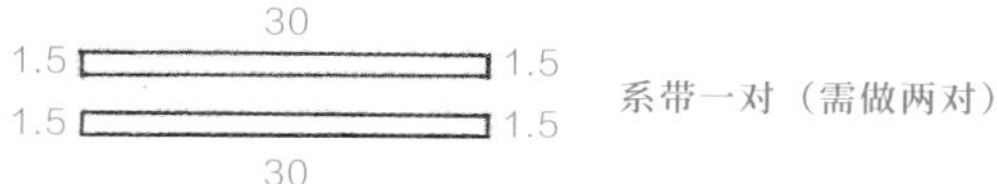

斗牛补青罗袍：系带

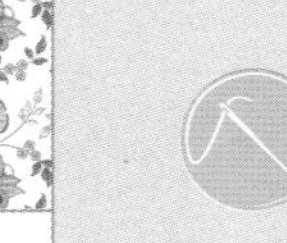

十八、褐麻短衫

褐麻短衫

尺寸表

衣长	腰宽	通袖长	袖口宽	侧开缝长
86	56	186	40.7	44

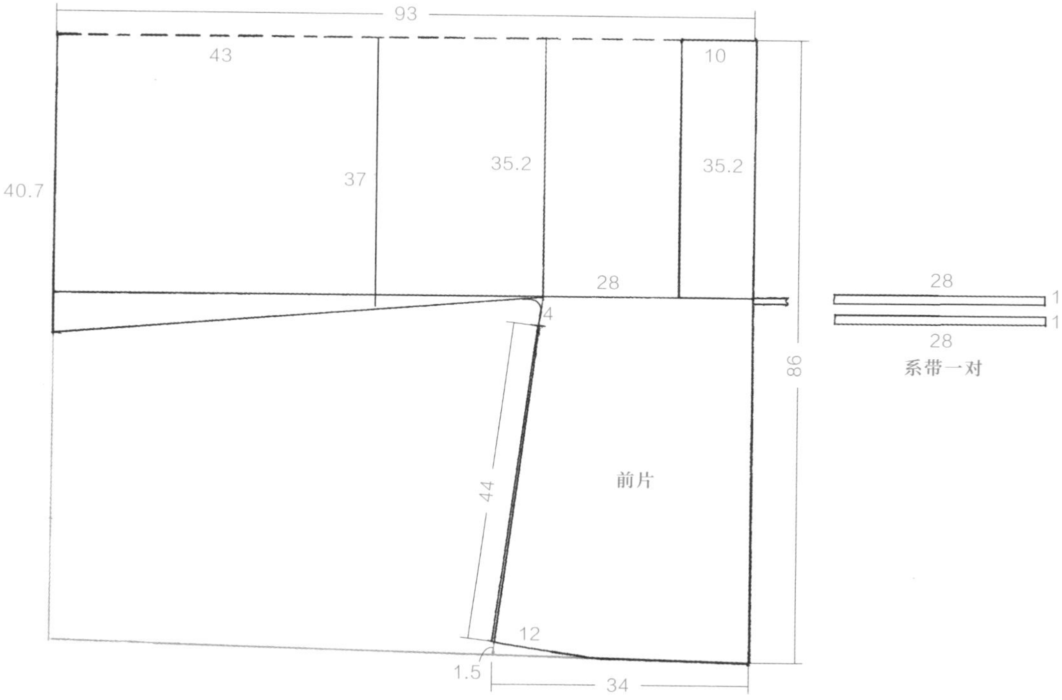

93
43
10
40.7
37
35.2
35.2
28
4
28
1
1
28
系带一对
86
44
前片
12
1.5
34

褐麻短衫：前片、系带

93
10
43
35.2
35.2
37
40.7
86
后片
44
8
8
后领片
20
12
34
1.5

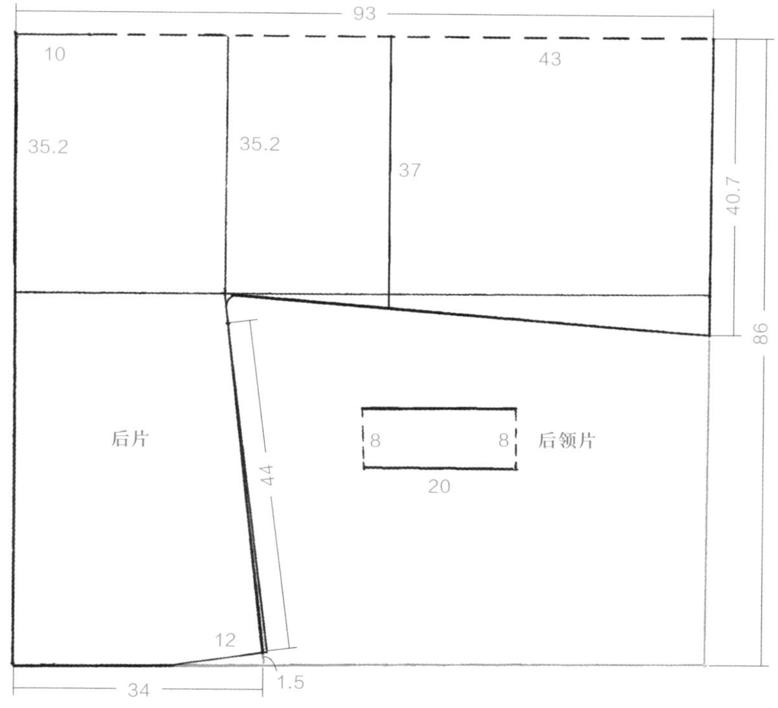

褐麻短衫：后片、后领片

十九、红色湖绸斗牛服

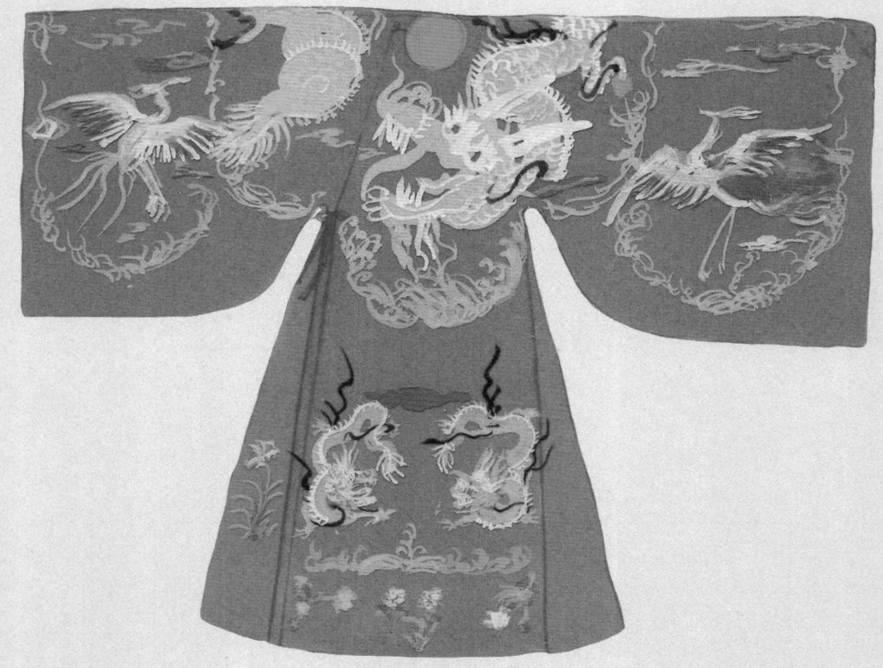

红色湖绸斗牛服

尺寸表

衣长	通袖长	袖口宽	腰宽
120	213	63	59

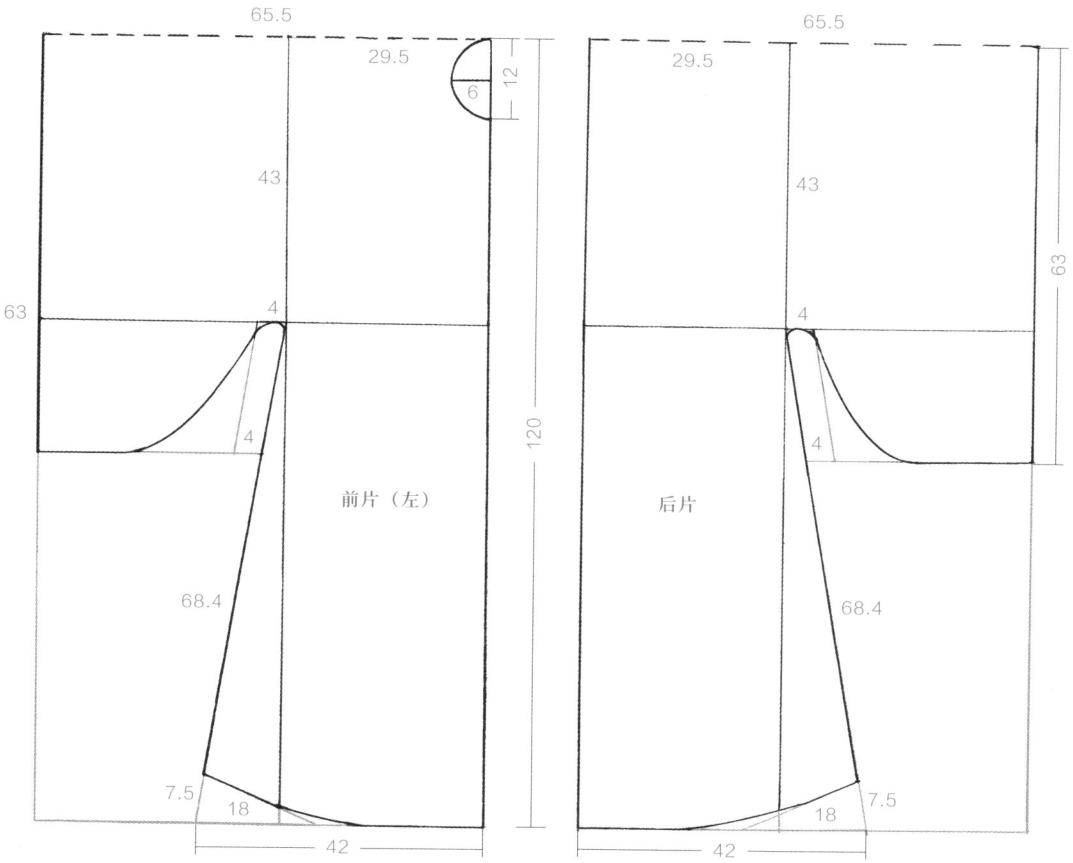

65.5
29.5
12
6
43
63
4
4
前片（左）
68.4
7.5
18
42
120
65.5
29.5
43
63
4
4
后片
68.4
7.5
18
42

红色湖绸斗牛服：前片（左）、后片

41
63
袖片（左）
63
41
41
63
袖片（右）
63
41

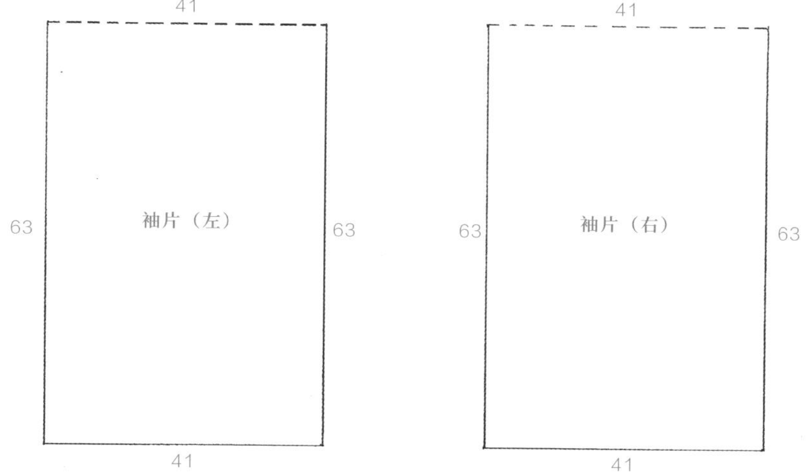

红色湖绸斗牛服：袖片

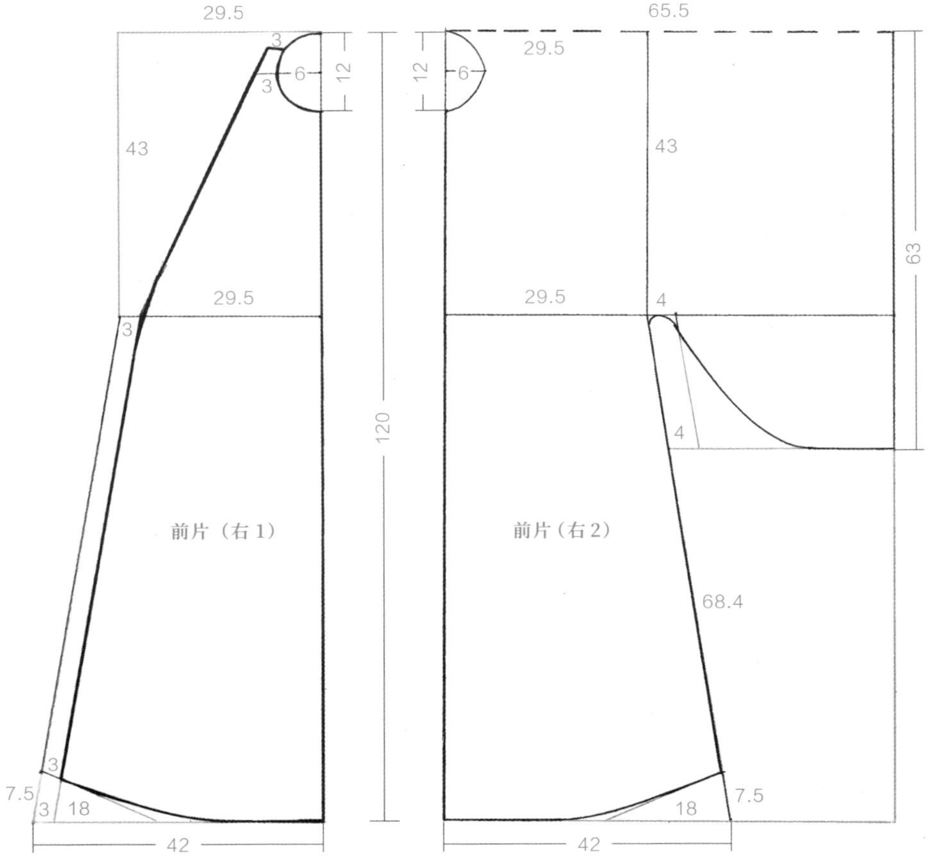

前片（右1）

前片（右2）

红色湖绸斗牛服：前片（右1、右2）

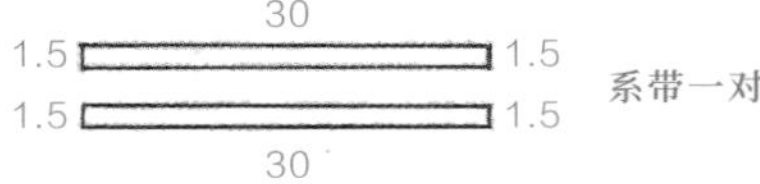

红色湖绸斗牛服：系带

二十、红纱飞鱼袍

红纱飞鱼袍

尺寸表

衣长	腰宽	通袖长	袖口宽
120	60	216.2	61.2

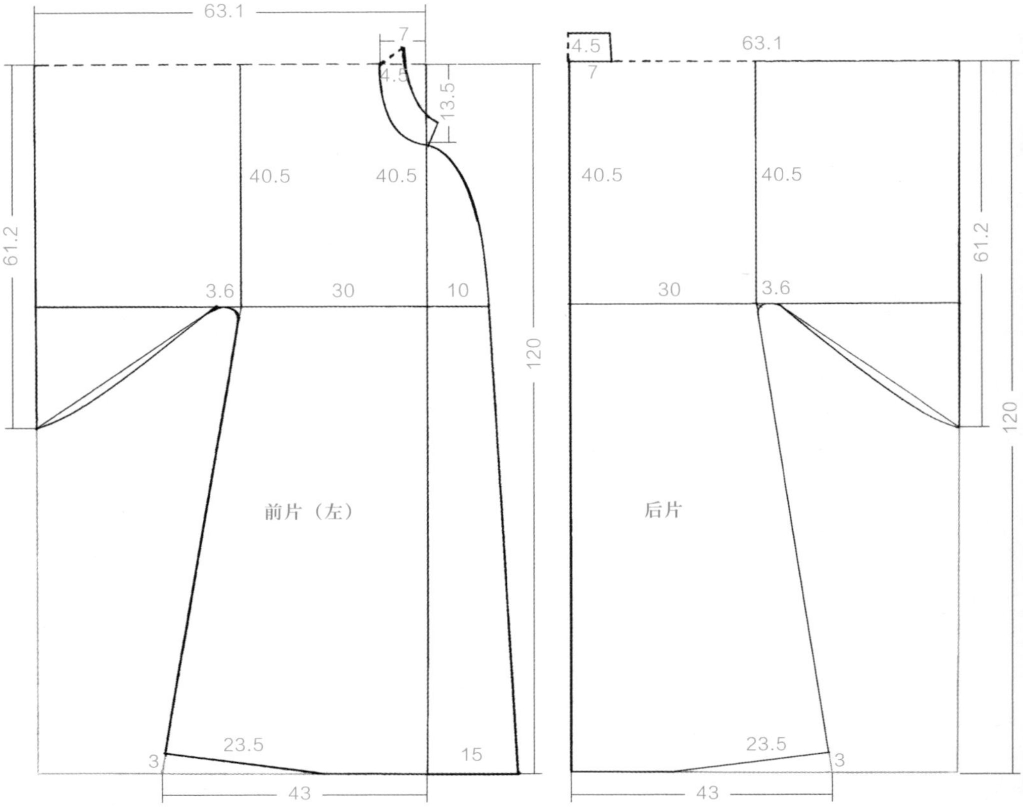

63.1
7
4.5
13.5
40.5
40.5
61.2
3.6
30
10
120
前片（左）
23.5
15
3
43
4.5
63.1
7
40.5
40.5
61.2
30
3.6
120
后片
23.5
3
43

红纱飞鱼袍：前片（左）、后片

45
袖片（左）
61.2
68
12
2
45
61.2
袖片（右）
68
12
2

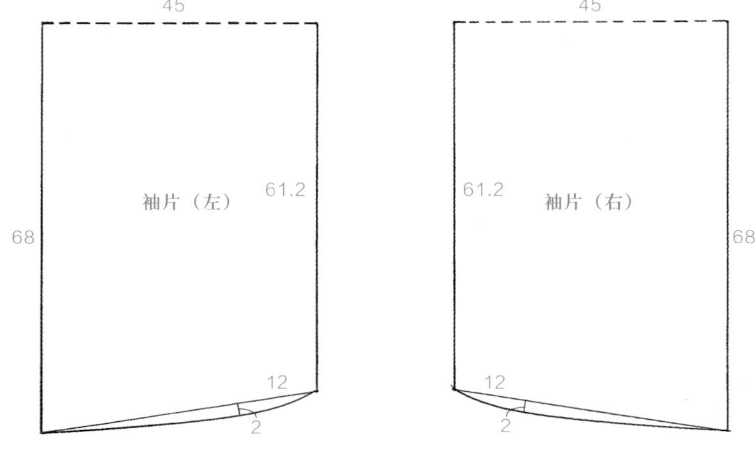

红纱飞鱼袍：袖片

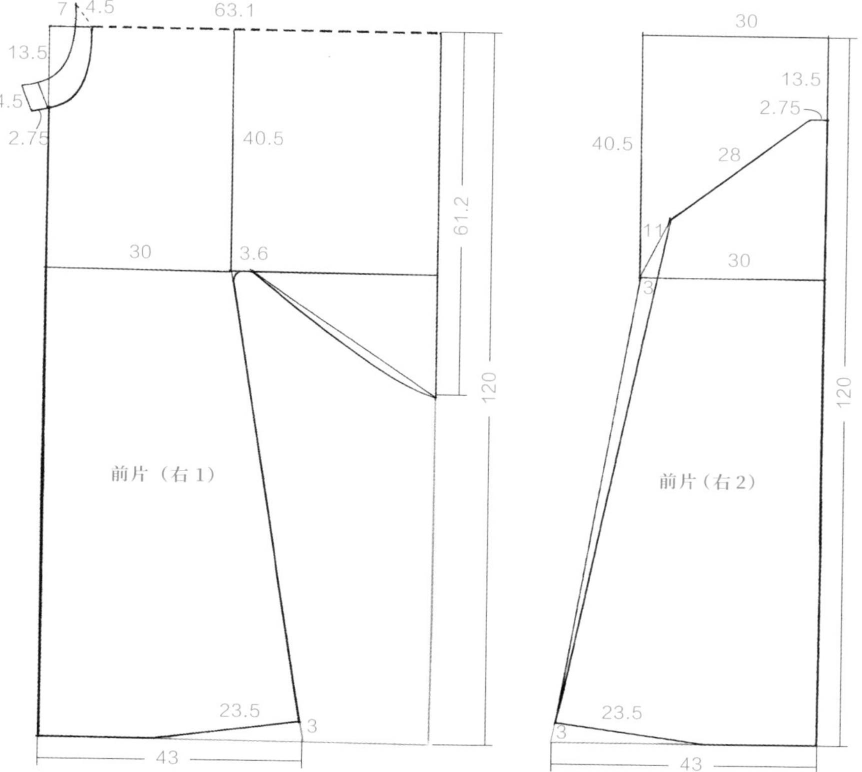

红纱飞鱼袍：前片（右1、右2）

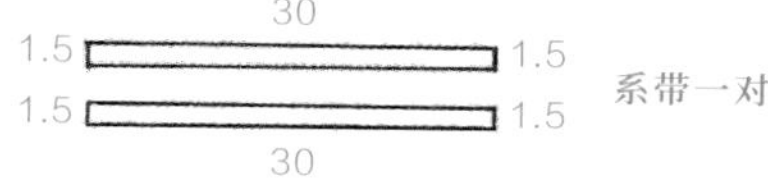

红纱飞鱼袍：系带

二十一、黄罗短衫

黄罗短衫

尺寸表

衣长	腰宽	通袖长	袖口宽
106	64	254	62

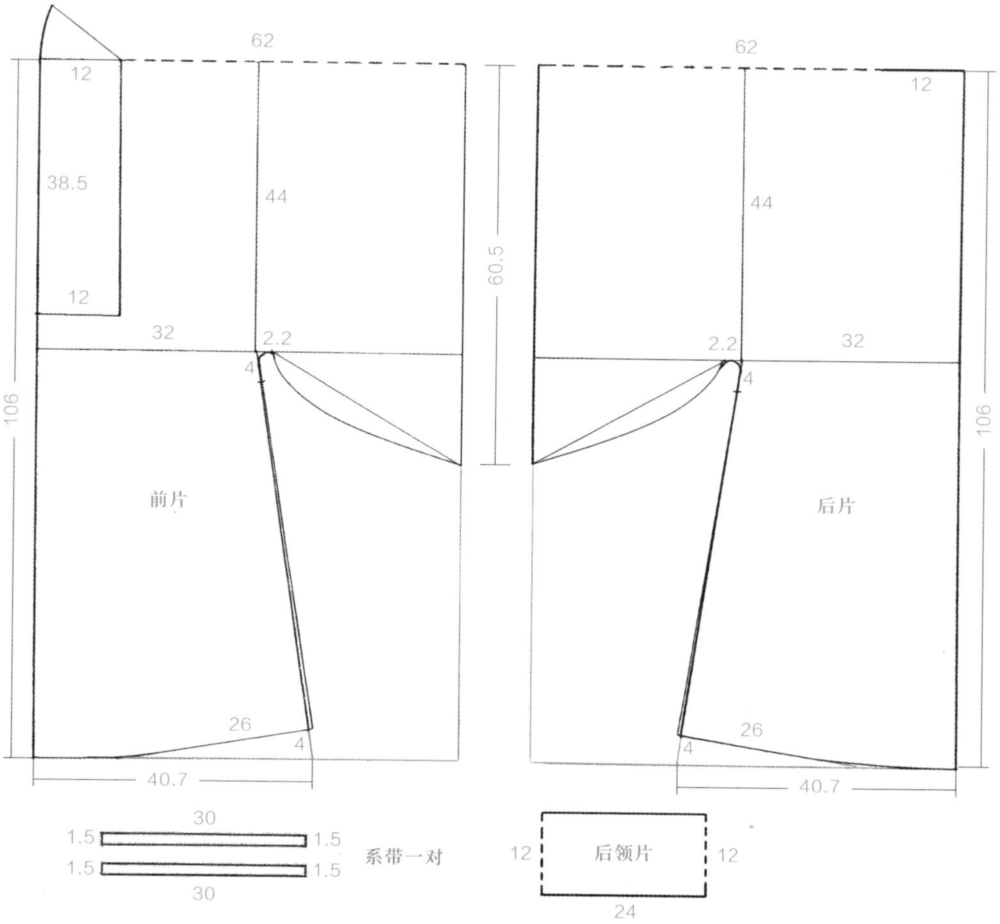

62
12
38.5
12
44
32
2.2
4
60.5
106
前片
26
4
40.7
62
12
44
2.2
32
4
106
后片
26
4
40.7
30
1.5
1.5
1.5
1.5
30
系带一对
12
后领片
12
24

黄罗短衫：前片、后片、系带、后领片

65
13
62
缘
袖片（左）
13
60.5
65
13
袖片（右）
缘
62
13

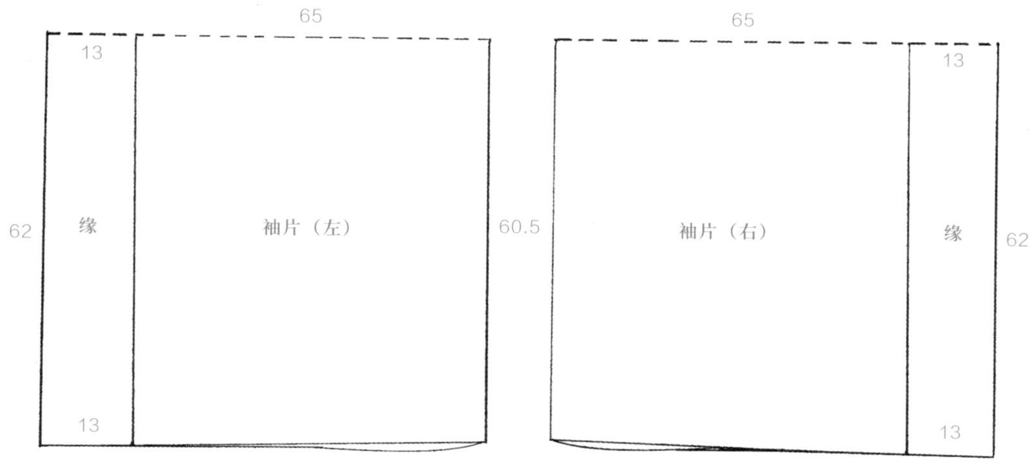

黄罗短衫：袖片

二十二、金地缂丝四爪蟒便服袍

金地缂丝四爪蟒便服袍

尺寸表

衣长	通袖长	胸宽	下摆宽
152	192	73	106

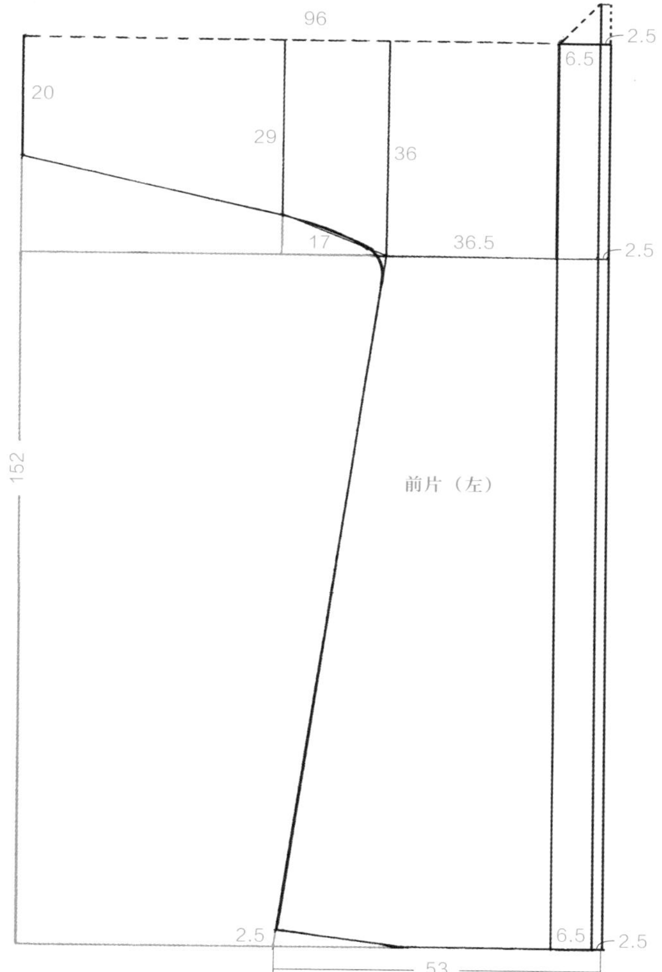

金地缂丝四爪蟒便服袍：前片（左）

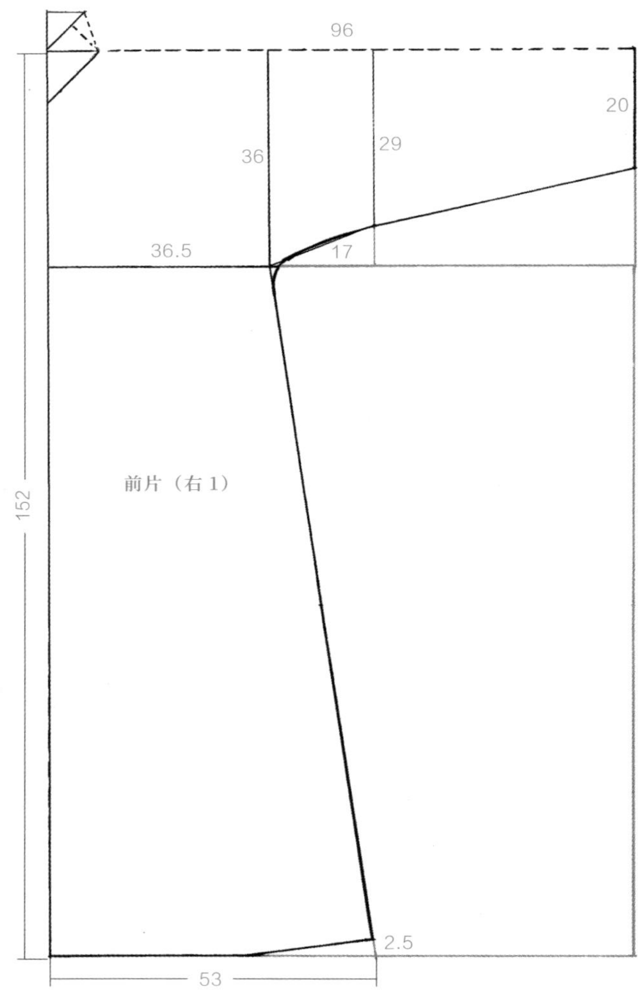

金地缂丝四爪蟒便服袍：前片（右 1）

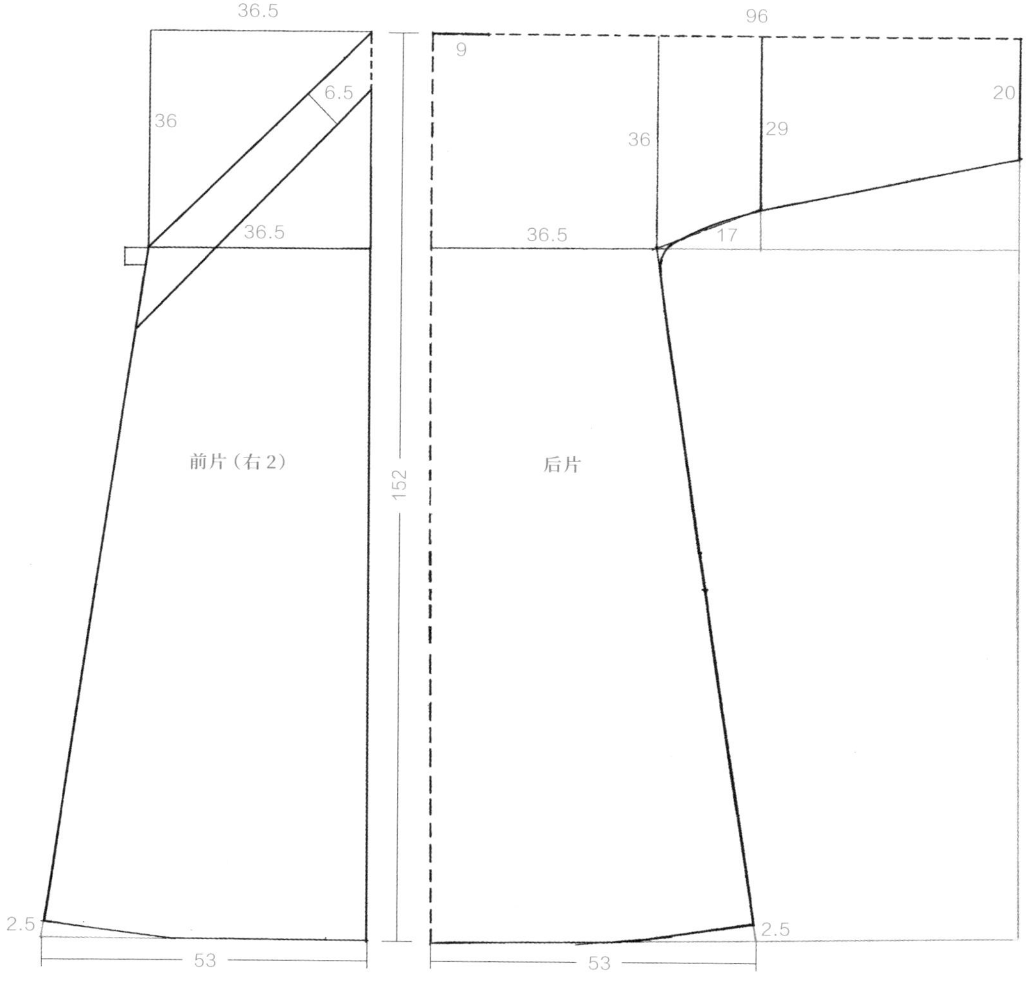

36.5
96
9
6.5
36
20
36
29
36.5
36.5
17
前片（右2）
152
后片
2.5
53
2.5
53

金地缂丝四爪蟒便服袍：前片（右2）、后片

36
3
3
系带一对
36

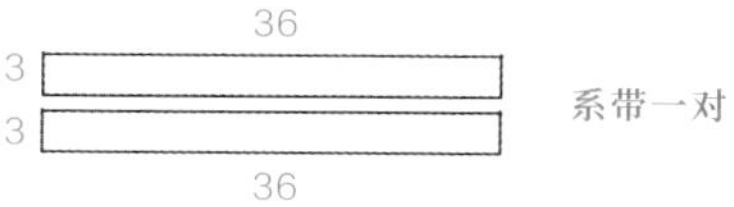

金地缂丝四爪蟒便服袍：系带

二十三、金麒麟补蓝绵袍

金麒麟补蓝绵袍

尺寸表

衣长	腰宽	通袖长	袖口宽	侧开缝长
134.2	78	158.5	40.5	61.6

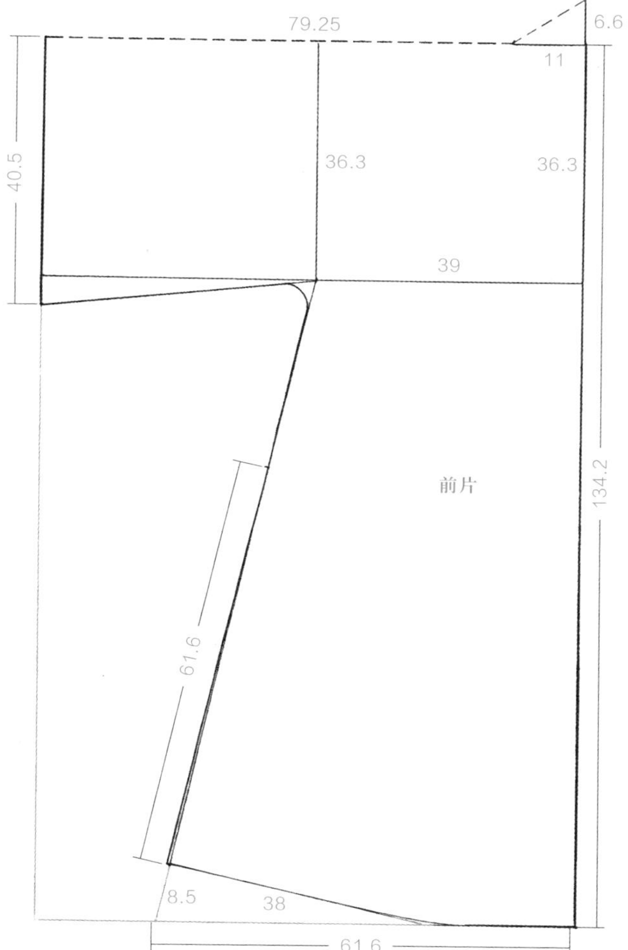

金麒麟补蓝绵袍：前片

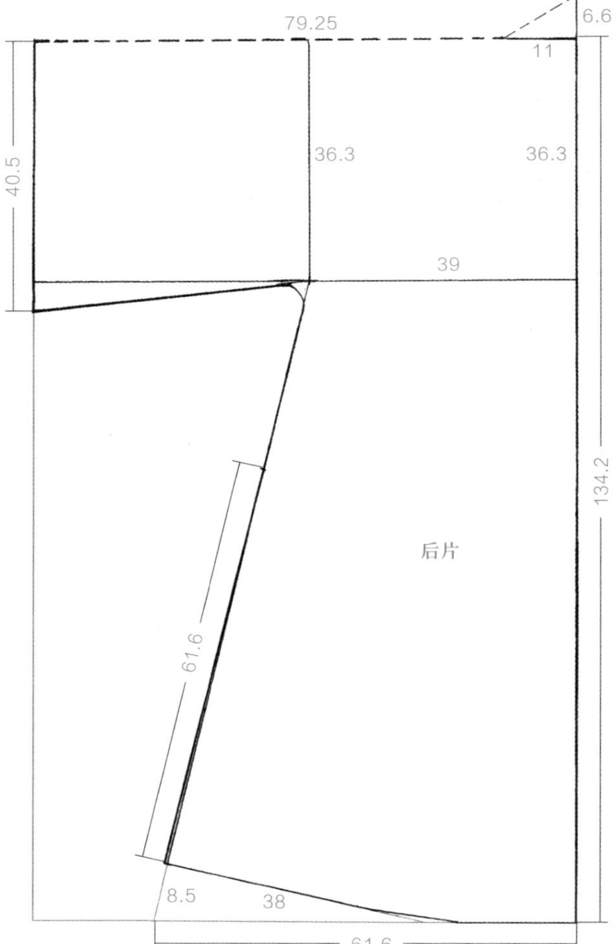

金麒麟补蓝绵袍：后片

二十四、缂丝葫芦长袍

缂丝葫芦长袍

尺寸表

衣长	腰宽	通袖长	袖口宽
118	60	165	18

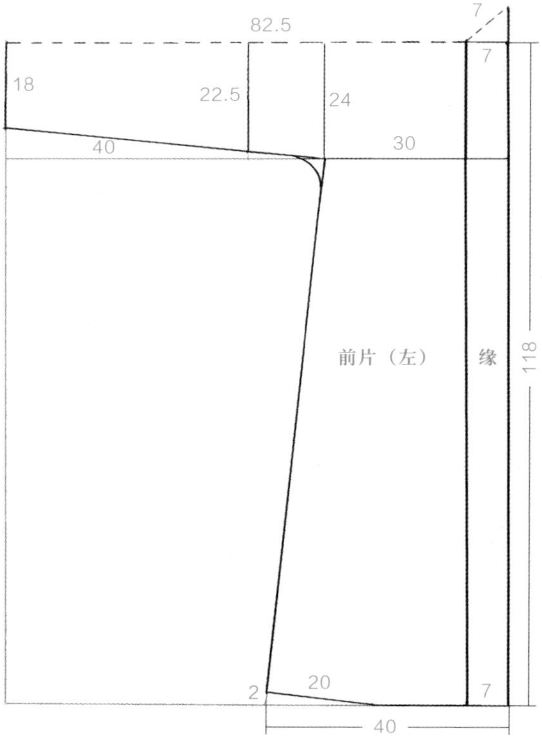

82.5
7
7
18
22.5
24
40
30
前片（左）
缘
118
2
20
7
40

缂丝葫芦长袍：前片（左）

7
82.5
7
24
22.5
18
30
40
前片（右 1）
118
20
2
40

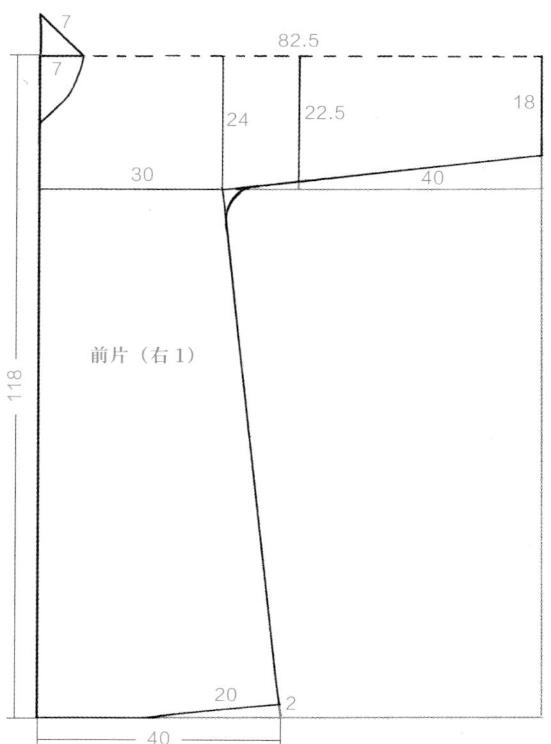

缂丝葫芦长袍：前片（右 1）

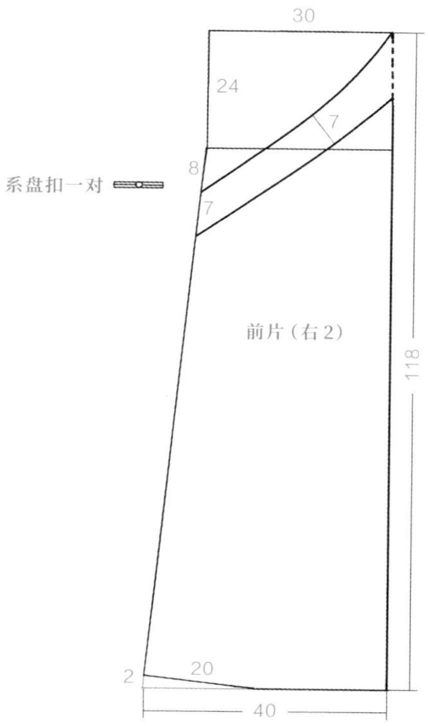

缂丝葫芦长袍：前片（右2）

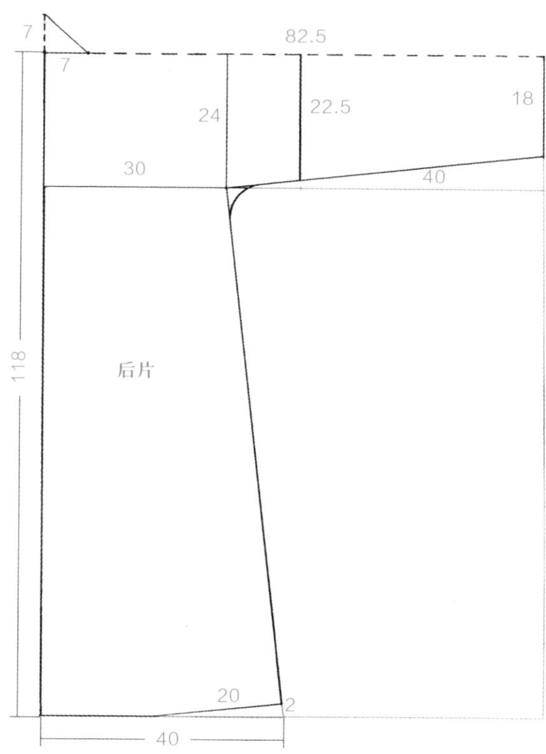

缂丝葫芦长袍：后片

二十五、蓝色湖绉麒麟补女短衣

蓝色湖绉麒麟补女短衣

尺寸表

衣长	通袖长	腰宽	袖口宽	侧开缝长
63	232	59	36	21

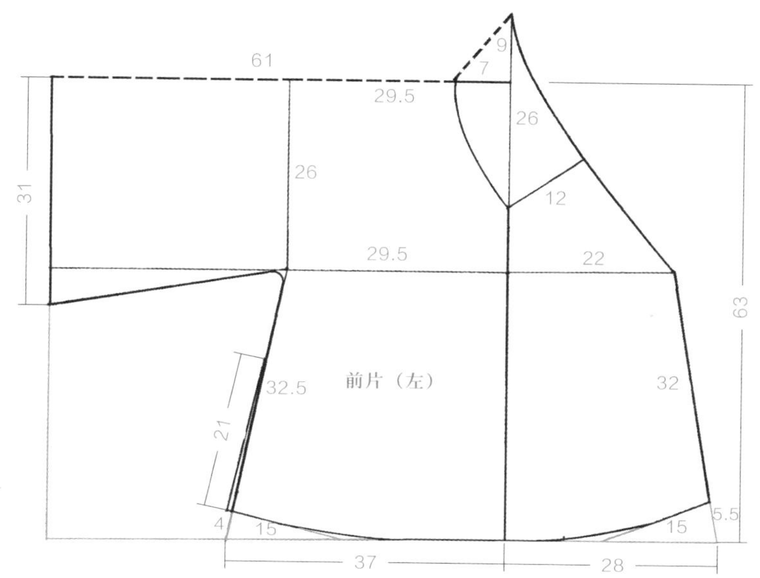

蓝色湖绉麒麟补女短衣：前片（左）

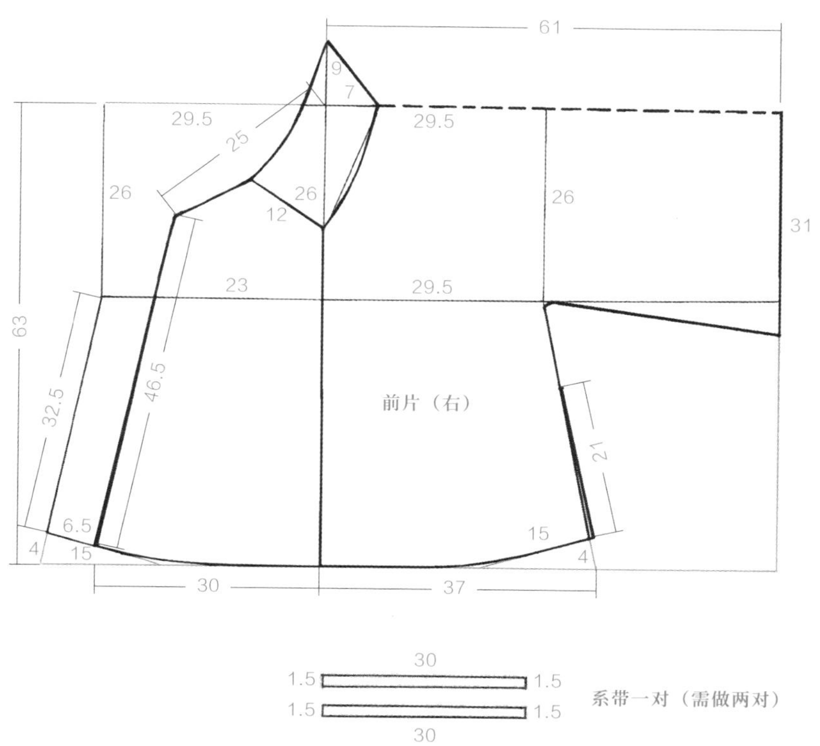

蓝色湖绉麒麟补女短衣：前片（右）、系带

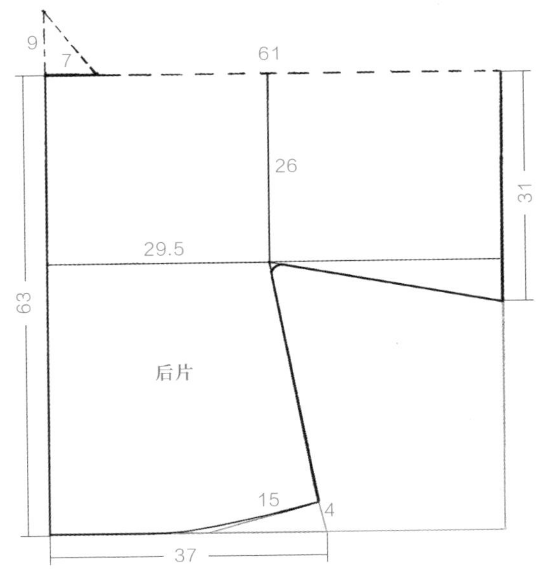

蓝色湖绉麒麟补女短衣：后片

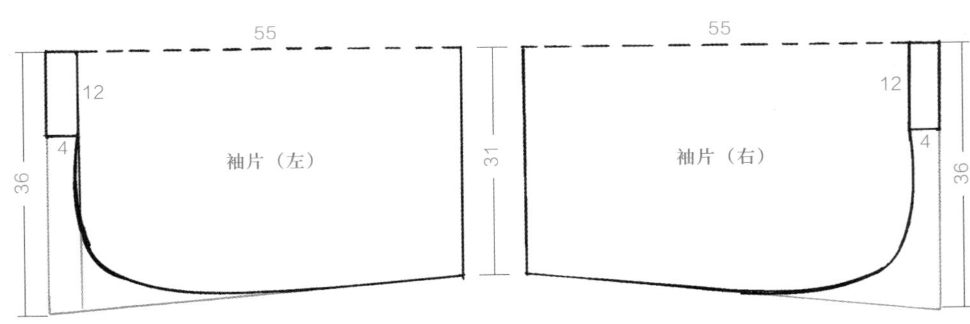

蓝色湖绉麒麟补女短衣：袖片

二十六、蓝色暗花纱缀绣仙鹤交领补服

蓝色暗花纱缀绣仙鹤交领补服

尺寸表

衣长	通袖长	腰宽	袖口宽	下摆宽	补子长	补子宽
143	254	60	67	114	40.5	39

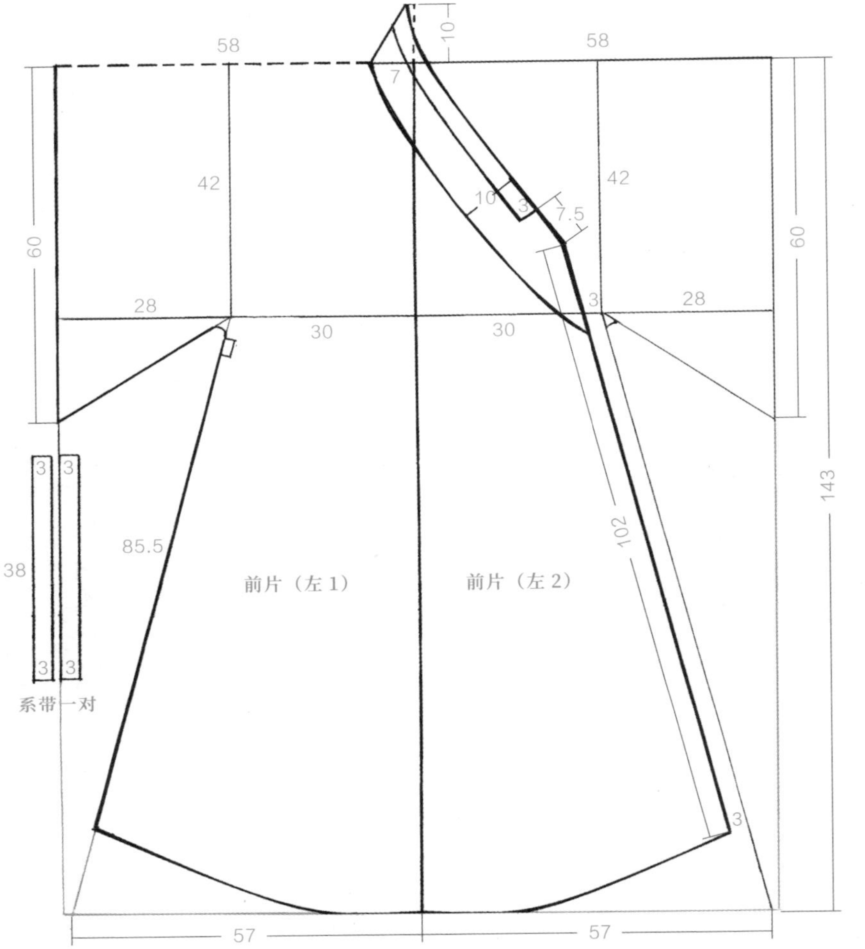

58
10
58
7
42
42
60
10
3
7.5
60
28
3
28
30
30
143
3
3
38
85.5
102
前片（左 1）
前片（左 2）
3
3
系带一对
3
57
57

蓝色暗花纱缀绣仙鹤交领补服：前片（左）、系带

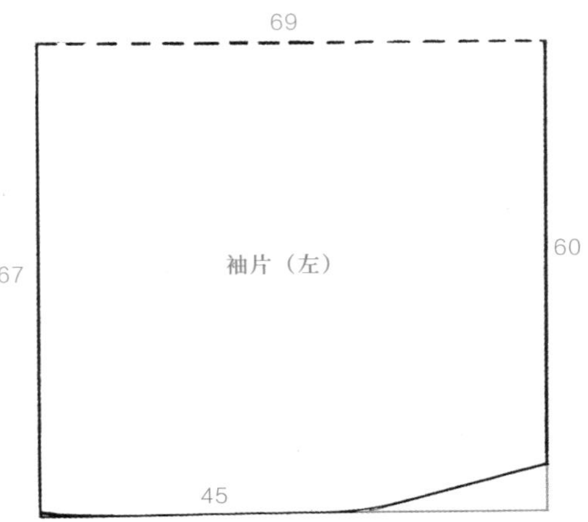

蓝色暗花纱缀绣仙鹤交领补服：袖片（左）

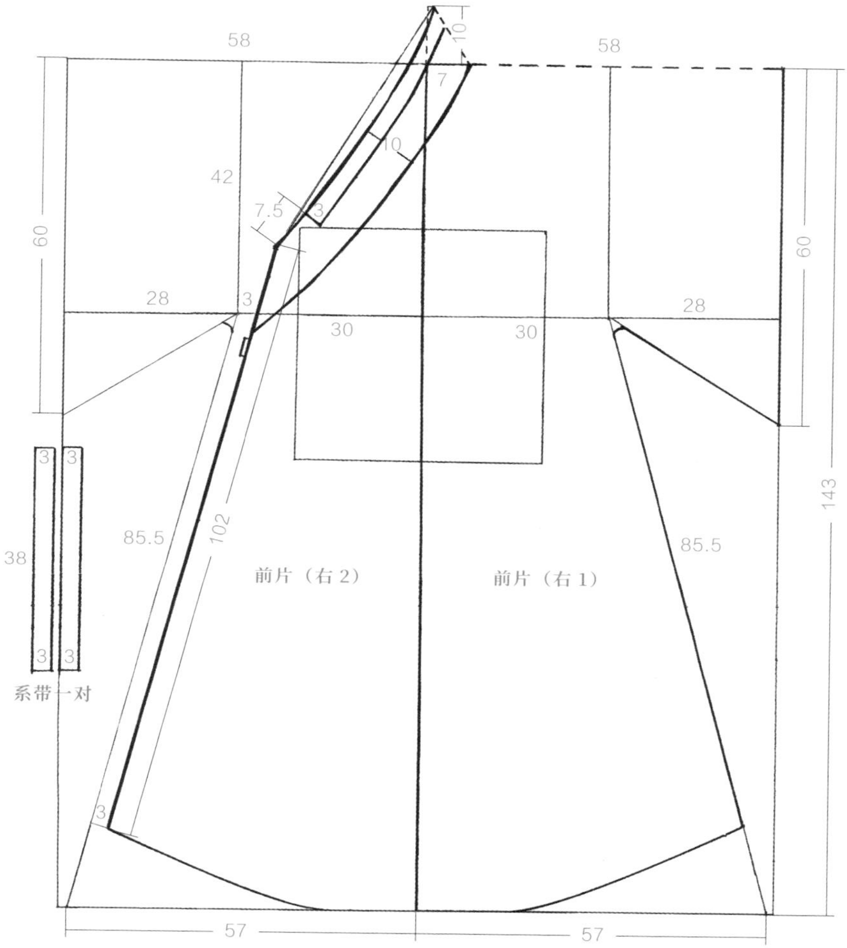

58
10
7
58
42
10
7.5
3
60
60
28
3
28
30
30
3
3
38
85.5
102
85.5
143
前片（右 2）
前片（右 1）
3
3
系带一对
3
57
57

蓝色暗花纱缀绣仙鹤交领补服：前片（右）、系带

69
60
袖片（右）
67
45

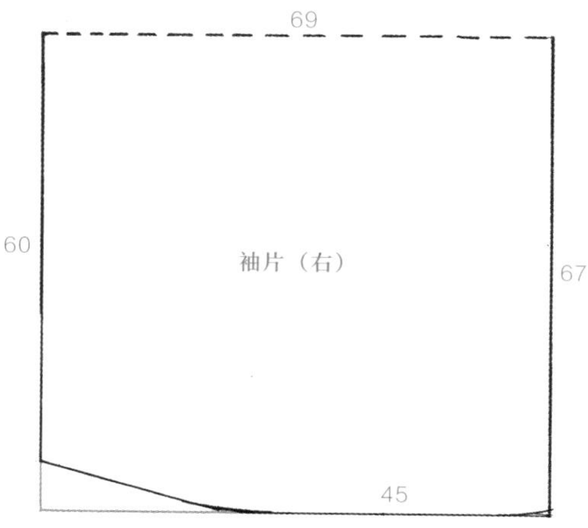

蓝色暗花纱缀绣仙鹤交领补服：袖片（右）

二十七、绿绸画云蟒纹袍

绿绸画云蟒纹袍

尺寸表

衣长	腰宽	通袖长	袖口宽	侧开缝长
112	64	197	37	28

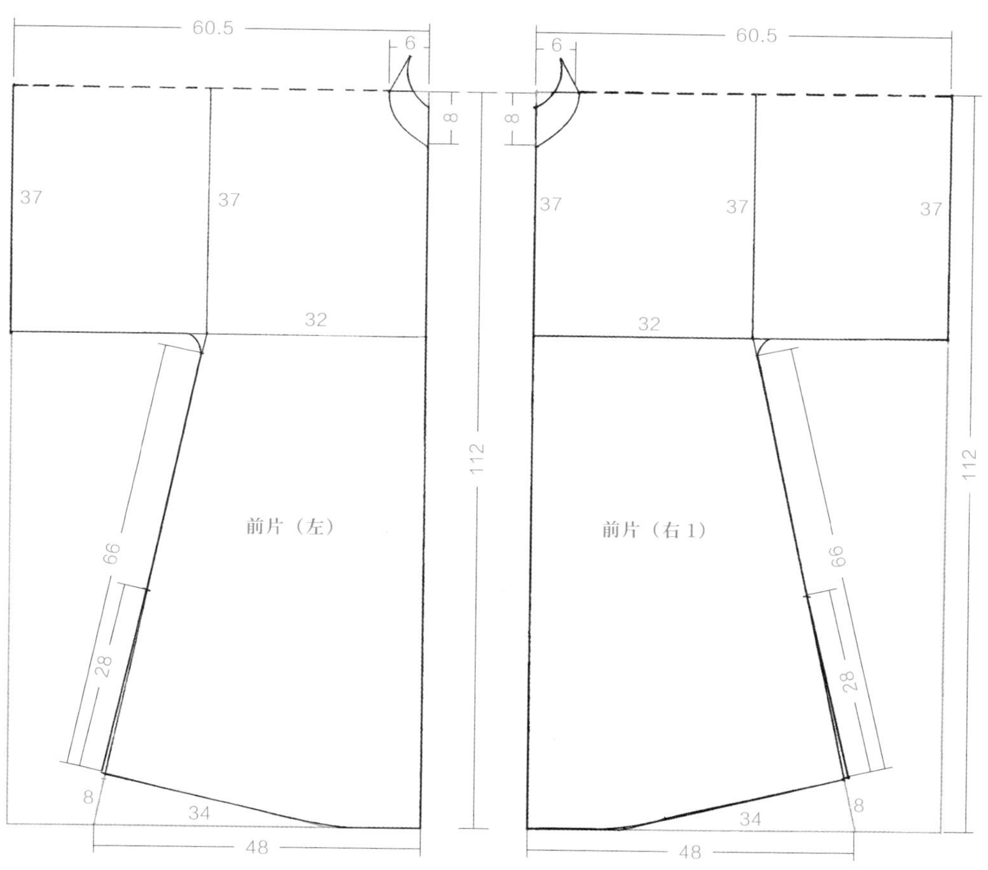

绿绸画云蟒纹袍：前片（左）、前片（右 1）

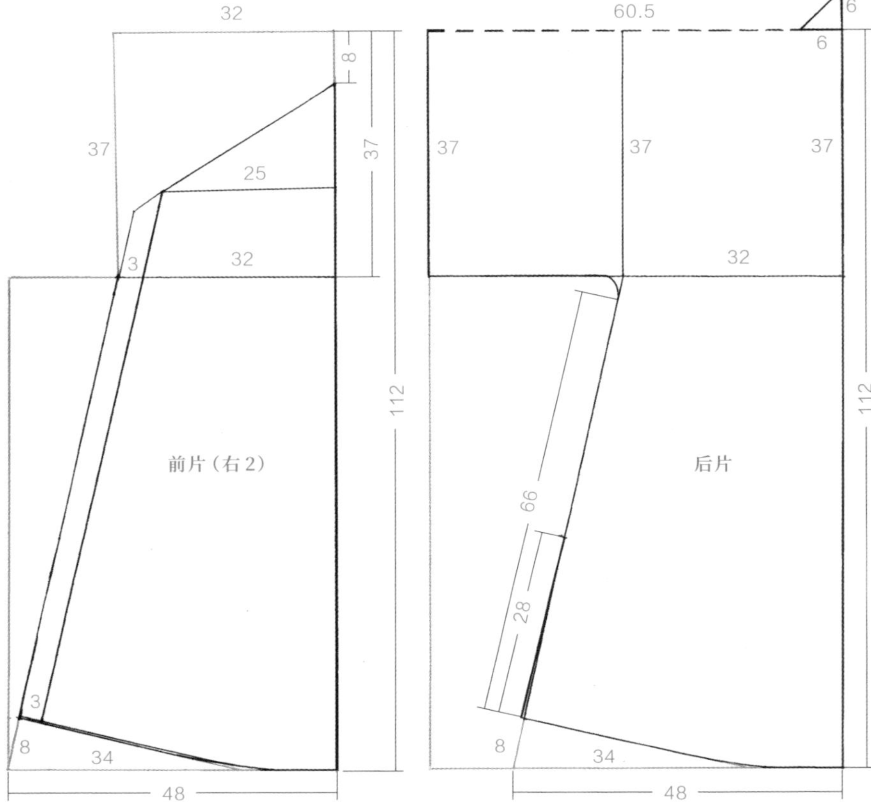

绿绸画云蟒纹袍：前片（右２）、后片

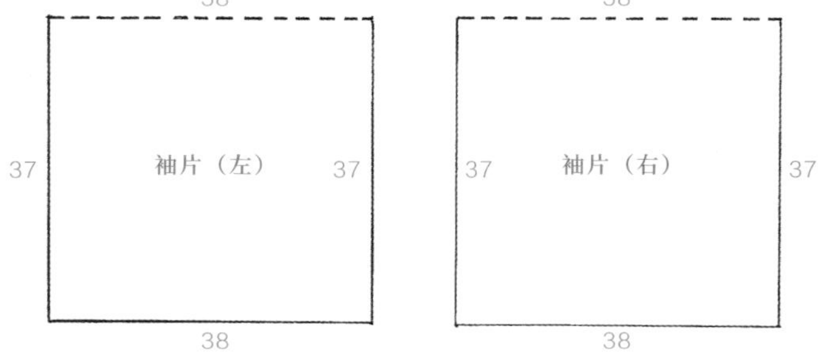

绿绸画云蟒纹袍：袖片

二十八、绿罗织金凤女袍

绿罗织金凤女袍

尺寸表

衣长	腰宽	通袖长	袖宽	袖口宽	袖边宽
130	50	241	36	14	5

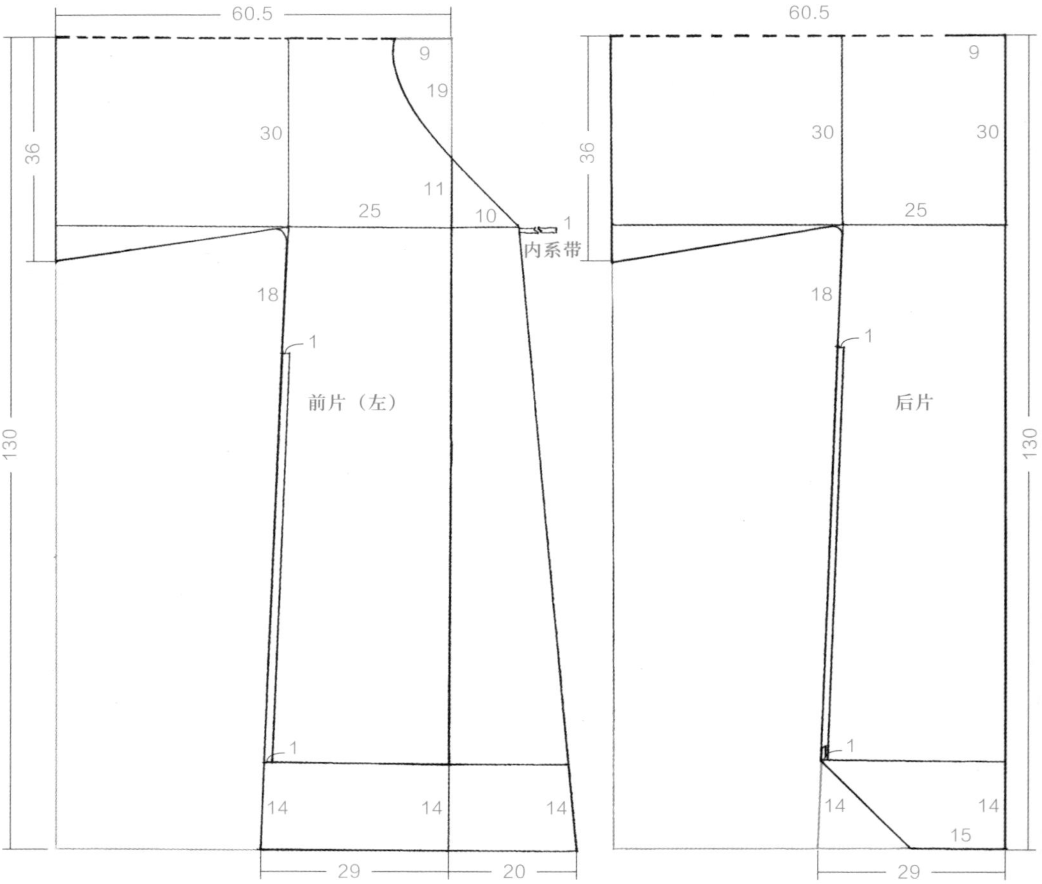

绿罗织金凤女袍：前片（左）、后片

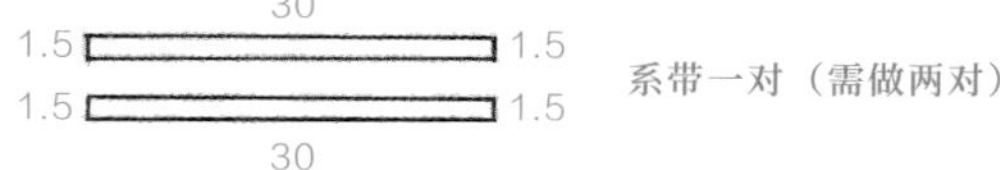

绿罗织金凤女袍：系带

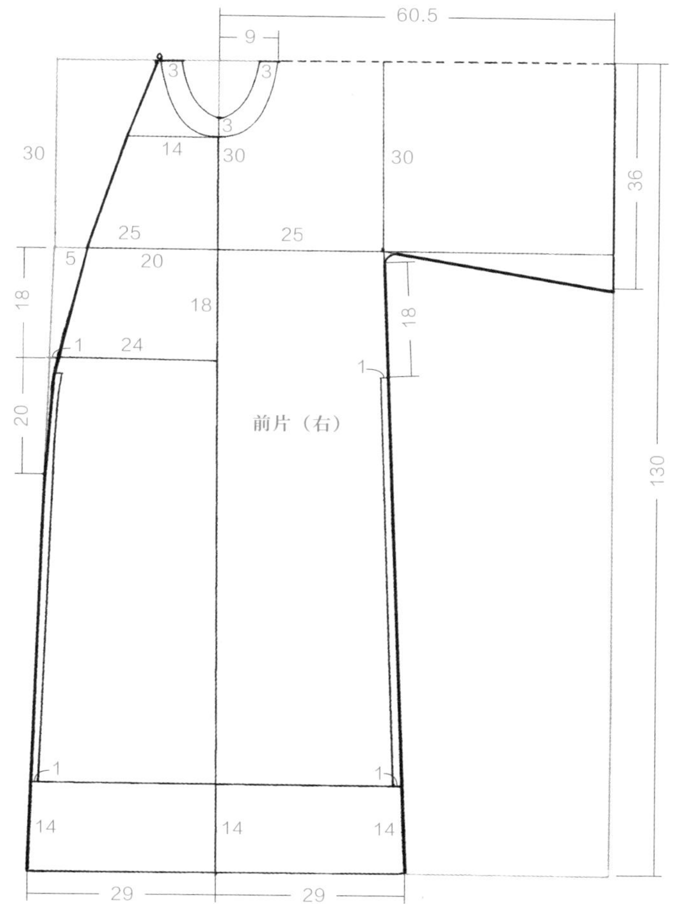

绿罗织金凤女袍：前片（右）

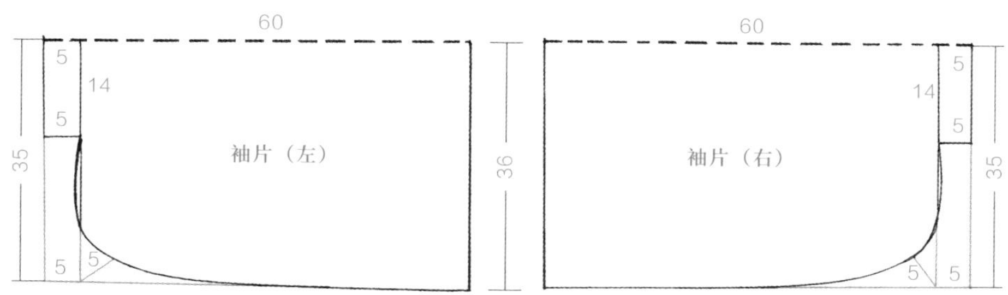

绿罗织金凤女袍：袖片

二十九、洒线绣蹙金龙百子戏女夹衣

洒线绣蹙金龙百子戏女夹衣

尺寸表

衣长	通袖长	袖口宽	腰宽	下摆宽
71	163	36	52	80

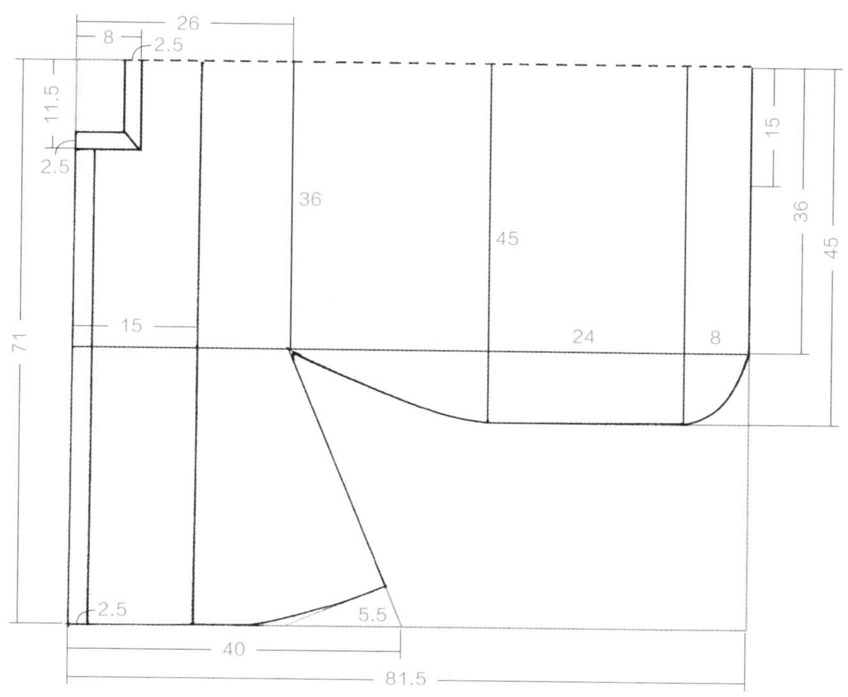

洒线绣蹙金龙百子戏女夹衣：前片

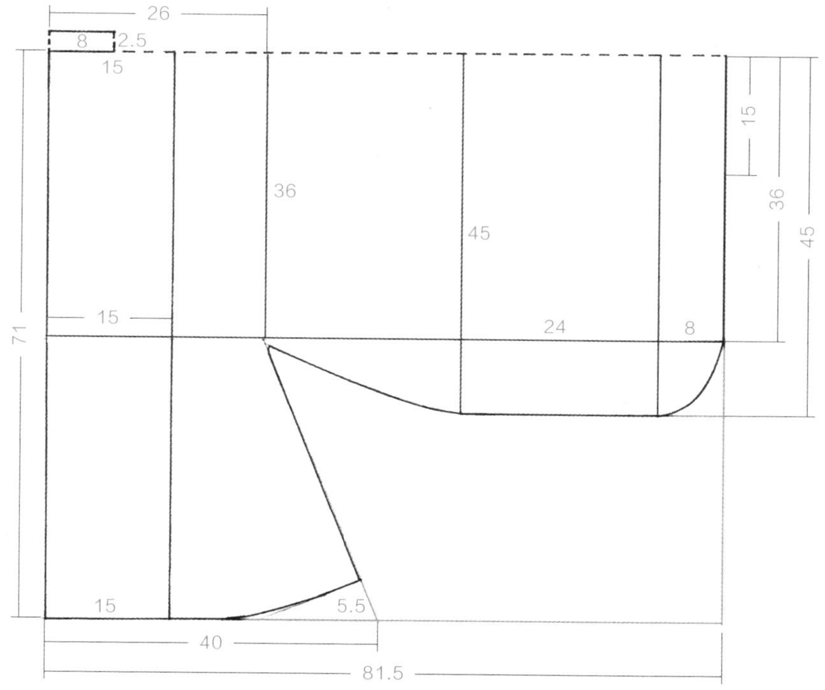

洒线绣蹙金龙百子戏女夹衣：后片

三十、四兽红罗袍

四兽红罗袍

尺寸表

衣长	腰宽	通袖长	袖宽	袖口宽
122	50	211.5	61	12.6

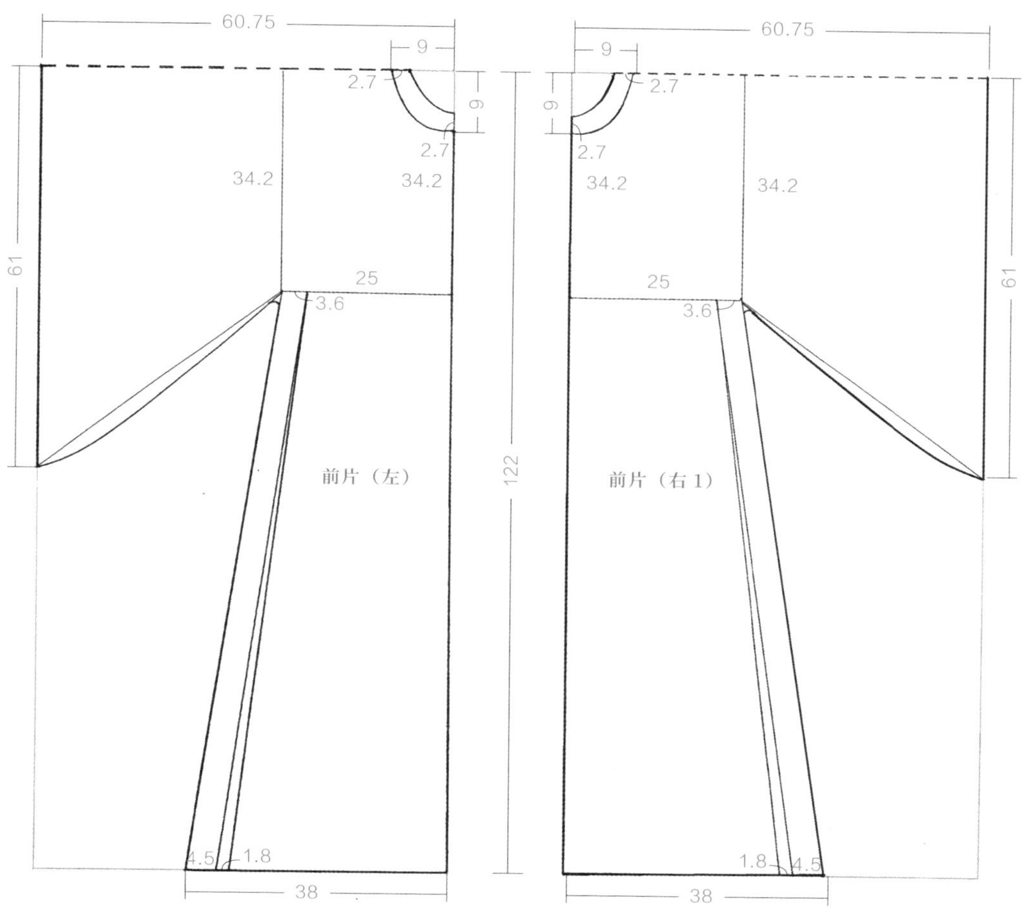
60.75
9
2.7
9
2.7
34.2
34.2
61
25
3.6
前片（左）
122
4.5
1.8
38
60.75
9
2.7
9
2.7
34.2
34.2
25
3.6
61
前片（右 1）
1.8
4.5
38

四兽红罗袍：前片（左、右 1）

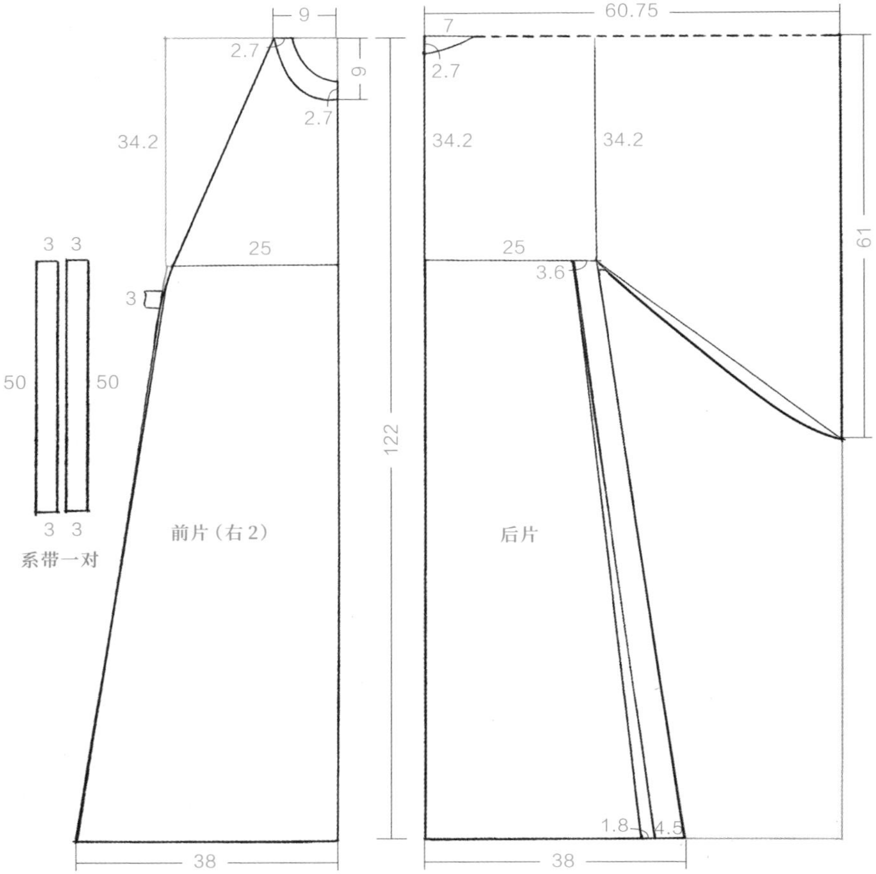

系带一对

前片（右2）

后片

四兽红罗袍：前片（右2）、后片、系带

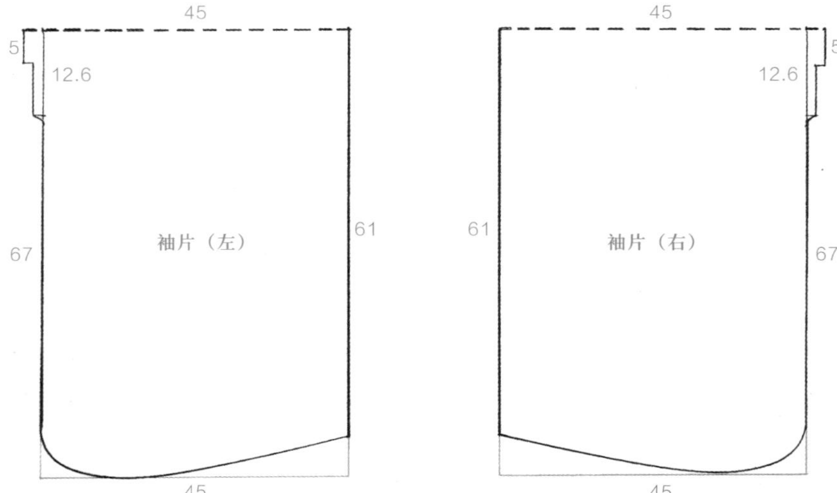

四兽红罗袍：袖片

三十一、素面绿罗袍

素面绿罗袍

尺寸表

衣长	腰宽	通袖长	袖宽	袖口宽
133	58	230	40	13.5

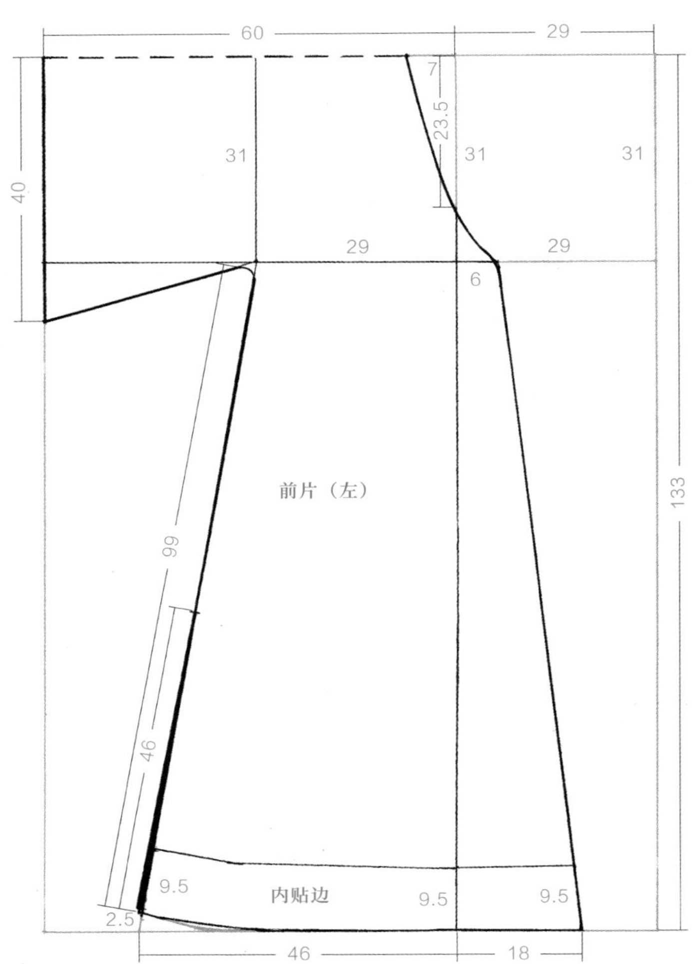

素面绿罗袍：前片（左）

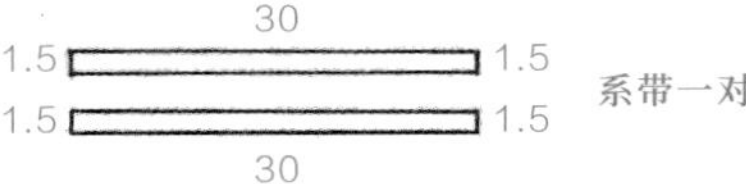

素面绿罗袍：系带

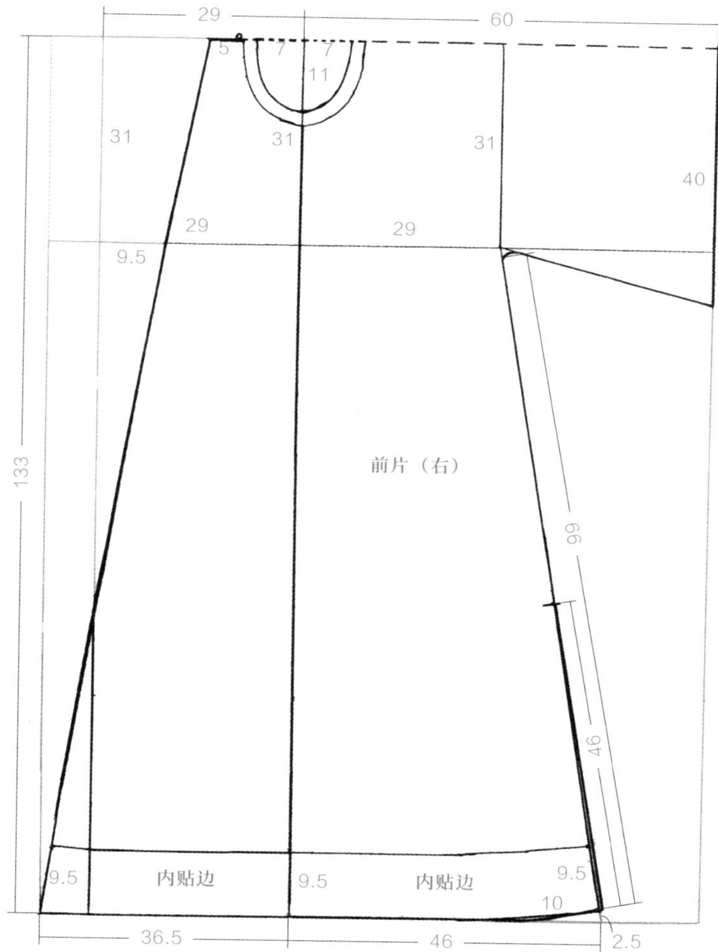

素面绿罗袍：前片（右）

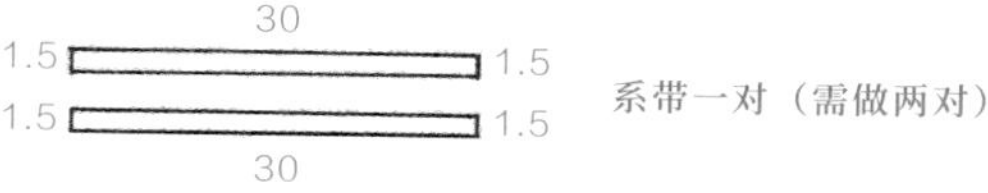

素面绿罗袍：系带

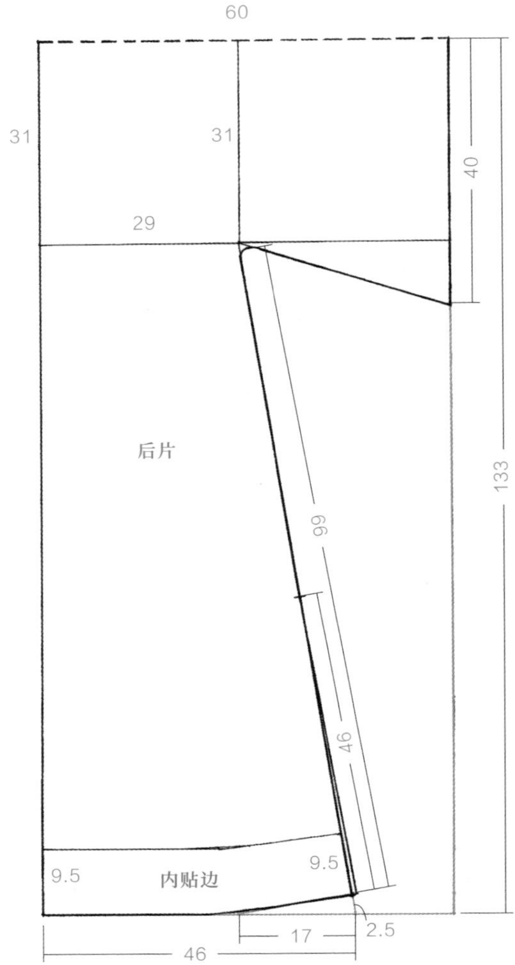

素面绿罗袍：后片

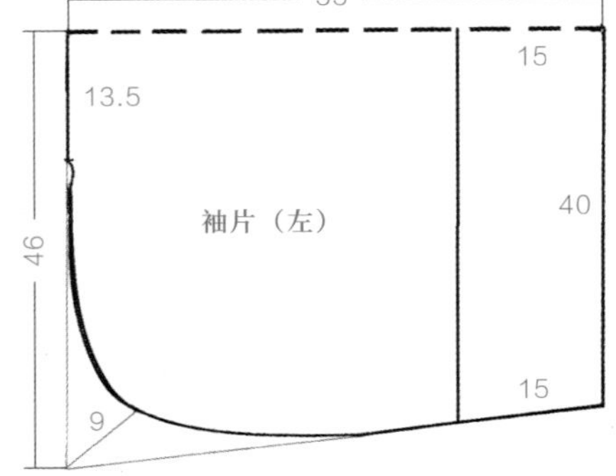

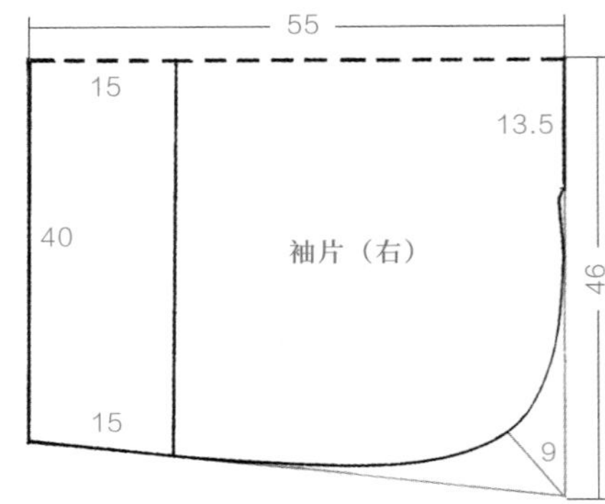

素面绿罗袍：袖片

三十二、缂丝十二章十二团龙福寿如意纹衮服

缂丝十二章十二团龙福寿如意纹衮服

尺寸表

衣长	通袖长	袖口宽	领缘宽
135	234	51	4.8

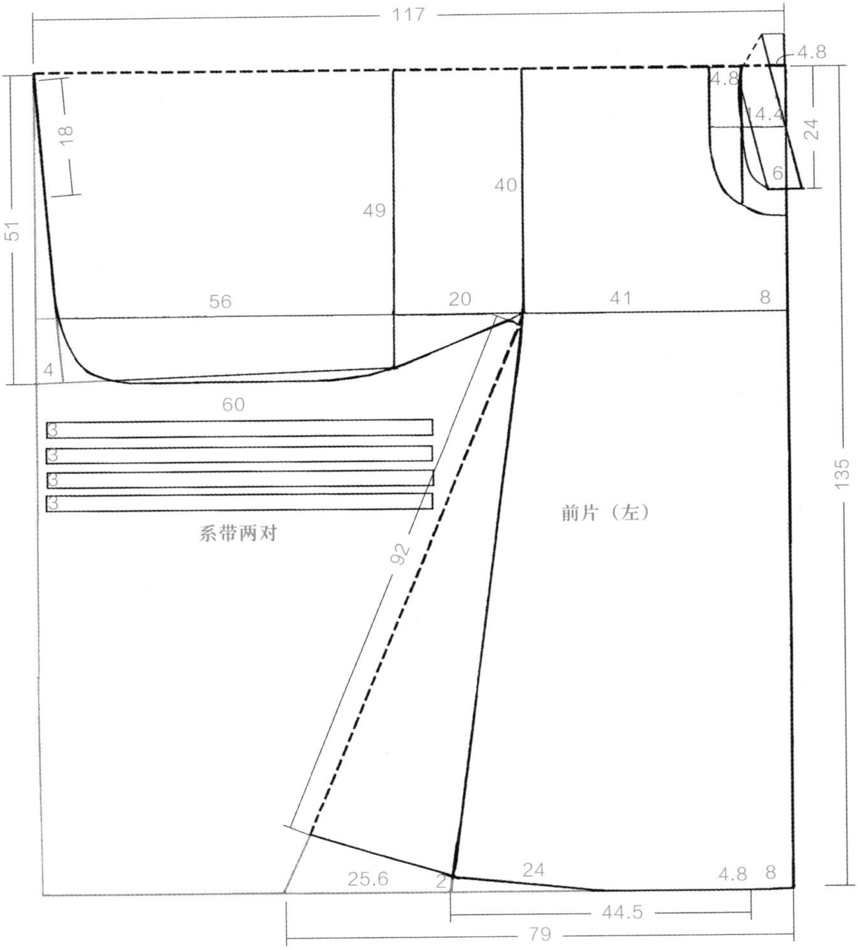

117
4.8
4.8
14.4
24
6
18
51
49
40
56
20
41
8
4
60
3
3
3
3
系带两对
前片（左）
92
135
25.6
2
24
4.8
8
44.5
79

缂丝十二章十二团龙福寿如意纹衮服：前片（左）、系带

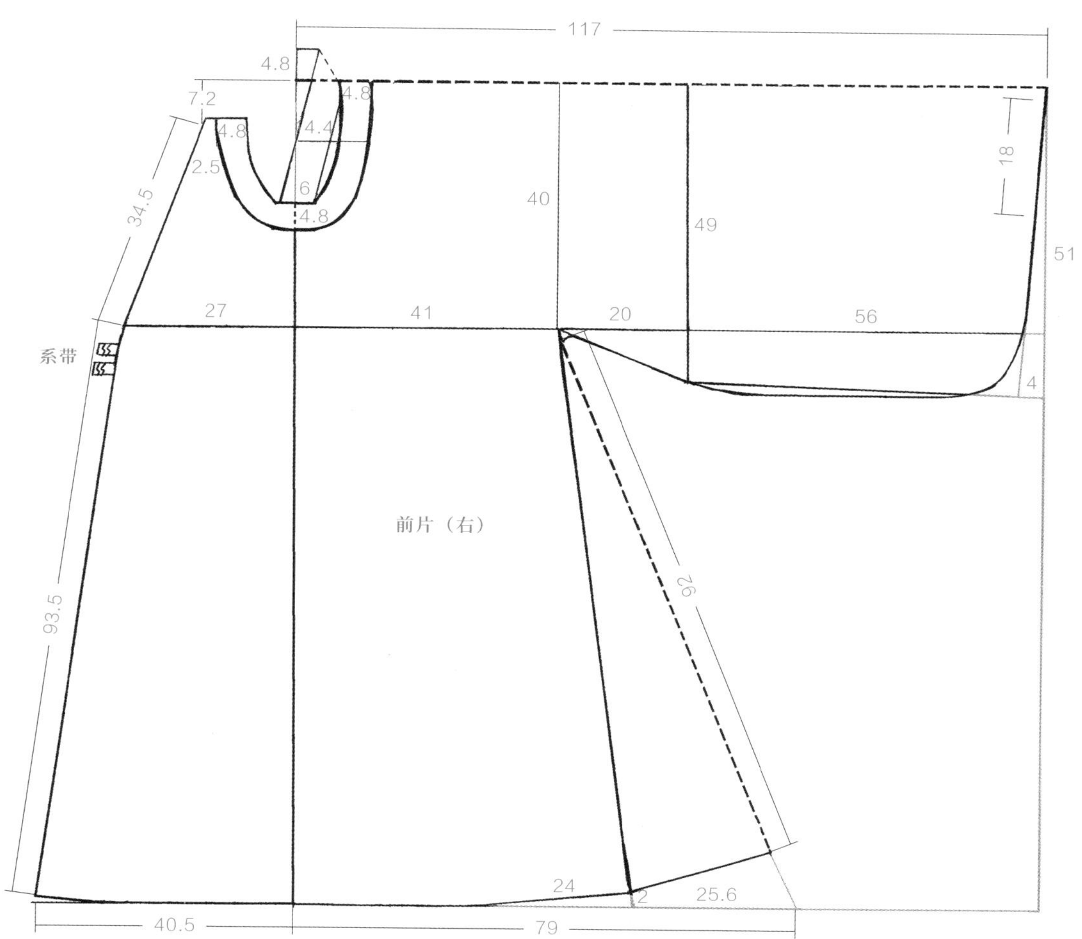

缂丝十二章十二团龙福寿如意纹衮服：前片（右）

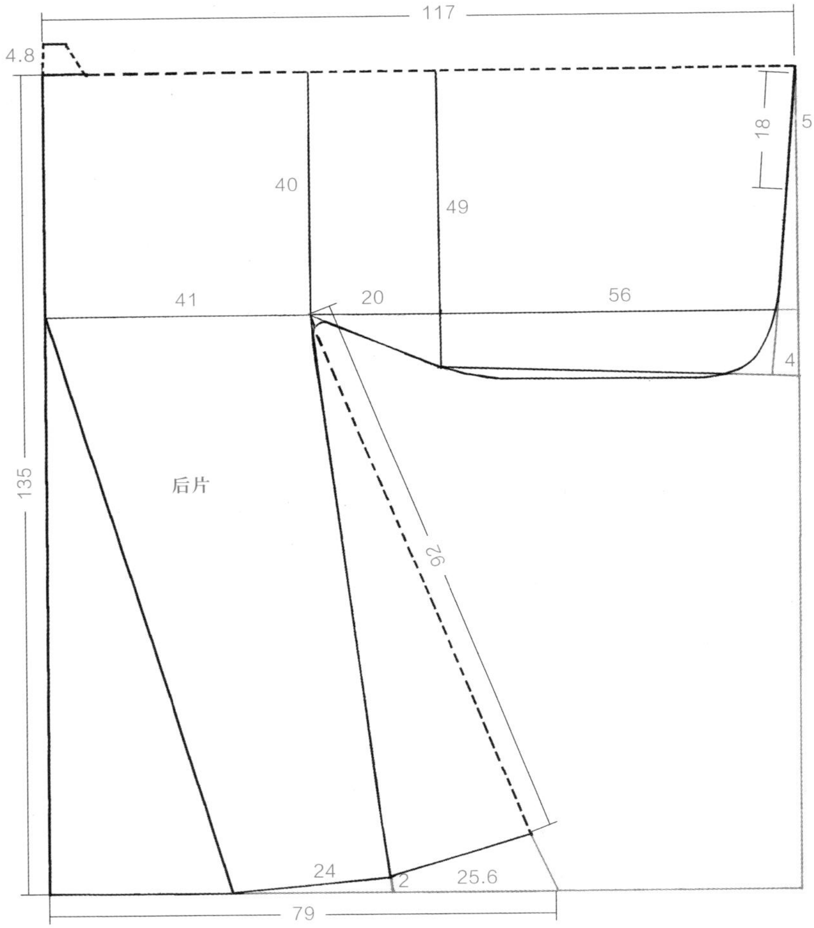

117
4.8
51
18
40
49
41
20
56
4
135
后片
92
24
2
25.6
79

缂丝十二章十二团龙福寿如意纹衮服：后片

三十三、香色罗彩绣蟒袍

香色罗彩绣蟒袍

尺寸表

衣长	腰宽	通袖长	袖宽	袖口宽	领高
126.5	64	220.5	91.5	89.5	7

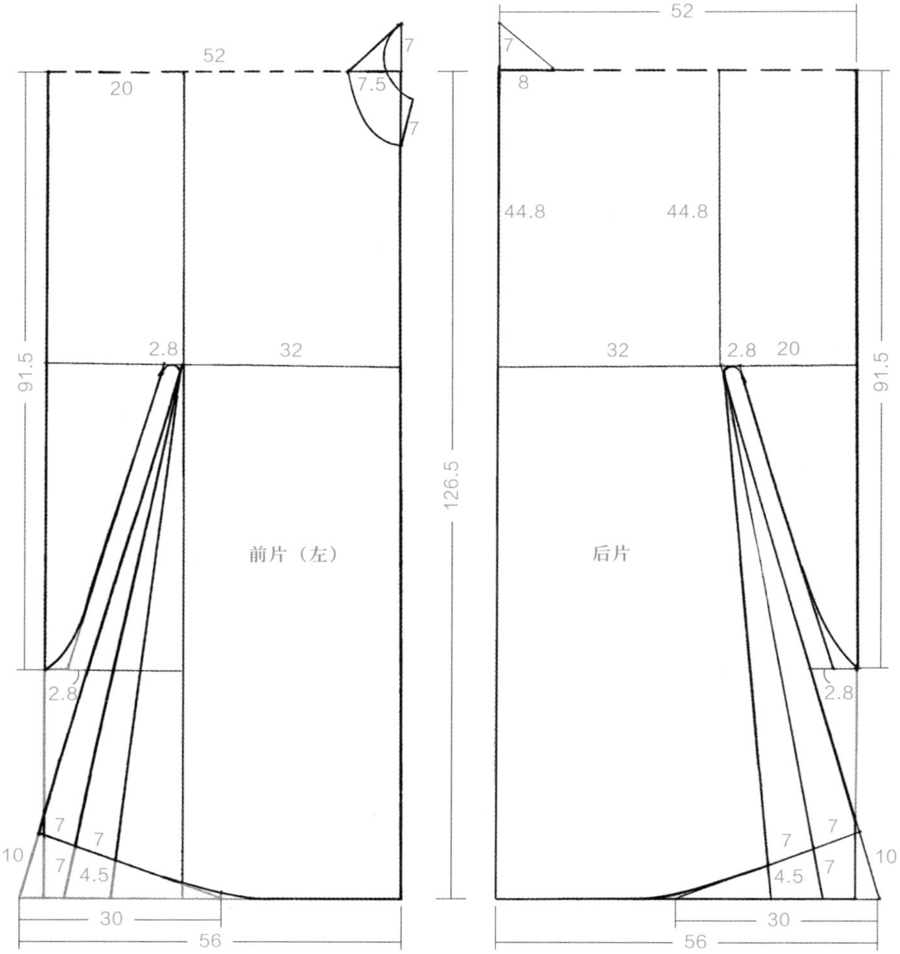

前片（左）

后片

香色罗彩绣蟒袍：前片（左）、后片

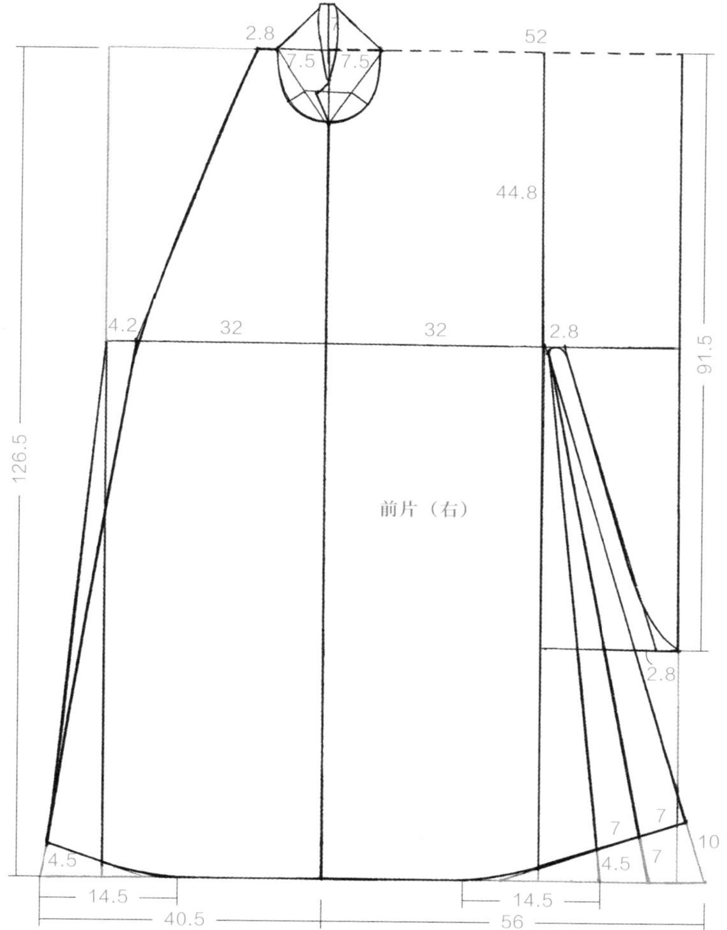
2.8
52
7.5
7.5
44.8
4.2
32
32
2.8
91.5
126.5
前片（右）
2.8
7
7
10
4.5
4.5
7
14.5
14.5
40.5
56

香色罗彩绣蟒袍：前片（右）

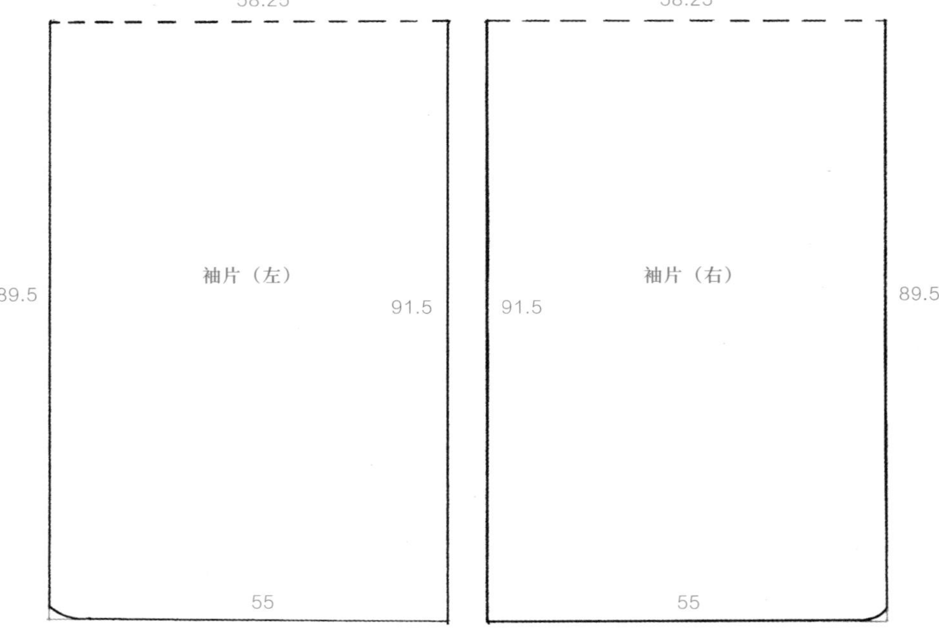

香色罗彩绣蟒袍：袖片

三十四、香色麻飞鱼袍

香色麻飞鱼袍

尺寸表

衣长	腰宽	通袖长	袖宽	袖口宽	领宽
124.5	57	252.2	49	17	13

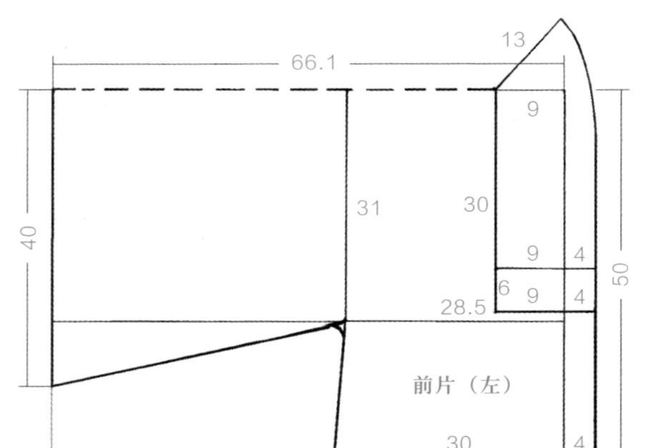

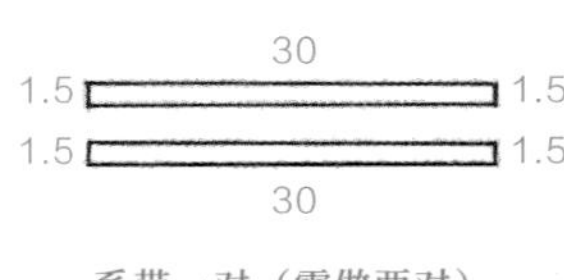

香色麻飞鱼袍：前片（左）、系带

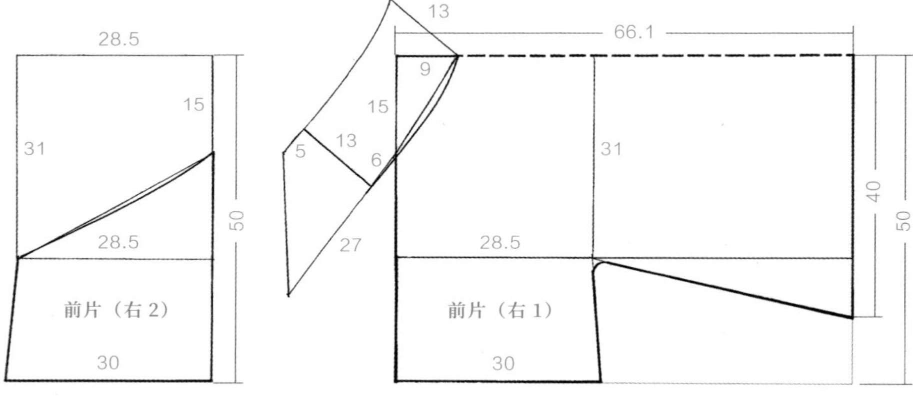

香色麻飞鱼袍：前片（右）

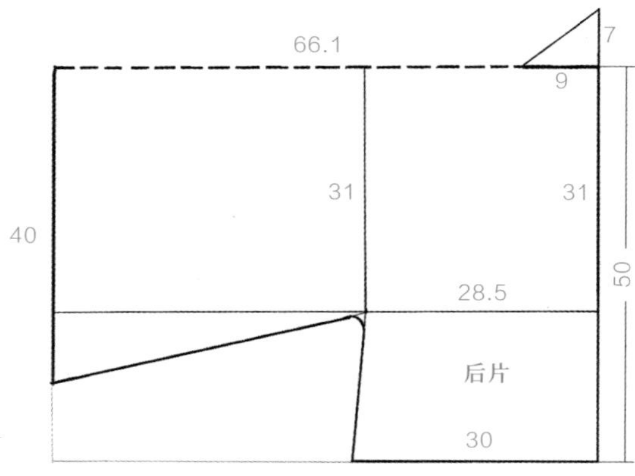

香色麻飞鱼袍：后片

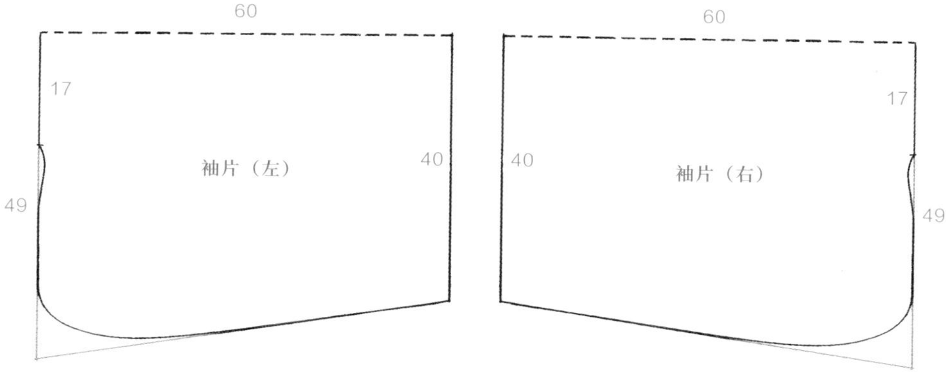

香色麻飞鱼袍：袖片

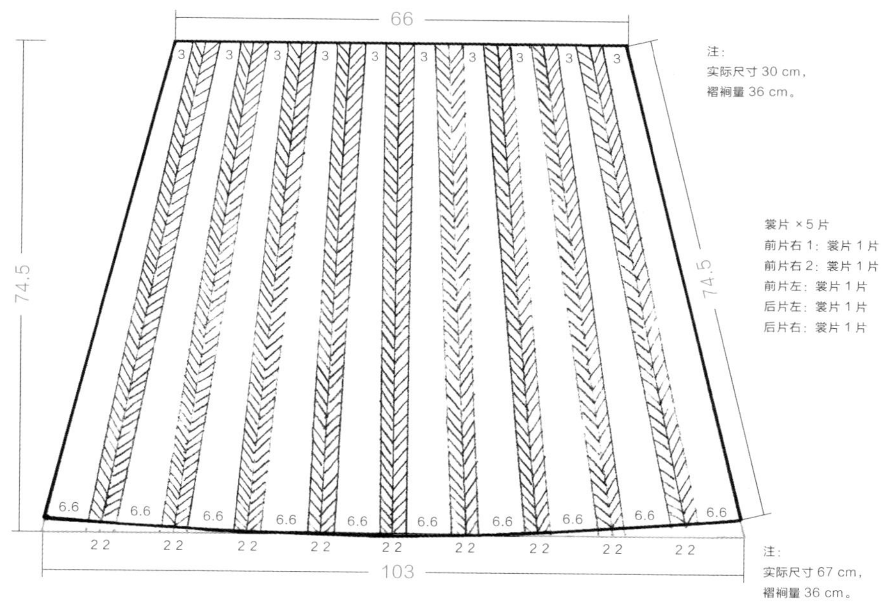

香色麻飞鱼袍：裳片

三十五、织金妆花缎过肩通袖龙纹女上衣

织金妆花缎过肩通袖龙纹女上衣

尺寸表

衣长	通袖长	袖口宽	腰宽
79	140	56	48

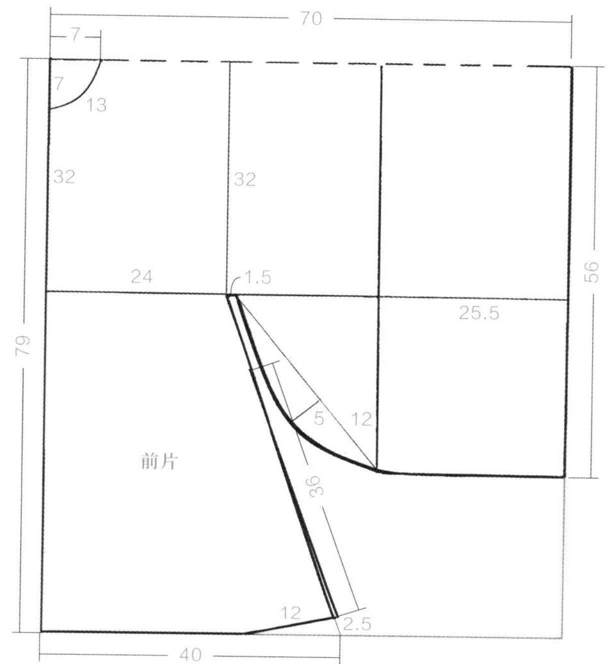

织金妆花缎过肩通袖龙纹女上衣：前片（左右相同）

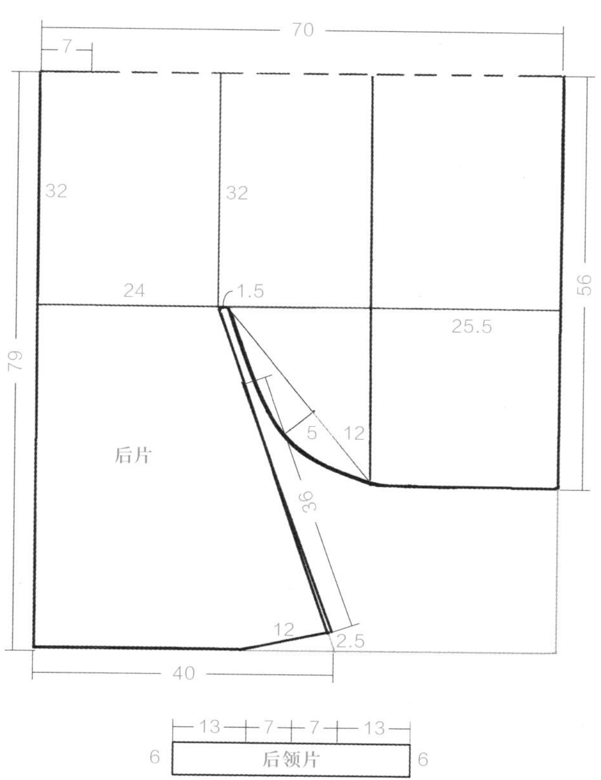

织金妆花缎过肩通袖龙纹女上衣：后片、后领片

三十六、赭红凤补女袍

赭红凤补女袍

尺寸表

前衣长	后衣长	通袖长	袖口宽	腰宽
106.25	147	192.7	12	41

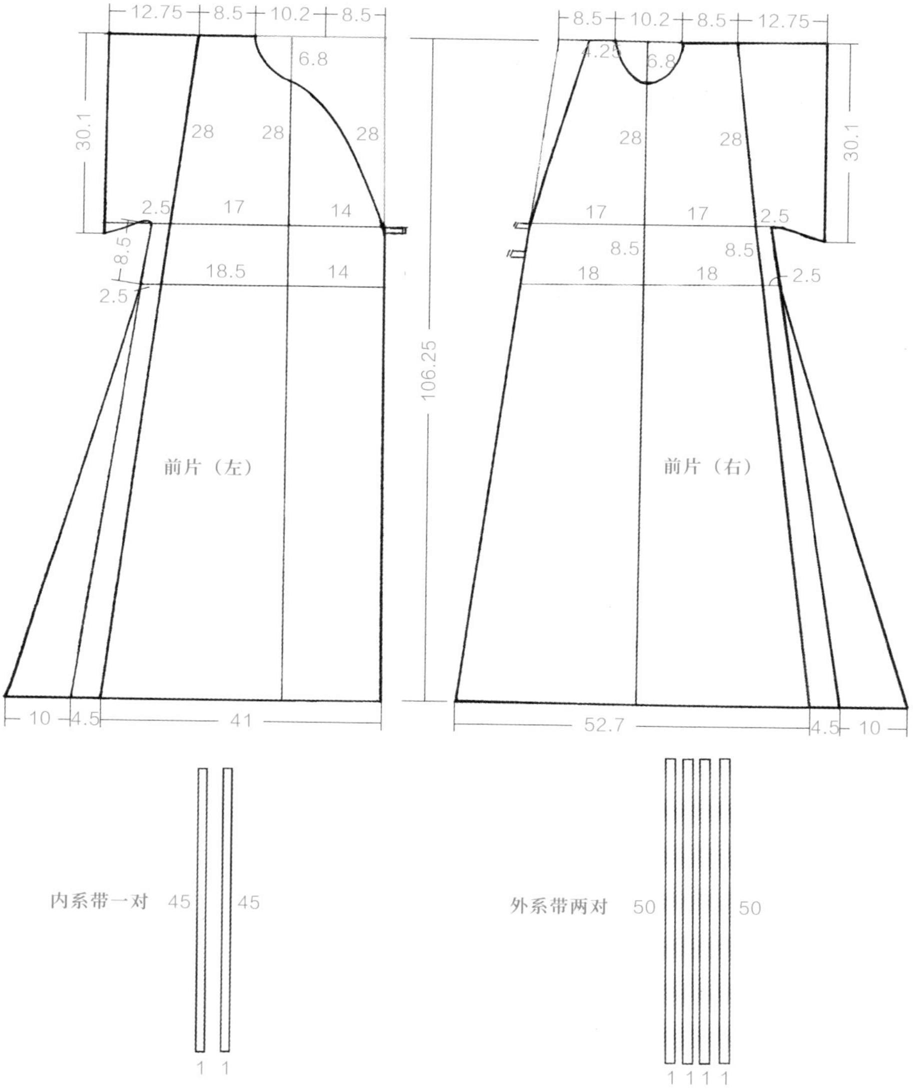

12.75 8.5 10.2 8.5
30.1
6.8
28 28 28
2.5 17 14
8.5
18.5 14
2.5
前片（左）
10 4.5 41

106.25

8.5 10.2 8.5 12.75
4.25 6.8
28 28
30.1
17 17 2.5
8.5 8.5
18 18 2.5
前片（右）
52.7 4.5 10

内系带一对 45 45
1 1

外系带两对 50 50
1 1 1 1

赭红凤补女袍：前片（左、右）、系带

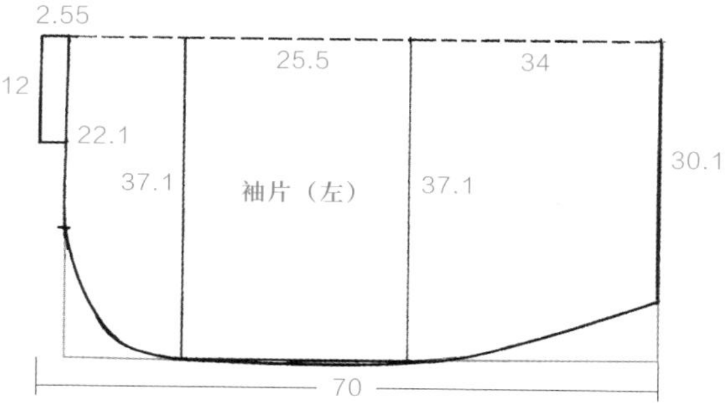

赭红凤补女袍：袖片（左）

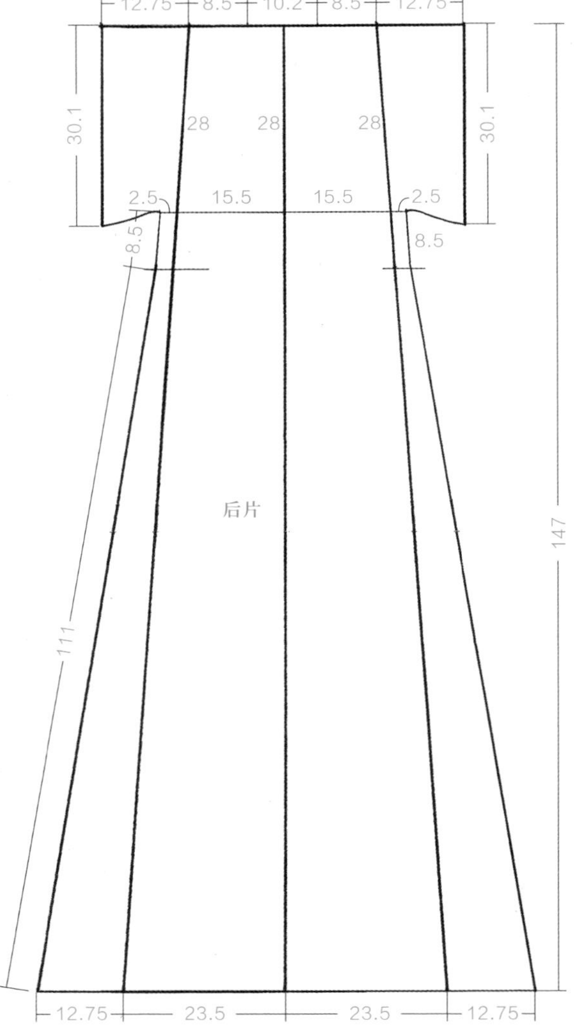

赭红凤补女袍：后片

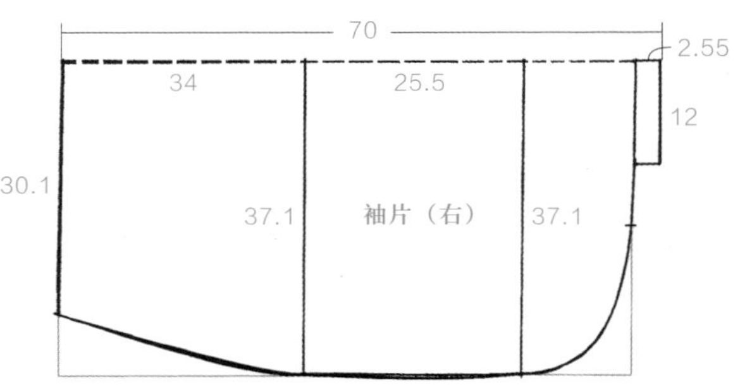

赭红凤补女袍：袖片（右）

三十七、菱格螭纹绸裤

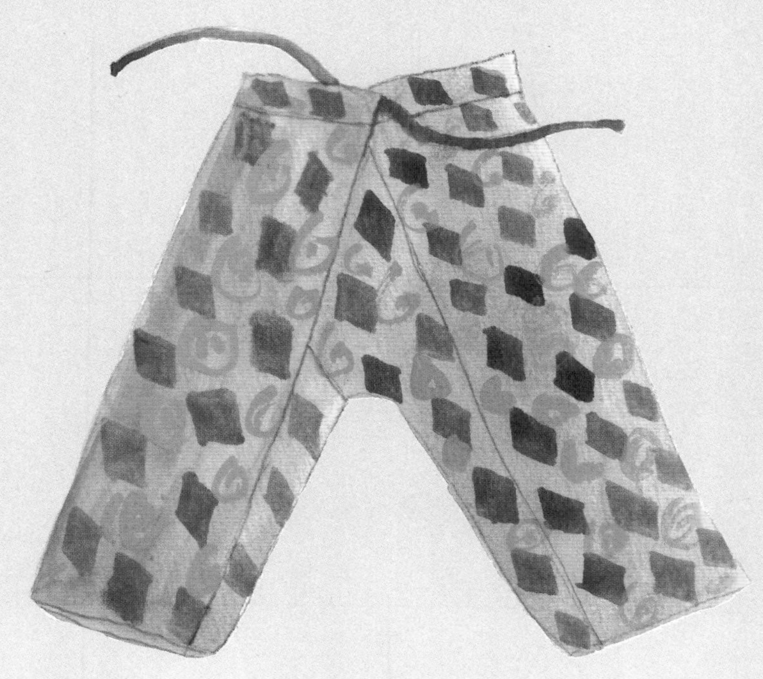

菱格螭纹绸裤

尺寸表

裤长	腰高	腰围	裤口宽	裤带长	系带宽
73	9	118	32	59	2.5

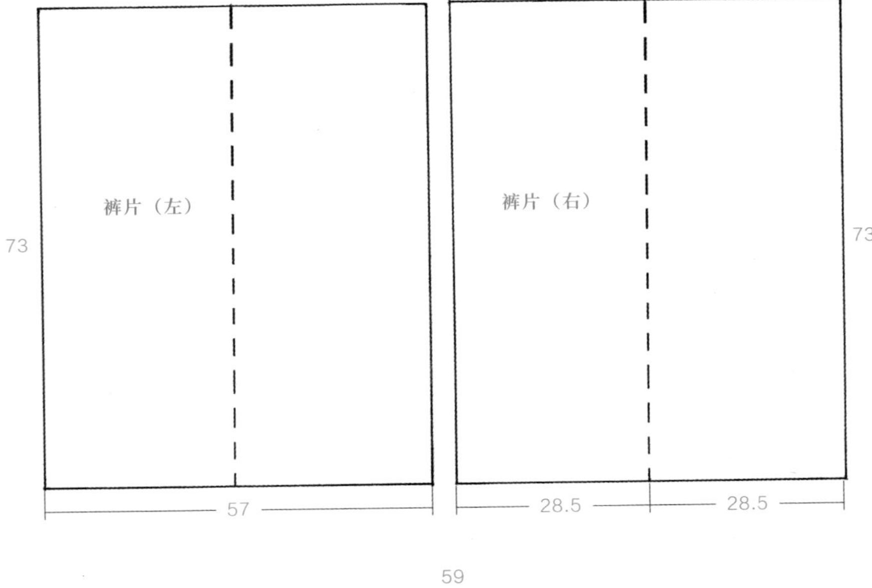

菱格螭纹绸裤：裤片 1、系带

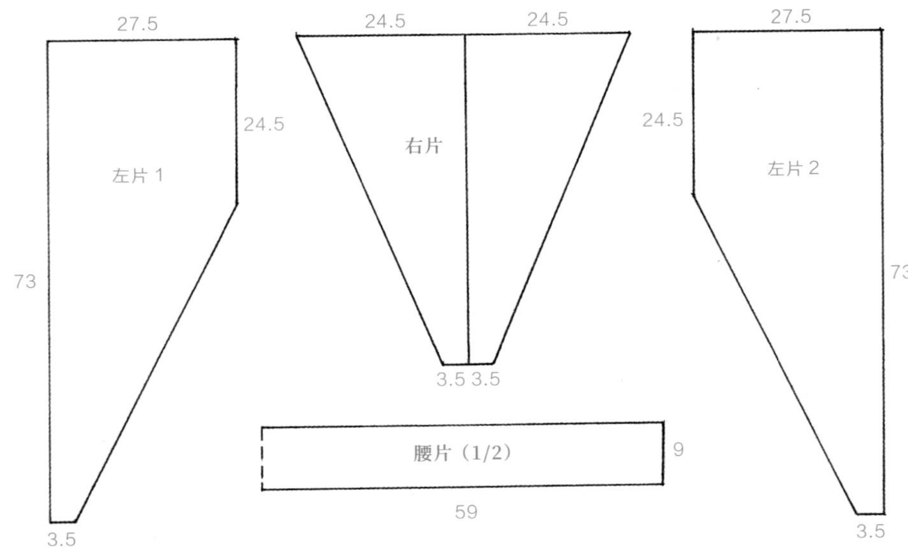

菱格螭纹绸裤：裤片 2、腰片

三十八、披风

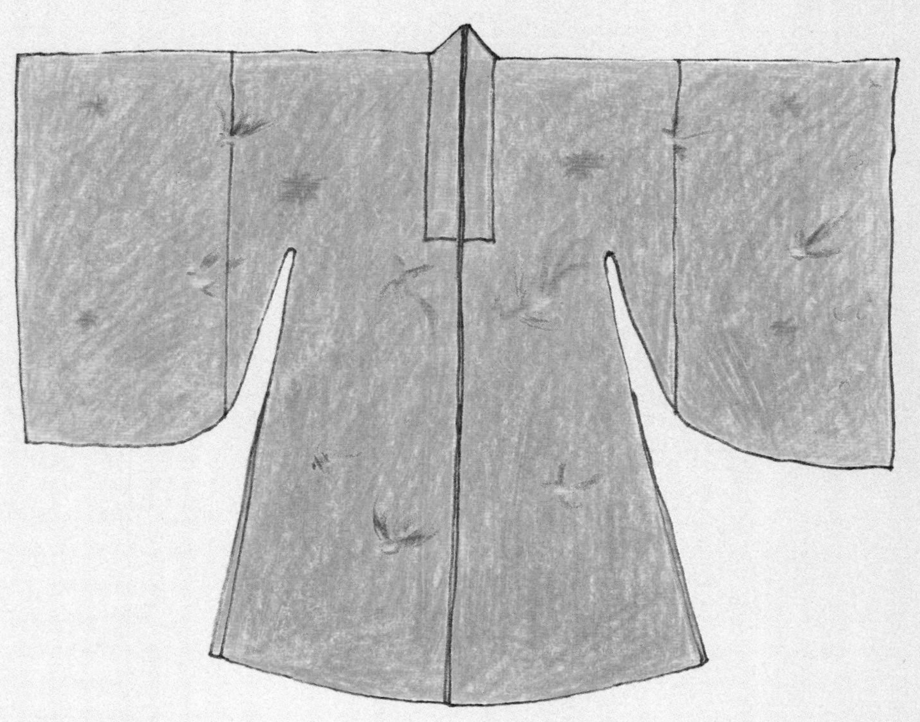

披风

尺寸表

衣长	领宽	通袖长	袖口宽
108	5	192	56

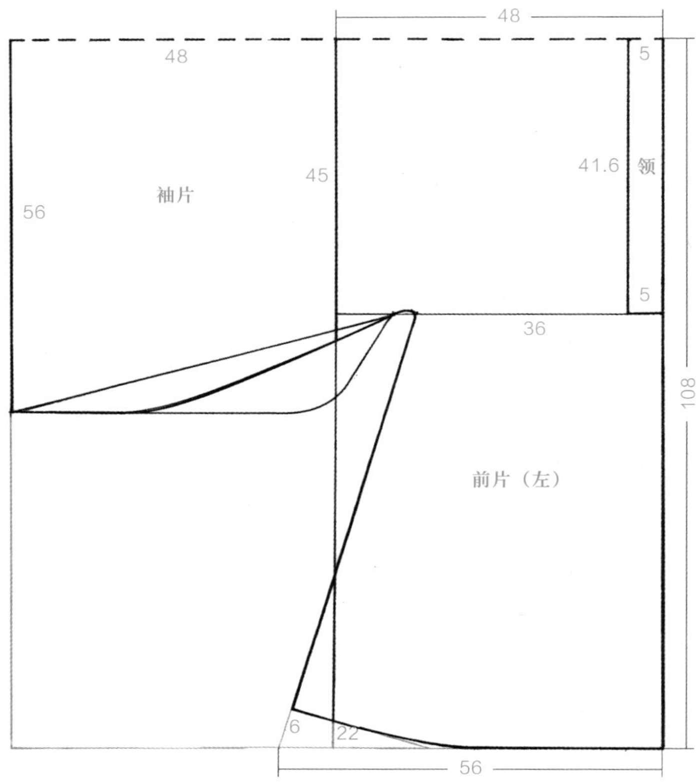

披风：前片（左）

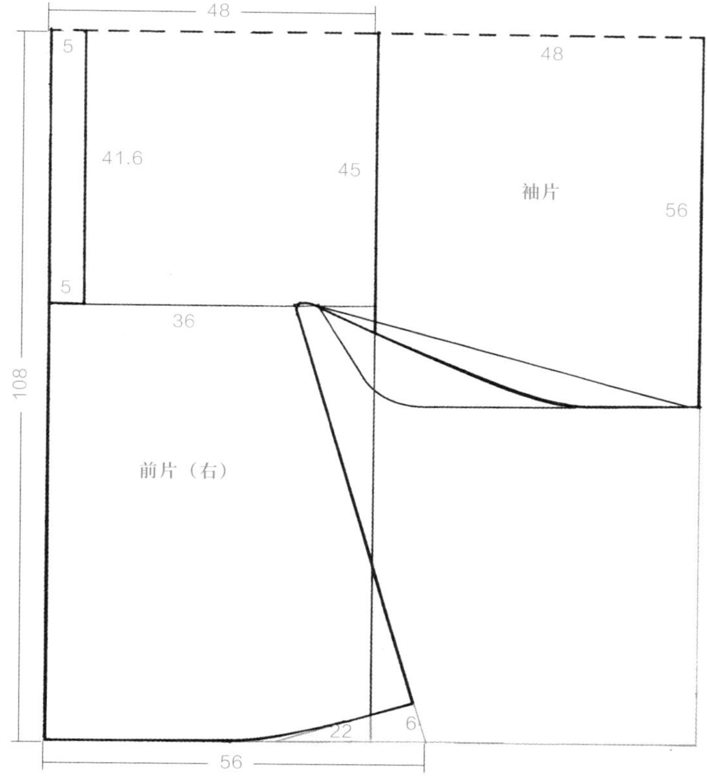

披风：前片（右）

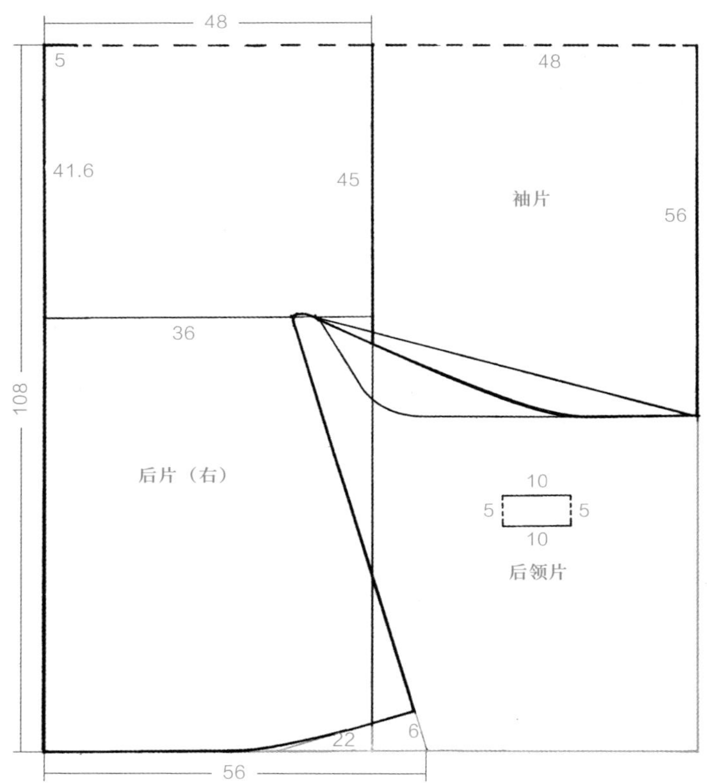

披风：后片（右）、后领片

三十九、比甲

比甲

尺寸表

衣长	肩宽	领宽	下摆宽	袖口宽	前襟缘宽
74	27.5	2.5	79	35	2.5

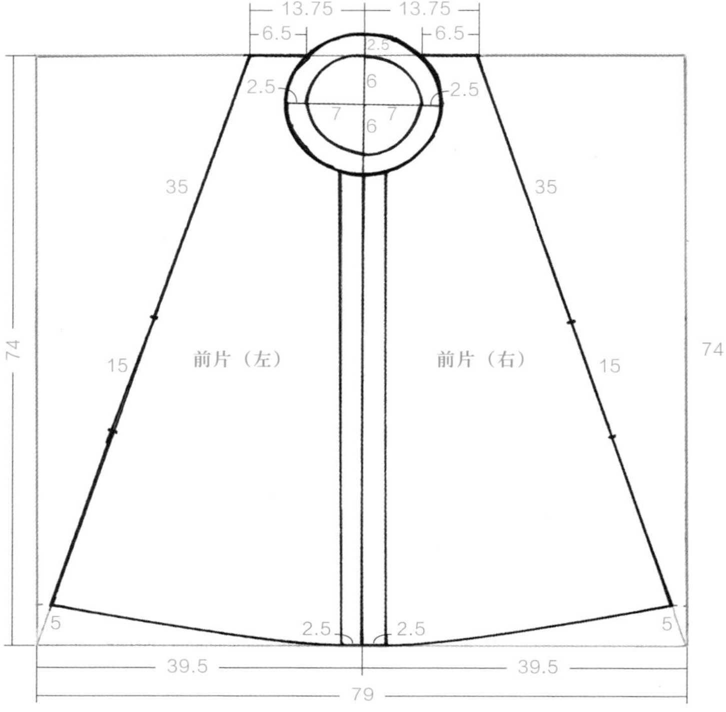
13.75
13.75
6.5
6.5
2.5
2.5
2.5
6
7
7
6
35
35
74
15
前片（左）
前片（右）
15
74
5
2.5
2.5
5
39.5
39.5
79

比甲：前片

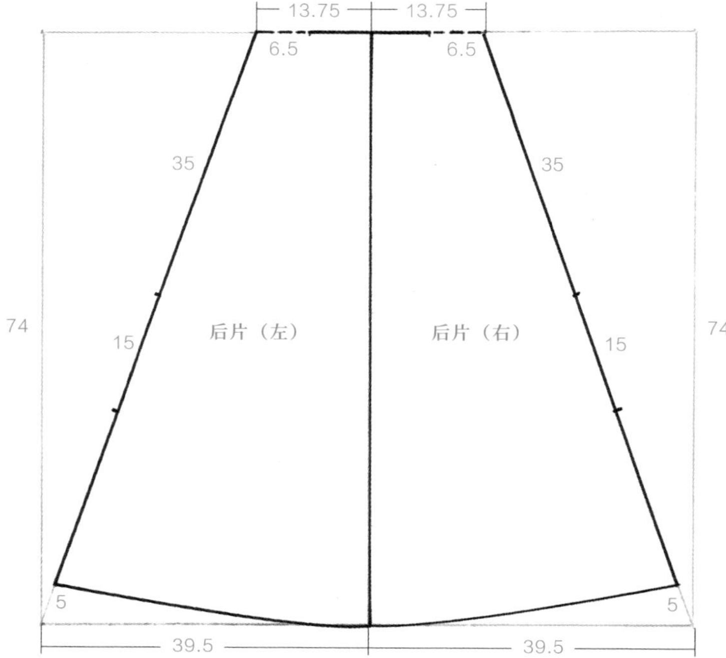
13.75
13.75
6.5
6.5
35
35
74
15
后片（左）
后片（右）
15
74
5
5
39.5
39.5

比甲：后片

四十、襕衫

襕衫

尺寸表

衣长	通袖长	领宽	袖口宽	衣襟缘宽	下摆缘宽
128	210.08	3	14	10	14

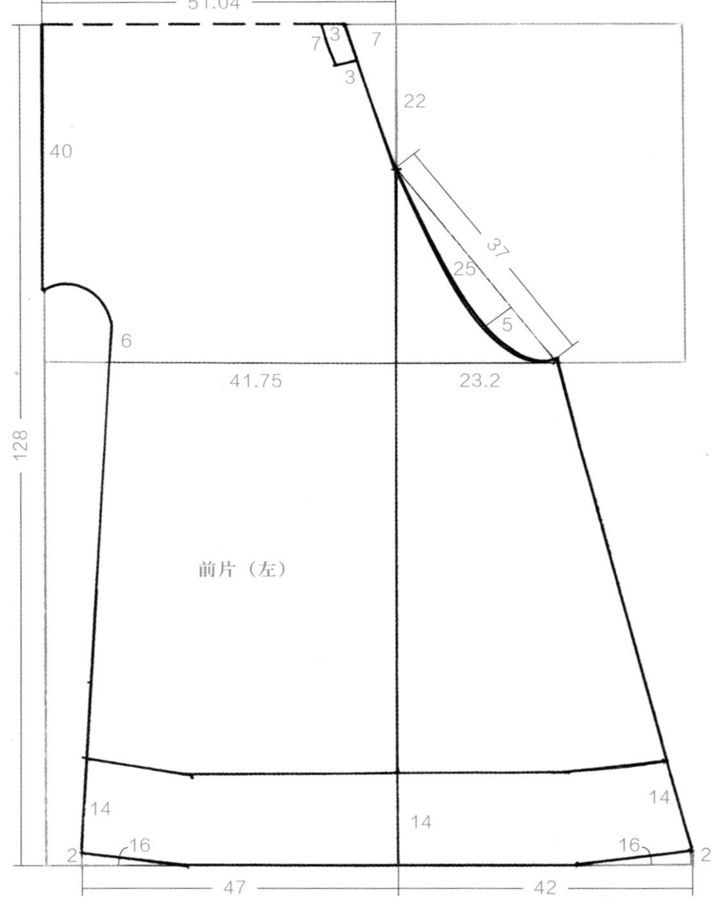

襕衫：前片（左）

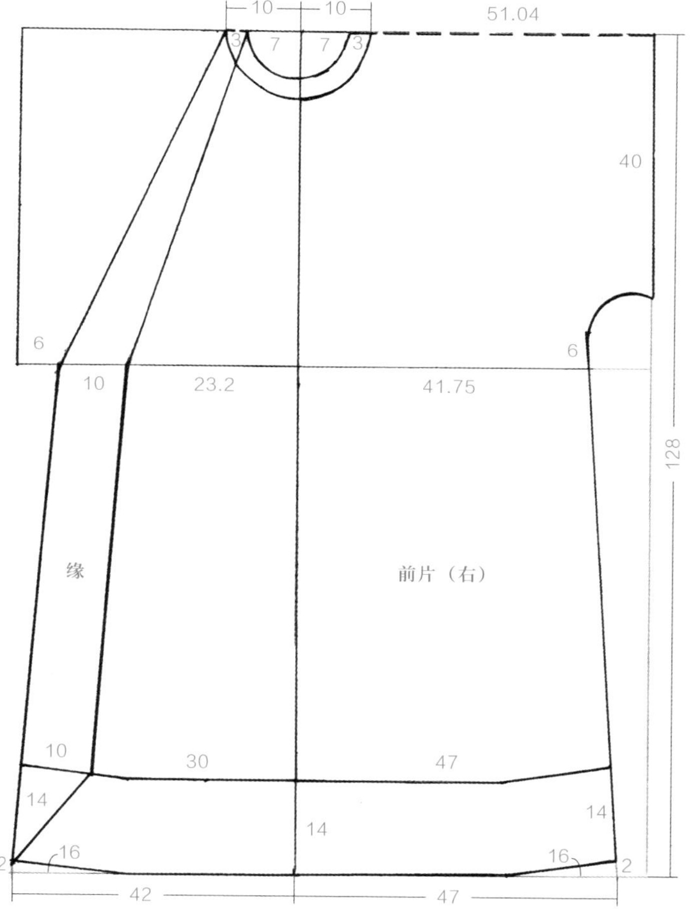
10
10
51.04
3
7
7
3
40
6
6
10
23.2
41.75
128
缘
前片（右）
10
30
47
14
14
14
2
16
16
2
42
47

襕衫：前片（右）

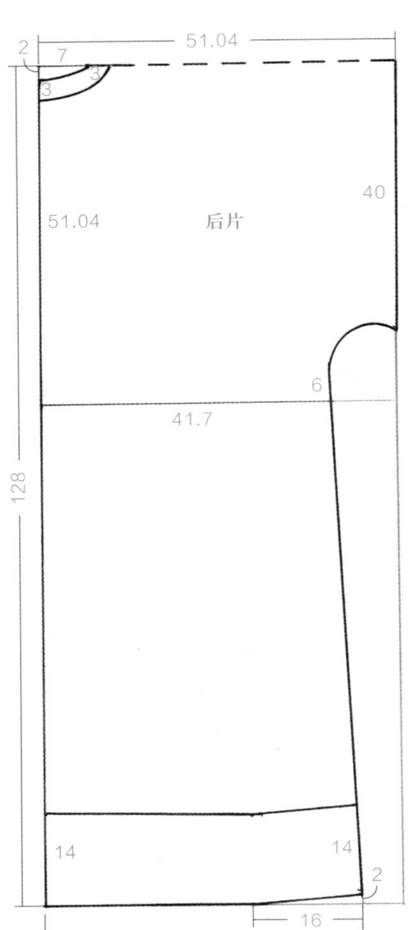
51.04
2
7
3
3
40
51.04
后片
6
41.7
128
14
14
2
16
47

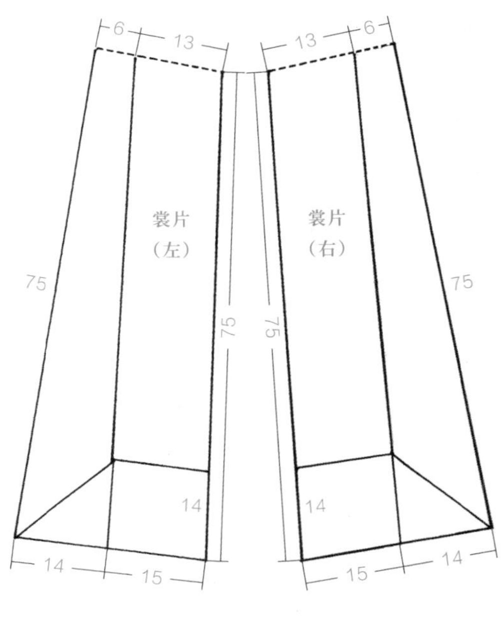
6
13
13
6
裳片
（左）
裳片
（右）
75
75
75
75
14
14
14
15
15
14

襕衫：后片、裳片

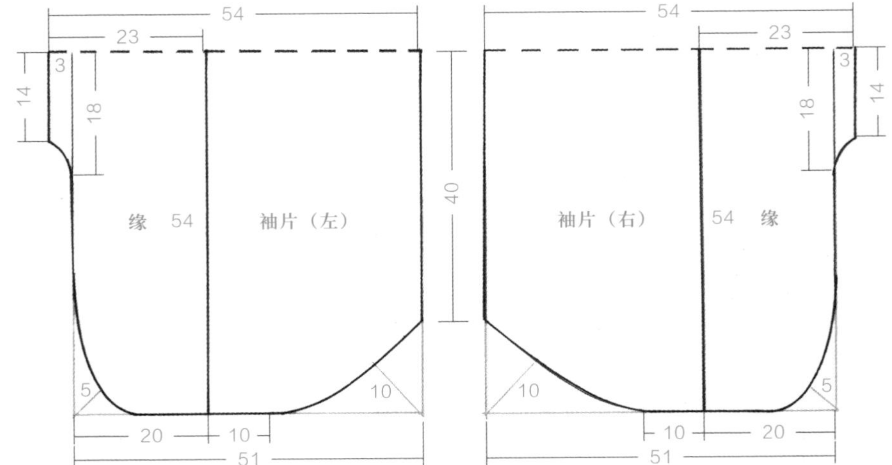
54
23
3
14
18
缘 54
袖片（左）
40
5
10
20
10
51
54
23
3
18
14
袖片（右）
54 缘
10
5
10
20
51

襕衫：袖片

第七章

现代改良汉服

· 中衣——衣（女式）
· 中衣——裙（女式）
· 中衣——裤（女式）
· 中衣——衣（男式）
· 中衣——裤（男式）
· 中单（男式）

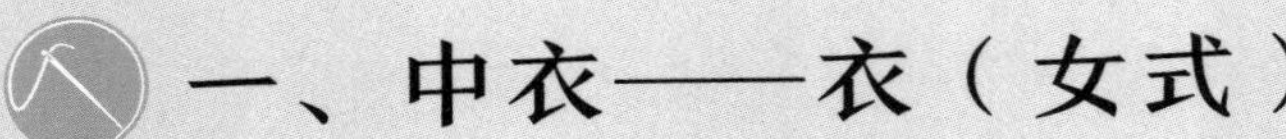

一、中衣——衣（女式）

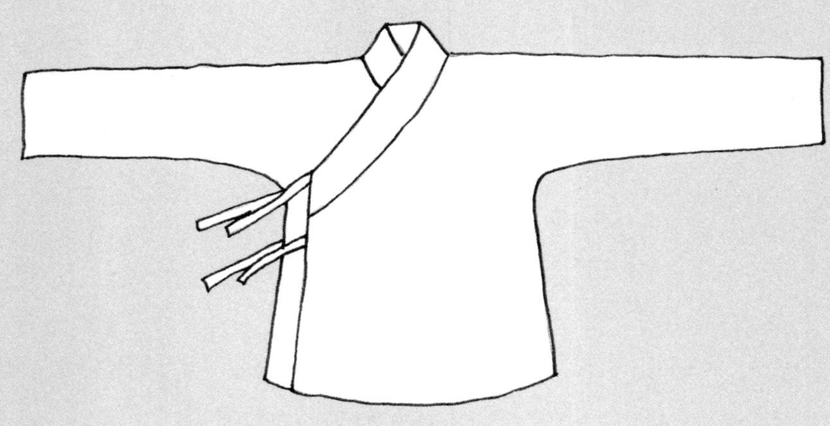

中衣——衣（女式）

尺寸表

衣长	胸围	领宽	通袖长	袖口宽
58	98	8	152	15

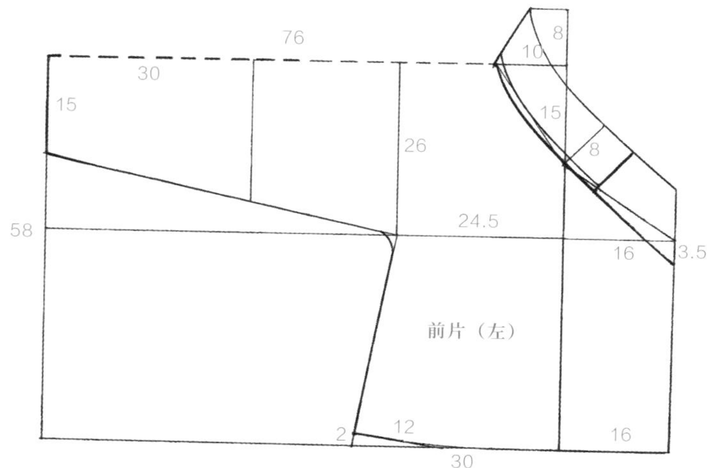

中衣一衣（女式）：前片（左）

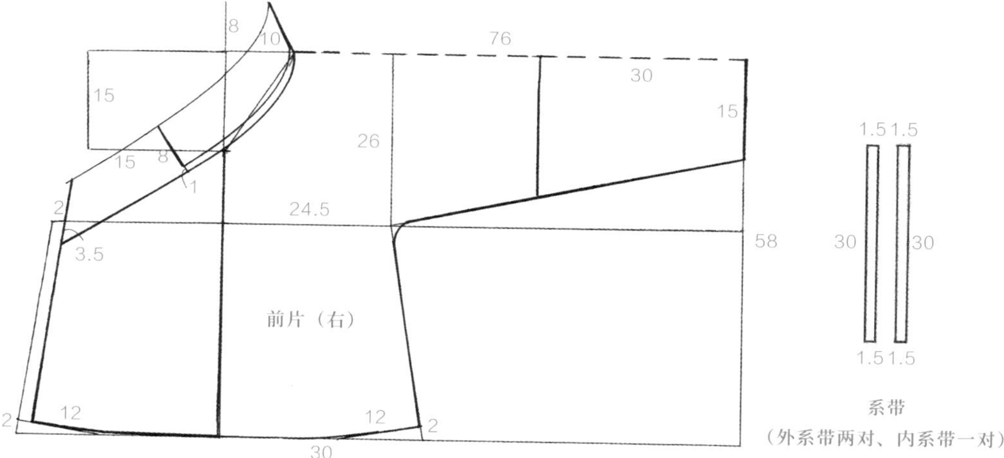

中衣——衣（女式）：前片（右）、系带

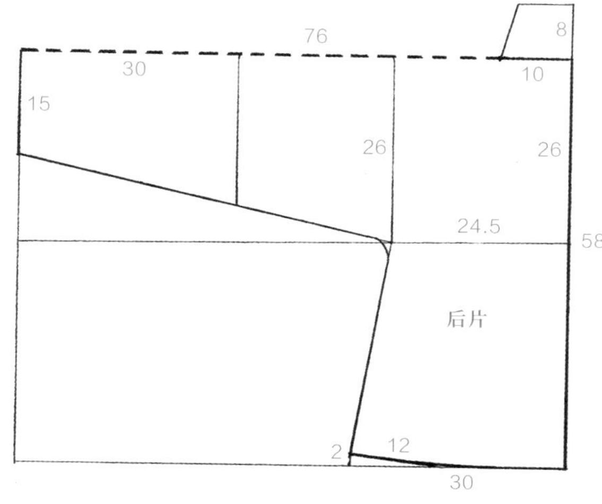

中衣——衣（女式）：后片

二、中衣——裙（女式）

中衣——裙（女式）：前

中衣——裙（女式）：后

尺寸表

裙长	腰围	裙摆宽	腰高	拉链长
105	76	97	5	20

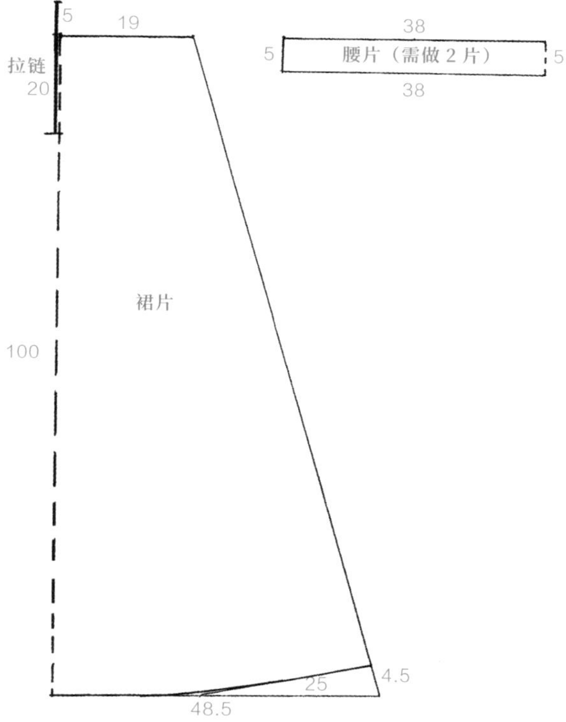

中衣——裙（女式）：裙片、腰片

三、中衣——裤（女式）

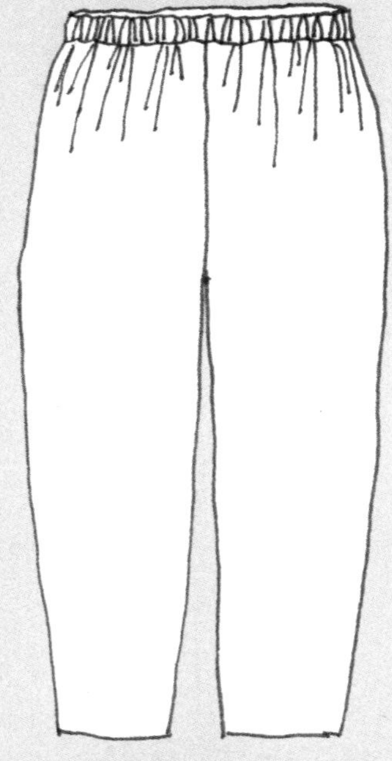

中衣——裤（女式）

尺寸表

腰围	臀围	裤长
102	98	100

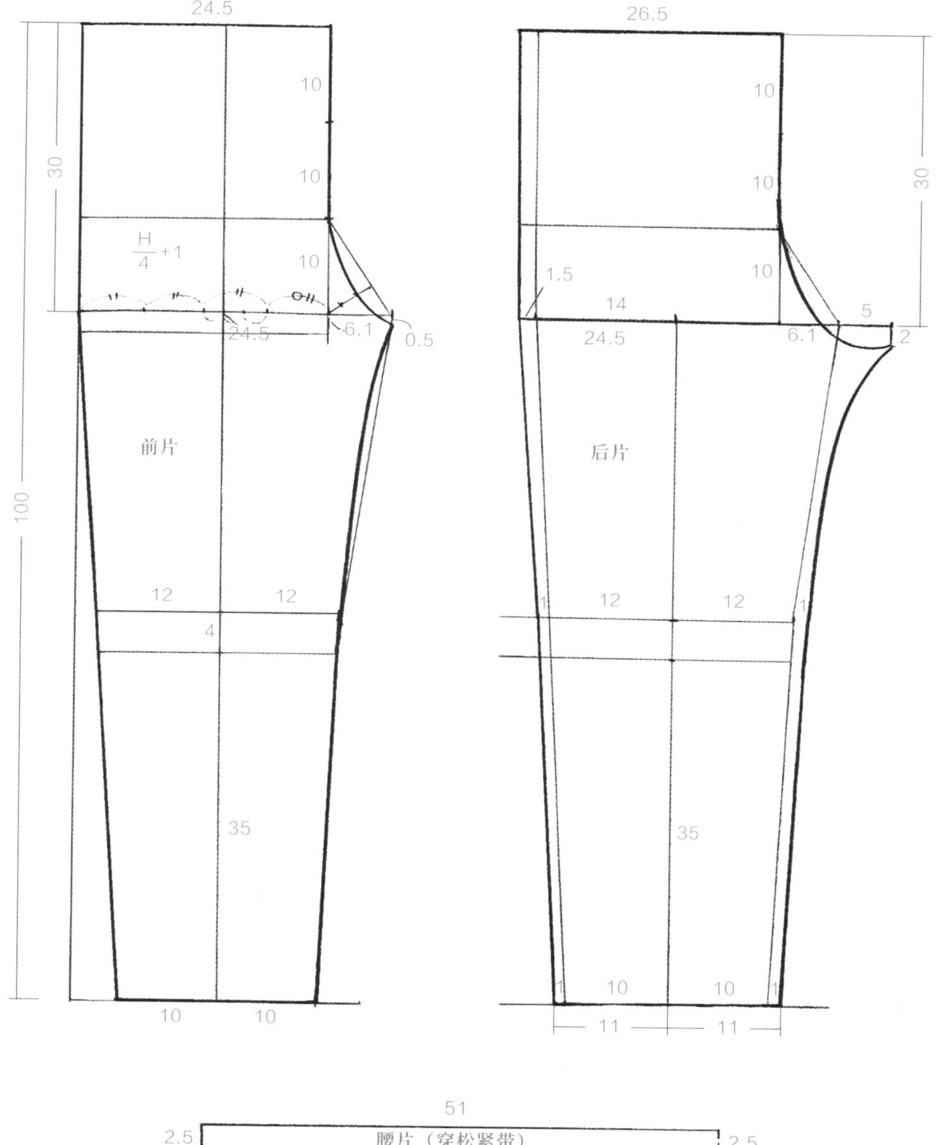
24.5
30
10
10
10
$\frac{H}{4}+1$
100
24.5
6.1
0.5
前片
12
12
4
35
10
10
26.5
10
10
10
30
1.5
14
5
24.5
6.1
2
后片
1
12
12
1
35
1
10
10
1
11
11
51
2.5
腰片（穿松紧带）
2.5
51

中衣——裤（女式）：裤片、腰片

四、中衣——衣（男式）

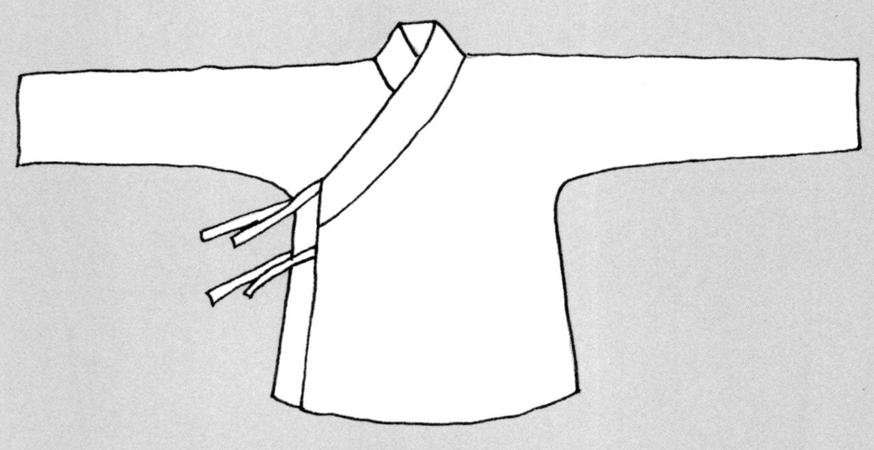

中衣——衣（男式）

尺寸表

衣长	胸围	通袖长	袖口宽	领宽
73	94	171	20	8

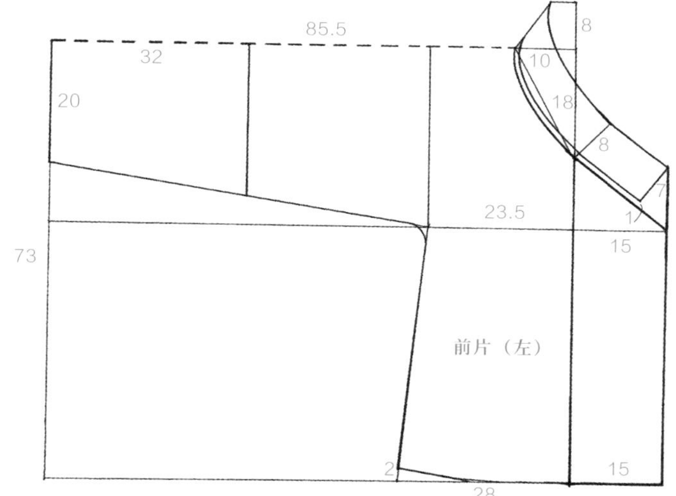

中衣——衣（男式）：前片（左）

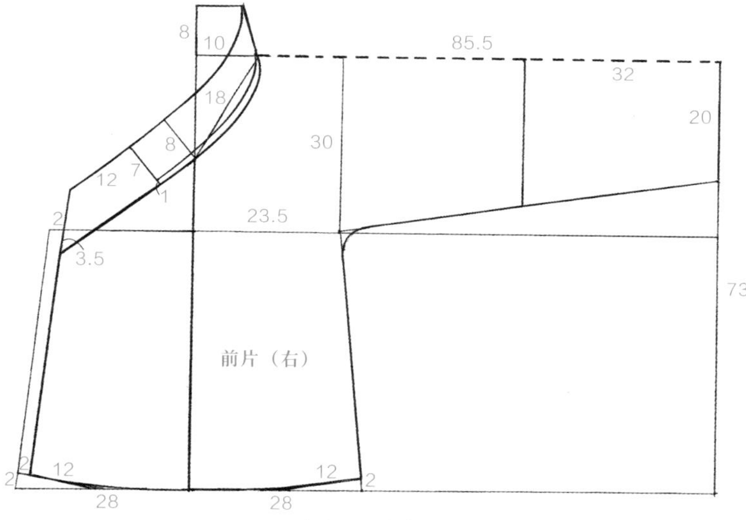

中衣——衣（男式）：前片（右）、系带

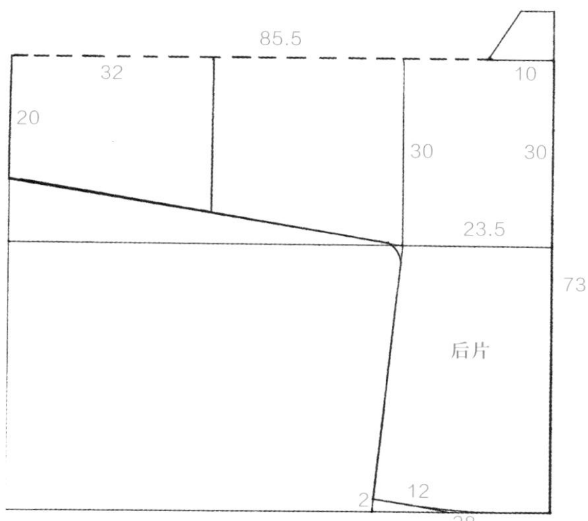

中衣——衣（男式）：后片

五、中衣——裤（男式）

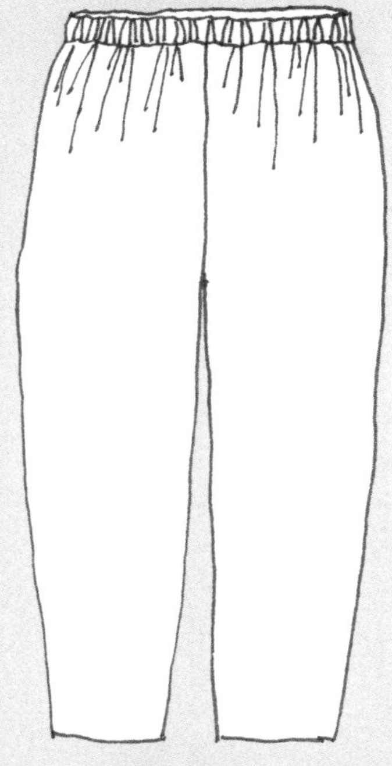

中衣——裤（男式）

尺寸表

裤长	臀围	腰围	腰高
106	130	128（穿松紧带）	3

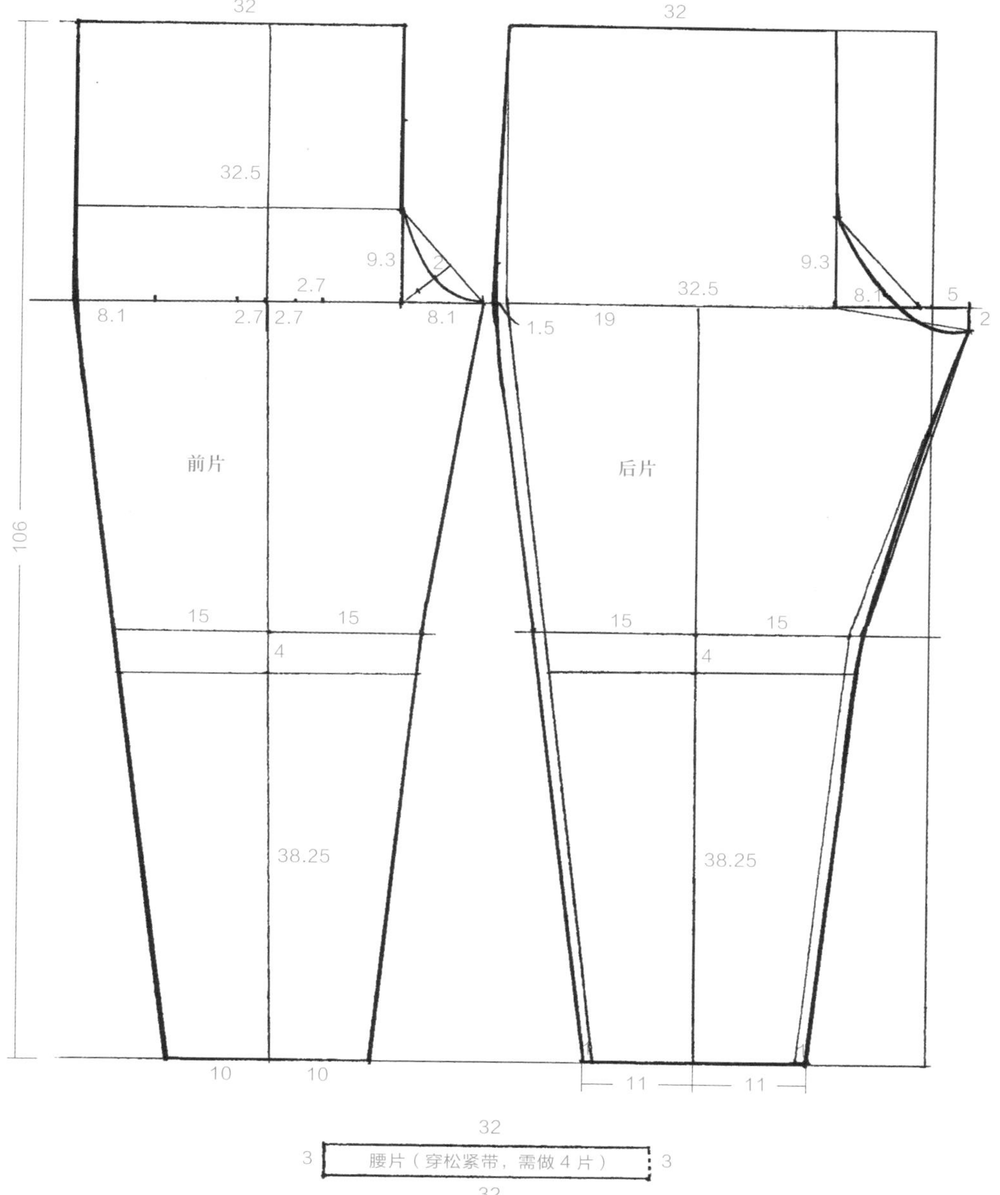
32
32
32.5
9.3
2
2.7
8.1
2.7
2.7
8.1
1.5
32.5
19
9.3
8.1
5
2
106
前片
后片
15
15
4
15
15
4
38.25
38.25
10
10
11
11
32
3
腰片（穿松紧带，需做4片）
3
32

中衣——裤（男式）：裤片、腰片

六、中单（男式）

中单（男式）

尺寸表

衣长	胸围	腰围	通袖长	袖口宽	领宽
159	94	84	171	20	8

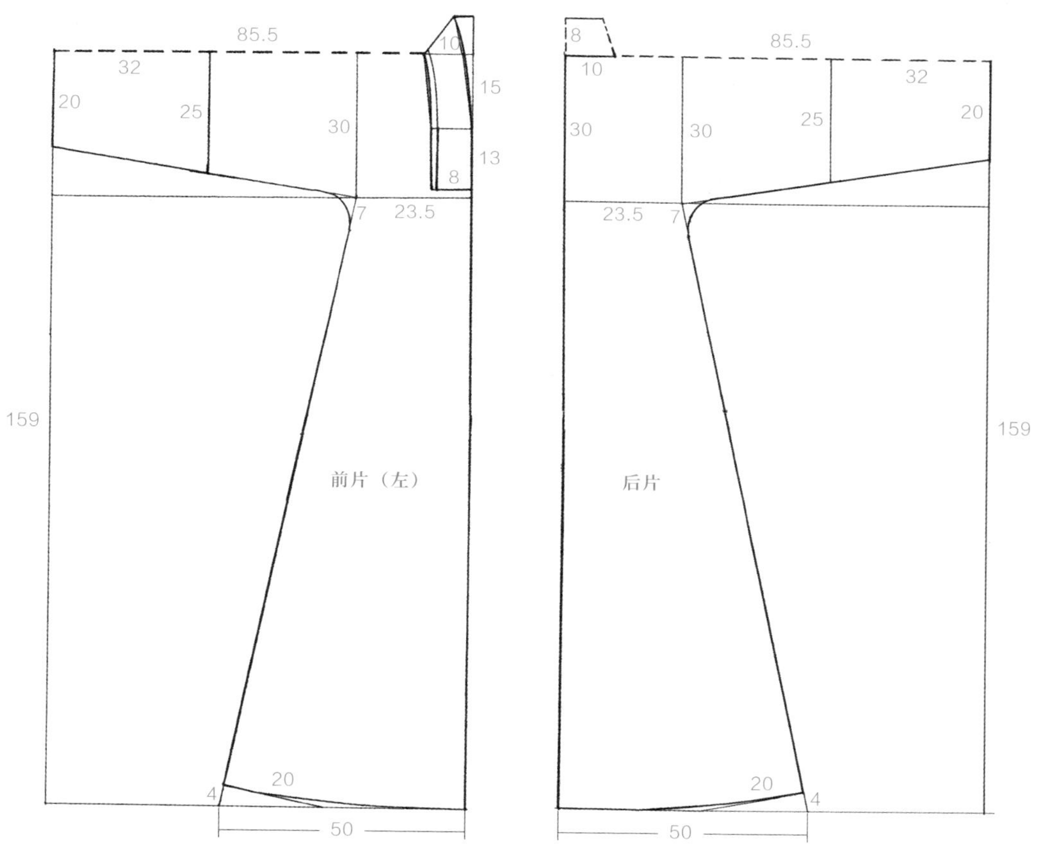
85.5
32
20
25
30
10
15
13
8
7
23.5
159
前片（左）
20
4
50
8
10
85.5
32
30
30
25
20
23.5
7
159
后片
20
4
50

中单（男式）：前片（左）、后片

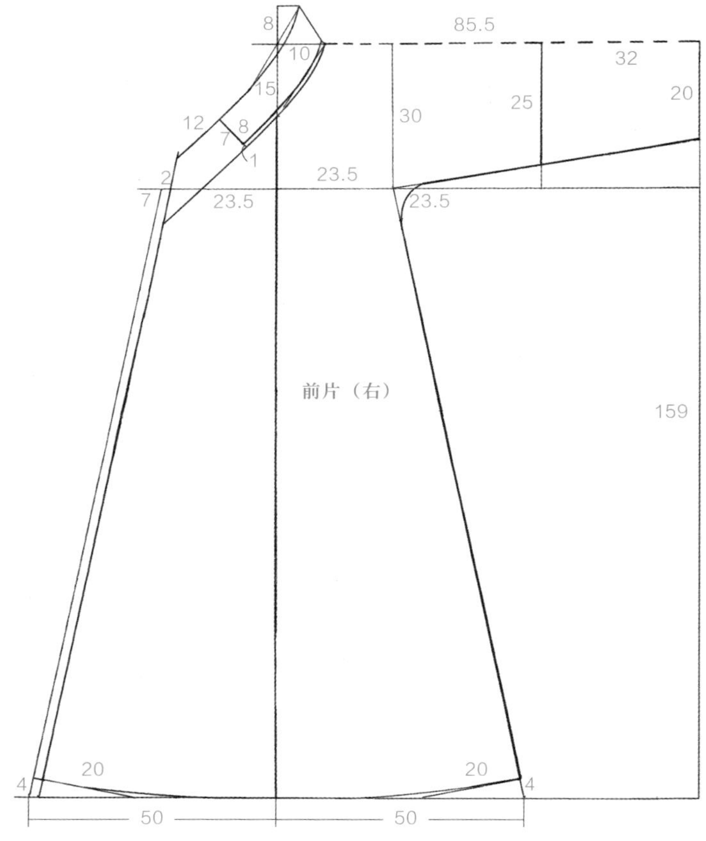
8
85.5
10
32
15
20
30
25
12
8
7
1
2
23.5
7
23.5
23.5
前片（右）
159
20
20
4
4
50
50

30
1.5
1.5
1.5
1.5
30
系带（外系带两对、内系带一对）

中单（男式）：前片（右）、系带

参考文献

[1] 沈从文 . 中国古代服饰研究 [M]. 上海：商务印书馆，2011.

[2] 黄能富，陈娟娟，黄钢 . 服饰中华：中华服饰七千年 [M]. 北京：清华大学出版社，2011.

[3] 故宫博物院，山东博物馆，曲阜文物局 . 大羽华裳：明清服饰特展 [M]. 济南：齐鲁书社，2013.